수학 좀 한다면

디딤돌 초등수학 기본 4-1

펴낸날 [초판 1쇄] 2024년 8월 10일 **| 펴낸이** 이기열 **| 펴낸곳** (주)디딤돌 교육 **| 주소** (03972) 서울특별시 마포구 월드컵북로 122 청원선와이즈타워 **| 대표전화** 02-3142-9000 **| 구입문의**
02-322-8451 **| 내용문의** 02-323-9166 **| 팩시밀리** 02-338-3231 **| 홈페이지** www.didimdol.co.kr **| 등록번호** 제10-718호 **| 구입한 후에는 철회되지 않으며 잘못 인쇄된 책은 바꾸어
드립니다. 이 책에 실린 모든 삽화 및 편집 형태에 대한 저작권은 (주)디딤돌 교육에 있으므로 무단으로 복사 복제할 수 없습니다. Copyright ⓒ Didimdol Co. [2502040]

내 실력에 딱!
최상위로 가는 '맞춤 학습 플랜'

STEP 1 On-line

나에게 맞는 공부법은?
맞춤 학습 가이드를 만나요.

교재 선택부터 공부법까지! 디딤돌에서 제공하는 시기별 맞춤 학습 가이드를 통해 아이에게 맞는 학습 계획을 세워 주세요. (학습 가이드는 디딤돌 학부모카페 '맘이가'를 통해 상시 공지합니다. cafe.naver.com/didimdolmom)

STEP 2 Book

맞춤 학습 스케줄표
계획에 따라 공부해요.

교재에 첨부된 '맞춤 학습 스케줄표'에 맞춰 공부 목표를 달성합니다.

STEP 3 On-line

이럴 땐 이렇게!
'맞춤 Q&A'로 해결해요.

궁금하거나 모르는 문제가 있다면, '맘이가' 카페를 통해 질문을 남겨 주세요. 디딤돌 수학쌤 및 선배맘님들이 친절히 답변해 드립니다.

STEP 4 Book

다음에는 뭐 풀지?
다음 교재를 추천받아요.

학습 결과에 따라 후속 학습에 사용할 교재를 제시해 드립니다. (교재 마지막 페이지 수록)

 ★ 디딤돌 플래너 만나러 가기

수학 좀 한다면

디딤돌

초등수학
기본

상위권으로 가는 기본기

4
1

개념 학습으로 잡는 올바른 공부 습관!

HELP!
공부했는데도
중요한 개념을 몰라요.

1 이 단원에서 꼭 알아야 할 핵심 개념!

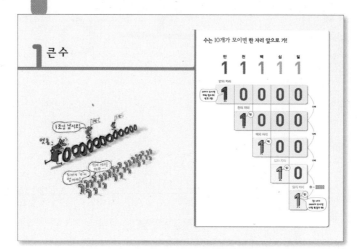

이 단원의 핵심 개념이 한 장의 사진
처럼 뇌에 남습니다.

HELP!
개념을 생각하지 않고
외워서 풀어요.

2 한 눈에 보이는 개념 정리!

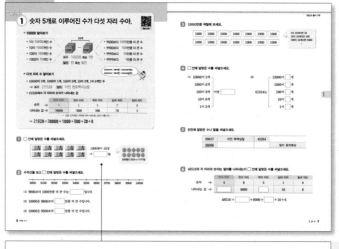

글만 줄줄 적혀 있는 개념은 이제
그만! 외우지 않아도 개념이 한눈에
이해됩니다.

문제를 외우지 않아도 배운 개념들이
떠올라요.

HELP!
같은 개념인데 학년이
바뀌면 어려워 해요.

3 개념으로 문제 해결!

치밀하게 짜인 연계 학습 문제들을 풀 다보면 이미 배운 내용과 앞으로 배 울 내용이 쉽게 이해돼요.

앞으로 배울 개념이 연계 학습 을 통해 자연스럽게 확장돼요.

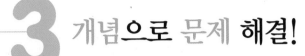

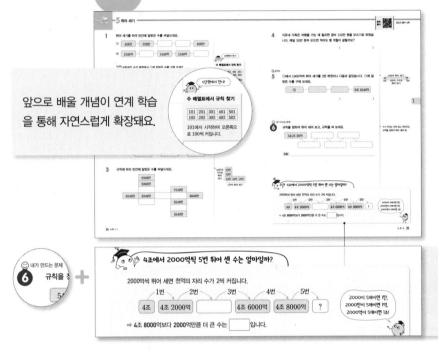

개념 이해가 완벽한지 확인하는 방법! 내가 문제를 만들어 보기!

HELP!
어려운 문제는
풀기 싫어해요.

4 발전 문제로 개념 완성!

핵심 개념을 알면 어려운 문제는 없 습니다!

이 책의 차례

1 큰 수

수는 10개가 모이면 한 자리 앞으로 가!

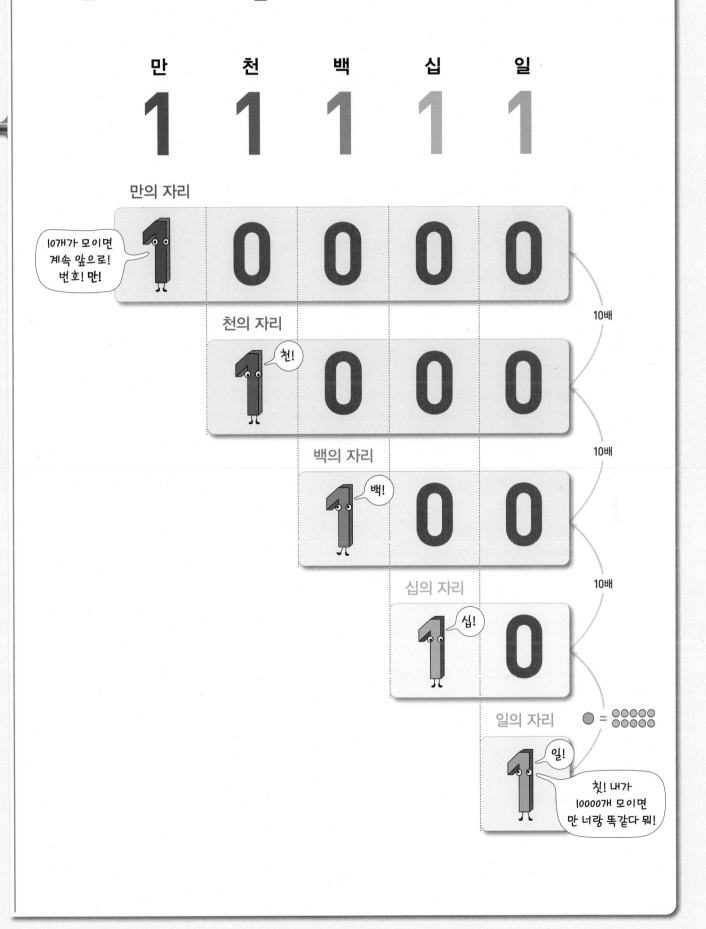

① 숫자 5개로 이루어진 수가 다섯 자리 수야.

개념 강의

● **10000 알아보기**

- 1이 **10000**개인 수
- 10이 **1000**개인 수
- 100이 **100**개인 수
- 1000이 **10**개인 수

10개

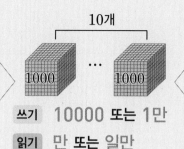

쓰기 **10000** 또는 **1만**

읽기 **만** 또는 **일만**

- 9000보다 **1000**만큼 더 큰 수
- 9900보다 **100**만큼 더 큰 수
- 9990보다 **10**만큼 더 큰 수
- 9999보다 **1**만큼 더 큰 수

10000이 2개이면 20000(이만),
10000이 3개이면 30000(삼만), …

● **다섯 자리 수 알아보기**

- 10000이 2개, 1000이 1개, 100이 5개, 10이 2개, 1이 8개인 수

  ➡ 쓰기 **21528**   읽기 **이만 천오백이십팔**

- 21528에서 각 자리의 숫자가 나타내는 값

숫자 ➡	만의 자리	천의 자리	백의 자리	십의 자리	일의 자리
	2	1	5	2	8
나타내는 값 ➡	20000	1000	500	20	8

● 같은 숫자라도 자리에 따라 나타내는 값이 다릅니다. ●

➡ **21528 = 20000 + 1000 + 500 + 20 + 8**

---

1 ☐ 안에 알맞은 수를 써넣으세요.

1000원이 10장

➡ ☐ 원

100원이 10개 ➡ 1000원

---

2 수직선을 보고 ☐ 안에 알맞은 수를 써넣으세요.

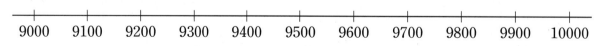

| 9000 | 9100 | 9200 | 9300 | 9400 | 9500 | 9600 | 9700 | 9800 | 9900 | 10000 |

(1) 9000보다 1000만큼 더 큰 수는 ☐ 입니다.

(2) 10000은 9800보다 ☐ 만큼 더 큰 수입니다.

(3) 10000은 9500보다 ☐ 만큼 더 큰 수입니다.

3 10000만큼 색칠해 보세요.

| 1000 | 1000 | 1000 | 1000 | 1000 | 1000 | 1000 |

| 1000 | 1000 | 1000 | 1000 | 1000 | 1000 | 1000 |

1이 10개이면 10
10이 10개이면 100
100이 10개이면 1000
⋮

4 ☐ 안에 알맞은 수를 써넣으세요.

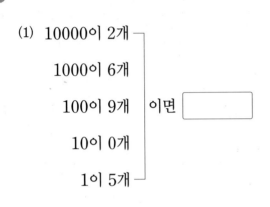

(1) 10000이 2개
1000이 6개
100이 9개   이면 ☐
10이 0개
1이 5개

(2) 61524는

10000이 ☐ 개
1000이 ☐ 개
100이 ☐ 개
10이 ☐ 개
1이 ☐ 개

5 빈칸에 알맞은 수나 말을 써넣으세요.

| 20617 | 이만 육백십칠 | 45264 | |
| 58096 | | | 칠만 육천백삼 |

6 48516의 각 자리의 숫자는 얼마를 나타내는지 ☐ 안에 알맞은 수를 써넣으세요.

	만의 자리	천의 자리	백의 자리	십의 자리	일의 자리
숫자 ➡	4	8	5	1	6
나타내는 값 ➡	☐	8000	☐	10	6

$$48516 = ☐ + 8000 + ☐ + 10 + 6$$

2 만이 몇 개, 일이 몇 개인 수들이야.

● 십만, 백만, 천만 알아보기

		쓰기			읽기
10000이	10개이면 ➡	100000	또는	10만	십만
	100개이면 ➡	1000000	또는	100만	백만
	1000개이면 ➡	10000000	또는	1000만	천만

● **10000이 1258개, 1이 4000개인 수 알아보기**

• 쓰기 12584000 또는 1258만 4000   읽기 천이백오십팔만 사천 ┈ 일의 자리부터 네 자리씩 끊고 왼쪽부터 차례대로 만을 이용하여 읽습니다.

• 12584000에서 각 자리의 숫자가 나타내는 값

천	백	십	일	천	백	십	일
			만				일
1	2	5	8	4	0	0	0

➡ **12584000 = 10000000 + 2000000 + 500000 + 80000 + 4000**

---

1 ☐ 안에 알맞은 수를 써넣으세요.

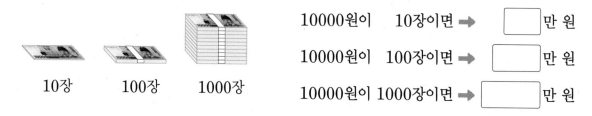

10장   100장   1000장

10000원이   10장이면 ➡ ☐ 만 원

10000원이   100장이면 ➡ ☐ 만 원

10000원이 1000장이면 ➡ ☐ 만 원

---

2 ☐ 안에 알맞은 수를 써넣으세요.

(1) 360만은 10000이 ☐ 개인 수입니다.

◁ 360은 1이 360개인 수
1360은 1이 1360개인 수

(2) 2968만은 10000이 ☐ 개인 수입니다.

(3) 8700만은 10000이 ☐ 개인 수입니다.

3 빈칸에 알맞은 수를 써넣으세요.

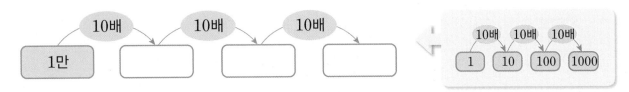

4 3284|0000에서 각 자리의 숫자와 그 숫자가 나타내는 값을 알아보세요.

천	백	십	일	천	백	십	일
			만				일
3	2	8	4	0	0	0	0

3284에서 각 자리의 숫자와 나타내는 값

	천	백	십	일
숫자 ➡	3	2	8	4
나타내는 값 ➡	3000	200	80	4

	천만의 자리	백만의 자리	십만의 자리	만의 자리
숫자 ➡	3		8	
나타내는 값 ➡	3000|0000			

5 빈칸에 알맞은 수나 말을 써넣으세요.

2648|0000	이천육백사십팔만		오천사백삼십사만
415|0000			팔천오백삼만

6 밑줄 친 숫자가 나타내는 값을 써 보세요.

(1) 2356|0000 ➡ (   )   (2) 8104|0000 ➡ (   )

(3) 1593|0000 ➡ (   )   (4) 6205|0000 ➡ (   )

3 억이 몇 개, 만이 몇 개, 일이 몇 개인 수들이야.

● **억 알아보기**

1000만이 10개인 수 ➡ 쓰기 1 0000 0000 또는 1억   읽기 억 또는 일억

● **1억이 1350개, 1만이 400개, 1이 500개인 수 알아보기**

일의 자리부터 네 자리씩 끊은 다음 '억', '만', '일'의 단위를 사용하여 읽어.

- 쓰기 1350 0400 0500 또는 1350억 400만 500
  읽기 천삼백오십억 사백만 오백

- 1350 0400 0500에서 각 자리의 숫자가 나타내는 값

천	백	십	일	천	백	십	일	천	백	십	일
			억				만				일
1	3	5	0	0	4	0	0	0	5	0	0

➡ 1350 0400 0500 = 1000 0000 0000 + 300 0000 0000
  + 50 0000 0000 + 400 0000 + 500

---

1 빈칸에 알맞은 수를 써넣으세요.

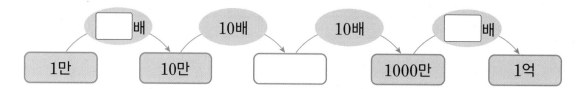

2 7149 0000 0000을 보고 ☐ 안에 알맞은 수나 말을 써넣으세요.

천	백	십	일	천	백	십	일	천	백	십	일
			억				만				일
7	1	4	9	0	0	0	0	0	0	0	0

(1) 7149 0000 0000은 1억이 ☐ 개인 수입니다.

(2) 7149 0000 0000은 ☐ (이)라고 읽습니다.

(3) 7149 0000 0000 = 7000 0000 0000 + ☐
   + 40 0000 0000 + ☐

4 조가 몇 개, 억이 몇 개, 만이 몇 개, 일이 몇 개인 수들이야.

● **조 알아보기**

1000억이 10개인 수 ➡ 쓰기 1 0000 0000 0000 또는 1조 　읽기 조 또는 일조

● **1조가 2400개, 1억이 50개, 1만이 30개, 1이 400개인 수 알아보기**

- 쓰기 2400 0050 0030 0400 또는 2400조 50억 30만 400
- 읽기 이천사백조 오십억 삼십만 사백
- 2400 0050 0030 0400에서 각 자리의 숫자가 나타내는 값

천	백	십	일	천	백	십	일	천	백	십	일	천	백	십	일
	조				억				만				일		
2	4	0	0	0	0	5	0	0	0	3	0	0	4	0	0

➡ **2400 0050 0030 0400 = 2000 0000 0000 0000 + 400 0000 0000 0000**
+ 50 0000 0000 + 30 0000 + 400

---

1 빈칸에 알맞은 수를 써넣으세요.

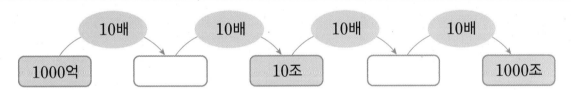

| 1000억 | | 10조 | | 1000조 |

2 3528 0000 0000 0000를 보고 ☐ 안에 알맞은 수나 말을 써넣으세요.

천	백	십	일	천	백	십	일	천	백	십	일	천	백	십	일
	조				억				만				일		
3	5	2	8	0	0	0	0	0	0	0	0	0	0	0	0

(1) 3528 0000 0000 0000는 1조가 ☐ 개인 수입니다.

(2) 3528 0000 0000 0000는 ☐ (이)라고 읽습니다.

(3) 3528 0000 0000 0000 = 3000 0000 0000 0000 + ☐

☐ + 8 0000 0000 0000

1 규칙에 따라 빈칸에 알맞은 수를 써넣으세요.

▶ ·10씩 커지는 규칙
  | 980 |—| 990 |—| 1000 |
 ·1씩 커지는 규칙
  | 998 |—| 999 |—| 1000 |

(1) | 9500 |—| 9600 |—| |—| 9800 |—| 9900 |—| |

(2) | 9995 |—| |—| 9997 |—| 9998 |—| |—| |

2 세 사람이 가지고 있는 돈은 모두 합쳐 10000원입니다. ☐ 안에 알맞은 수를 써넣으세요.

▶ 10000은 1000이 10개인 수야.

민지 5000원 지우 3000원 민수 ☐원

3 수를 쓰고 읽어 보세요.

10000이 4개, 1000이 5개, 100이 8개, 1이 2개인 수

쓰기 (   ) 읽기 (   )

4 ☐ 안에 알맞은 수를 써넣으세요.

▶ 각 자리의 숫자가 나타내는 값을 생각해 봐.

(1) $34786 = 30786 + \boxed{}$

$34786 = 34086 + \boxed{}$

$34786 = 34706 + \boxed{}$

(2) $51642 = 50642 + \boxed{}$

$51642 = 51042 + \boxed{}$

$51642 = 51602 + \boxed{}$

5 수 카드 [6], [0], [1], [4], [7] 을 모두 한 번씩만 사용하여 다섯 자리 수를 만들고 읽어 보세요.

▶ 다섯 자리 수에서 만의 자리는 0이 아닌 수여야 해.

쓰기 (   ) 읽기 (   )

6 밑줄 친 숫자 8이 나타내는 값이 가장 큰 수를 찾아 기호를 써 보세요.

| ㉠ 38795 | ㉡ 54078 | ㉢ 95187 | ㉣ 87453 |

(   )

문제
풀이

정답과 풀이 2쪽

3 3 3 3 3
3 0 0 0 0
3 0 0 0
3 0 0
3 0
3

😊 내가 만드는 문제

7 장난감을 2개 고른 다음 고른 장난감을 사기 위해 각각 필요한 10000원짜리 지폐, 1000원짜리 지폐, 100원짜리 동전의 수를 빈칸에 알맞게 써 넣으세요.

10000원짜리 지폐 1장 대신 1000원짜리 지폐 10장을 내도 돼.

곰인형	로봇	자동차	비행기
17600원	28500원	34200원	41500원

고른 장난감	→	10000원	1000원	100원
		장	장	개

고른 장난감	→	10000원	1000원	100원
		장	장	개

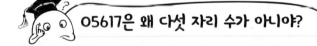

05617은 왜 다섯 자리 수가 아니야?

다섯 자리 수 → [   ]부터 99999까지의 수

만	천	백	십	일

└─ 만의 자리에 [   ]은/는 들어갈 수 없습니다.

05617은 만의 자리 숫자가 [   ]인 수이므로 다섯 자리 수가 아니야.

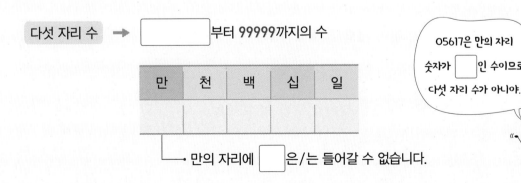

8 같은 수끼리 이어 보세요.

10000이 100개인 수 •	• 100만
10000이 10개인 수 •	• 1000만
10000이 1000개인 수 •	• 10만

9 10000이 2100개, 1이 4800개인 수를 쓰고 읽어 보세요.

쓰기 (   ) 읽기 (   )

▶ 10000이 ■개인 수
= ■0000

10 내가 보고 싶은 영상을 골라 ○표 하고, 고른 영상의 조회 수는 얼마인지 쓰고 읽어 보세요.

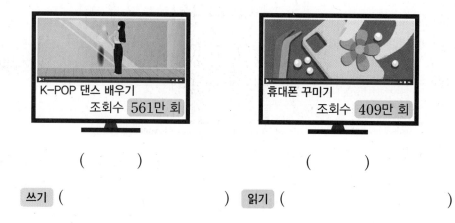

K-POP 댄스 배우기
조회수 561만 회

휴대폰 꾸미기
조회수 409만 회

(   ) (   )

쓰기 (   ) 읽기 (   )

11 수를 보고 물음에 답하세요.

㉠ 7521849	㉡ 47254013
㉢ 91370152	㉣ 70523891

(1) 십만의 자리 숫자가 2인 수를 찾아 기호를 써 보세요.

(   )

(2) 숫자 7이 나타내는 값이 가장 큰 수를 찾아 기호를 써 보세요.

(   )

▶ 높은 자리의 숫자일수록 나타내는 값이 커.

12 보기 와 같이 수로 나타낼 때 0의 개수가 더 많은 것을 찾아 기호를 써 보세요.

> 보기
>
> 이천오십일만 사백
>
> ➡ 20510400

> ㉠ 구천육백삼십오만
> ㉡ 천팔백오십만 육십오

(   )

▶ 읽지 않은 자리에는 0을 써.
  • 삼천오백

천	백	십	일
3	5	0	0

  • 삼천오십

천	백	십	일
3	0	5	0

13 마트에서 쌀, 생선, 설탕을 사려고 합니다. 모두 얼마가 필요할까요?

물건	가격(원)
쌀	125000
생선	30000
설탕	15000

(   )

😊 내가 만드는 문제

14 ☐ 안에 1부터 9까지의 수를 자유롭게 써넣어 여덟 자리 수를 만들고 수를 읽어 보세요.

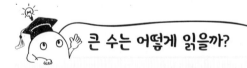

읽기 (   )

▶ 여덟 자리 수이므로 천만의 자리에는 0을 넣으면 안 돼.

🎓 **큰 수는 어떻게 읽을까?**

일의 자리부터 네 자리씩 끊어 표시한 다음 왼쪽부터 차례로 수를 읽습니다.

➡ 이천구백십삼만 팔천 원

• 0인 경우 읽지 않습니다.
• 1일 때는 자리만 읽습니다.

예 • 5804|1820
➡ [   ]만 천팔백이십

• 7036|2501
➡ [   ]만 [   ]

> 앞의 네 자리 수를 먼저 읽고 '만'을 붙여.

15 수를 쓰고 읽어 보세요.

> 억이 3600개, 만이 107개인 수

쓰기 (   )

읽기 (   )

억이 ㉠개, 만이 ㉡개, 일이 ㉢개인 수

㉠	㉡	㉢
억	만	일

16 설명하는 수를 써 보세요.

(1) 4700만의 10배인 수

(   )

(2) 6500만의 1000배

(   )

백만 ⤸10배
천만 ⤸10배
억 ⤸10배
십억 ⤸10배
백억

17 보기 와 같이 수로 나타내면 0은 모두 몇 개일까요?

> **보기**
> 이백십칠억 팔천만 ➡ 21780000000

> 오천구십억 육백만 삼천

(   )

읽지 않은 자리에는 0을 써.

18 지구의 평균 기온이 올라가는 지구 온난화로 인해 폭염이나 가뭄, 홍수 등과 같은 자연재해가 발생하고 있습니다. 지구 온난화에 가장 큰 영향을 미치는 것은 이산화 탄소라고 합니다. 2023년의 전 세계 이산화 탄소 배출량은 37460170000톤으로 조사되었습니다. 2023년의 전 세계 이산화 탄소 배출량을 읽어 보세요.

(   ) 톤

19 적절하지 않게 이야기한 사람은 누구일까요?

민준 — 지구의 나이는 45억 살쯤이야.

세린 — 전 세계에 사는 인구수는 80억 명쯤이지.

동호 — 우리나라에 사는 인구수는 50억 명쯤이야.

(   )

🔗 탄탄북

20 백억의 자리 숫자가 가장 큰 수를 찾아 기호를 써 보세요.

> ㉠ 15704328500　　㉡ 억이 260개인 수
>
> ㉢ 643107491000　　㉣ 억이 3016개, 만이 1800개인 수

(   )

▶ 같은 숫자라도 자리에 따라 나타내는 값이 달라.

7 7 7 7 만
→ 7 0000
→ 70 0000
→ 700 0000
→ 7000 0000

😊 내가 만드는 문제

21 1억을 자유롭게 설명해 보세요.

(1) 1억은 [　　　　] 이/가 [　　　　] 개인 수입니다.

(2) 1억은 [　　　　] 보다 [　　　　] 만큼 너 큰 수입니다.

▶
8000만　9000만　1억

9800만　9900만　1억

9980만　9990만　1억

🎓 **1억은 1만이 몇 개인 수일까?**

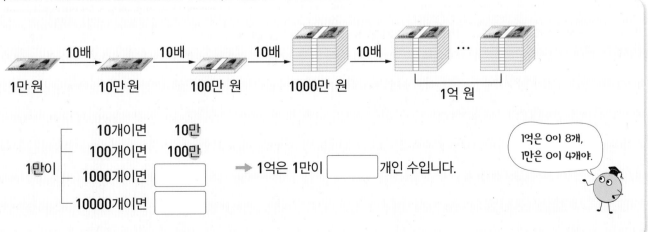

10배 → 10배 → 10배 → 10배 → …

1만 원　10만 원　100만 원　1000만 원　　　1억 원

1만이
10개이면　10만
100개이면　100만
1000개이면　[　　]
10000개이면　[　　]

→ 1억은 1만이 [　　] 개인 수입니다.

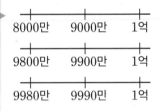

1억은 0이 8개, 1만은 0이 4개야.

22 설명하는 수를 써 보세요.

(1) 조가 5개, 억이 3600개인 수

(   )

(2) 조가 13개, 억이 824개인 수

(   )

23 ☐ 안에 알맞은 수를 써넣으세요.

1조는 ┌ 9900억보다 ☐ 만큼 더 큰 수입니다.
     └ 9999억보다 ☐ 만큼 더 큰 수입니다.

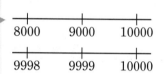

24 어느 기업의 매출액을 나타낸 것입니다. 빈칸에 알맞은 금액을 써넣으세요.

연도	매출액(원)	
2022년	30186600000000	삼십조 천팔백육십육억
2023년	27551000000000	
2024년		이십삼조 칠천육백사억

일의 자리부터 네 자리씩 끊고 왼쪽부터 조, 억, 만의 단위를 붙여.

25 숫자 4가 나타내는 값이 4조인 것을 찾아 기호를 써 보세요.

7434124800000000
⑦ ⑥ ⓒ

(   )

26 871029604530000을 잘못 설명한 사람의 이름을 쓰고 바르게 고쳐 보세요.

> 신혜: 숫자 7은 70조를 나타냅니다.
> 상수: 백억의 자리 숫자는 0입니다.
> 재영: 숫자 4는 백만의 자리 숫자입니다.

(   )

바르게 고치기 ....

🔗 탄탄북

27 다음 수를 10배 한 수에서 숫자 6이 나타내는 값은 얼마일까요?

> 18조 1065억

(   )

▶ 어떤 수를 10배 하면 어떤 수 뒤에 0이 한 개 더 붙어.

> 1000
> ↓ 10배
> 10000
> ↓ 10배
> 100000

😊 내가 만드는 문제

28 1조를 자유롭게 설명해 보세요.

(1) 1조는 ☐☐☐☐☐ 이/가 ☐☐☐☐☐☐☐☐ 개인 수입니다.

(2) 1조는 ☐☐☐☐☐ 보다 ☐☐☐☐☐ 만큼 더 큰 수입니다.

▶ 1만의 10배 ＝ 10만
1만의 100배 ＝ 100만
      ⋮

🎓 **만, 억, 조의 관계를 알아볼까?**

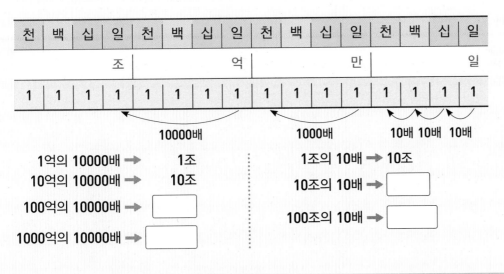

5 몇씩 뛰어 세었는지 바뀌는 자리의 수를 보자.

개념 강의

- **10000씩 뛰어 세기**

| 24300 | 34300 | 44300 | 54300 | 64300 | 74300 | 84300 |

➡ 만의 자리 수가 **1**씩 커집니다.

- **10억씩 뛰어 세기**

| 5630억 | 5640억 | 5650억 | 5660억 | 5670억 | 5680억 | 5690억 |

➡ 십억의 자리 수가 **1**씩 커집니다.

- **1000조씩 뛰어 세기**

| 1320조 | 2320조 | 3320조 | 4320조 | 5320조 | 6320조 | 7320조 |

➡ 천조의 자리 수가 **1**씩 커집니다.

1 주어진 수만큼 뛰어 세어 보세요.

(1) 100000씩 ➡ 440000 — 540000 — 640000 — ☐ — 840000 — ☐

(2) 1억씩 ➡ 153억 — ☐ — ☐ — 156억 — 157억 — ☐

(3) 10조씩 ➡ 4318조 — ☐ — 4338조 — ☐ — ☐ — 4368조

2 몇씩 뛰어 세었는지 써 보세요.

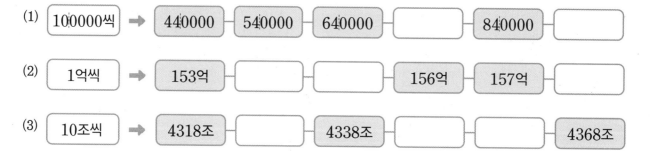

(1) | 4450만 | 4550만 | 4650만 | 4750만 | 4850만 | 4950만 |

( )

(2) | 3162억 | 4162억 | 5162억 | 6162억 | 7162억 | 8162억 |

( )

6 수가 커져도 수의 크기를 비교하는 방법은 같아.

● **자리 수가 다른 큰 수의 크기 비교** ➡ 자리 수가 많은 쪽이 더 큰 수입니다.

	억	천만	백만	십만	만	천	백	십	일
134280000 ➡	1	3	4	2	8	0	0	0	0
34280000 ➡		3	4	2	8	0	0	0	0

134280000 > 34280000

9자리 수   8자리 수

● **자리 수가 같은 큰 수의 크기 비교** ➡ 높은 자리 수부터 차례로 비교하여 수가 큰 쪽이 더 큰 수입니다.

	억	천만	백만	십만	만	천	백	십	일
134280000 ➡	1	3	4	2	8	0	0	0	0
136280000 ➡	1	3	6	2	8	0	0	0	0

134280000 < 136280000

4 < 6

> 아랫자리 수는 비교하지 않아도 돼.

1 빈칸에 알맞은 수를 써넣고 두 수의 크기를 비교하여 ◯ 안에 >, =, < 중 알맞은 것을 써넣으세요.

	억	천만	백만	십만	만	천	백	십	일
218360000 ➡	2	1	8	3	6	0	0	0	0
67490000 ➡						0	0	0	0

218360000 ◯ 67490000

2 두 수의 크기를 비교하여 ◯ 안에 >, =, < 중 알맞은 것을 써넣으세요.

(1) 4351827 ◯ 4723451

     3 ◯ 7

(2) 319조 3000억 ◯ 316조 6000억

     9 ◯ 6

3 더 큰 수에 ◯표 하세요.

(1) 5280700   5239400

   (   )   (   )

(2) 28억 1530만   280억 3210만

   (   )   (   )

5 뛰어 세기

1 뛰어 세기를 하여 빈칸에 알맞은 수를 써넣으세요.

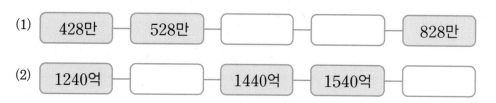

(1) 428만 — 528만 — [ ] — [ ] — 828만

(2) 1240억 — [ ] — 1440억 — 1540억 — [ ]

1➕ 규칙적인 수의 배열에서 ㉠에 알맞은 수를 구해 보세요.

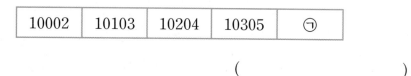

| 10002 | 10103 | 10204 | 10305 | ㉠ |

(   )

6단원에서 만나!

수 배열표에서 규칙 찾기

| 101 | 201 | 301 | 401 | 501 |
| 102 | 202 | 302 | 402 | 502 |

101에서 시작하여 오른쪽으로 100씩 커집니다.

2 주어진 수만큼씩 뛰어 세어 보세요.

(1) 1000억씩

4560억   [ ]   8560억
   5560억   [ ]   [ ]

(2) 100억씩

4560억   4760억   [ ]
   [ ]   [ ]   [ ]

▶ 수가 커진다고 어려워 하지마.
- 1000씩 뛰어 세기
  2000−3000−4000
- 1000만씩 뛰어 세기
  2000만−3000만−4000만

3 규칙에 따라 빈칸에 알맞은 수를 써넣으세요.

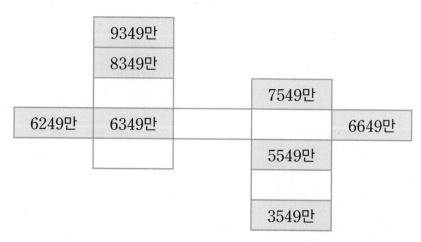

10만씩 거꾸로 뛰어 세기

	43만
	33만
	23만	24만	25만

1만씩 뛰어 세기

4 지유네 가족은 여행을 가는 데 필요한 경비 150만 원을 모으기로 하였습니다. 매달 30만 원씩 모으면 적어도 몇 개월이 걸릴까요?

(   )

🔗 탄탄북

5 ㉠에서 1000억씩 뛰어 세기를 3번 하였더니 다음과 같았습니다. ㉠에 알맞은 수를 구해 보세요.

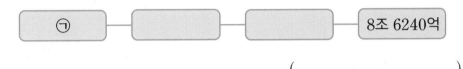

(   )

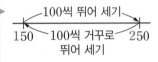

😊 내가 만드는 문제

6 규칙을 정하여 뛰어 세어 보고, 규칙을 써 보세요.

541조 20억

규칙 _____

▶ 수가 커지는 규칙 또는 작아지는 규칙을 정하여 뛰어 세어 봐.

💡 4조에서 2000억씩 5번 뛰어 센 수는 얼마일까?

2000억씩 뛰어 세면 천억의 자리 수가 2씩 커집니다.

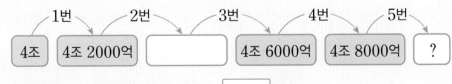

➡ 4조 8000억보다 2000억만큼 더 큰 수는 [   ] 입니다.

2000이 5개이면 1만,
2000만이 5개이면 1억,
2000억이 5개이면 1조!

7 두 수를 수직선에 나타내고 크기를 비교하여 ☐ 안에 알맞은 수를 써넣으세요.

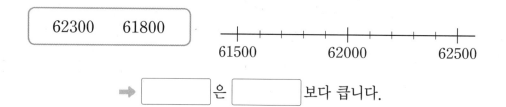

62300   61800

61500   62000   62500

➡ ☐ 은 ☐ 보다 큽니다.

▶ 수직선에서 작은 눈금 한 칸의 크기는 100이야.

8 두 수의 크기를 비교하여 ○ 안에 >, =, < 중 알맞은 것을 써넣으세요.

⑴ 367970 ◯ 375940

⑵ 14398700 ◯ 8750464

⑶ 226억 3145만 ◯ 96억 5200만

⑷ 83470800000000 ◯ 83조 4800억

▶ 자리 수가 다르면
⇒ 자리 수가 많은 쪽이 커.

자리 수가 같으면
⇒ 높은 자리 수가 클수록 커.

9 스마트폰의 판매 가격이 낮은 판매자부터 차례로 기호를 써 보세요.

(   )

■스마트폰

판매자	판매 가격(원)
가	1376700원
나	1402000원
다	1395800원

▶ 수가 작을수록 가격이 낮아.

10 ☐ 안에 들어갈 수 있는 수를 찾아 기호를 써 보세요.

☐ > (억이 3500개, 만이 4800개인 수)

㉠ 250372400000   ㉡ 3500억 5200만   ㉢ 93280005000

(   )

🔖 탄탄북

11 큰 수부터 차례로 기호를 써 보세요.

> ㉠ 42조 8600억   ㉡ 428000000000
>
> ㉢ 사십조 구천오백사십팔억   ㉣ 사조 구백구십억

(   )

▶ 모두 수로 나타낸 후 자리 수부터 비교해 봐.

12 태양과 행성 사이의 거리를 나타낸 표입니다. 태양과 행성 사이의 거리가 더 먼 행성의 이름을 써 보세요.

행성	태양과의 거리(km)
목성	778340000
해왕성	44억 9840만

(   )

▶ 수가 클수록 먼 거리야.

😊 내가 만드는 문제

13 2억보다 큰 수를 하나만 찾아 쓰고, 그 수를 읽어 보세요.

1035000000	85700000	278300000	397000000

(   ) 읽기 (   )

▶ 네 자리씩 끊어서 차례로 크기를 비교해 봐.

99999999와 100000000 중 어느 수가 더 클까?

✕

각 자리에 들어갈 수 있는 가장 큰 수인 9가 더 많으니까 99999999가 더 큰 수입니다.

➡ 99999999 > 100000000

〇

자리 수를 먼저 비교합니다.

99999999 ➡ 8자리 수

100000000 ➡ ☐자리 수

➡ 99999999 〇 100000000

큰 수의 비교는 수가 많아서 비교하기 힘드니까 네 자리씩 끊어서 비교해.

1 모두 얼마인지 구하기

2 수직선에서 알맞은 수 구하기

1
준비

10000이 3개, 1000이 7개, 100이 8개, 10이 2개, 1이 9개인 수를 구해 보세요.

(   )

4
준비

수직선에서 ㉠이 나타내는 수는 얼마인지 구해 보세요.

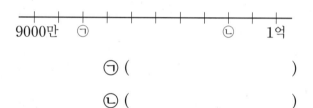

(   )

2
확인

모두 얼마인지 구해 보세요.

> • 10000원짜리 지폐 5장
> • 1000원짜리 지폐 12장

(   )

5
확인

수직선에서 ㉠과 ㉡이 나타내는 수는 각각 얼마인지 구해 보세요.

9000만   ㉠   ㉡   1억

㉠ (   )

㉡ (   )

3
완성

지우는 10000원짜리 지폐 7장, 1000원짜리 지폐 21장, 100원짜리 동전 5개, 10원짜리 동전 8개를 저금하였습니다. 지우가 저금한 돈은 모두 얼마인지 구해 보세요.

(   )

6
완성

수직선에서 ㉠과 ㉡이 나타내는 수는 각각 얼마인지 구해 보세요.

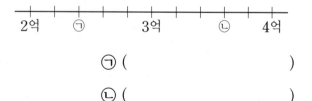

㉠ (   )

㉡ (   )

③ ■번 뛰어 센 수 구하기

7
준비

8조 500억에서 100억씩 3번 뛰어 세면 얼마일까요?

(   )

8
확인

어떤 수에서 50억씩 10번 뛰어 세면 3조 4700억이 됩니다. 어떤 수를 구해 보세요.

(   )

9
완성

어떤 수에서 30억씩 10번 뛰어 세면 7조 2300억이 됩니다. 어떤 수에서 1000억씩 10번 뛰어 세면 얼마가 될까요?

(   )

④ 나타내는 값이 몇 배인지 구하기

10
준비

㉠이 나타내는 값과 ㉡이 나타내는 값을 각각 구해 보세요.

28020000
㉠ ㉡

㉠ (   )

㉡ (   )

11
확인

㉠이 나타내는 값은 ㉡이 나타내는 값의 몇 배일까요?

57485120000
㉠ ㉡

(   )

12
완성

㉠에서 밑줄 친 숫자 6이 나타내는 값은 ㉡에서 밑줄 친 숫자 3이 나타내는 값의 몇 배일까요?

㉠ 6359081274
㉡ 593810642

(   )

5 가장 큰 수, 가장 작은 수 만들기

13 준비 수 카드를 모두 한 번씩만 사용하여 만들 수 있는 가장 큰 다섯 자리 수를 구해 보세요.

5 1 3 9 6

(   )

14 확인 수 카드를 모두 한 번씩만 사용하여 만의 자리 숫자가 5인 가장 큰 수를 구해 보세요.

6 0 8 3 1 5

(   )

15 완성 0부터 4까지의 수를 모두 두 번씩 사용하여 만들 수 있는 10자리 수 중에서 만의 자리 숫자가 3인 가장 작은 수를 구해 보세요.

(   )

6 수의 크기 비교하기

16 준비 두 수의 크기를 비교하여 ○ 안에 >, =, < 중 알맞은 것을 써넣으세요.

5813792000 ◯ 5813736000

17 확인 0부터 9까지의 수 중에서 □ 안에 들어갈 수 있는 수를 모두 구해 보세요.

2□747012 < 23525946

(   )

18 완성 □ 안에 0부터 9까지 어느 수를 넣어도 될 때 더 큰 수를 찾아 기호를 써 보세요.

㉠ 287956□34200
㉡ 287□5602□464

(   )

단원 평가

점수 | 확인

1 □ 안에 알맞은 수를 써넣으세요.

10000은
- 9999보다 □ 만큼 더 큰 수입니다.
- 9990보다 □ 만큼 더 큰 수입니다.
- 9900보다 □ 만큼 더 큰 수입니다.

2 수를 읽거나 수로 나타내 보세요.

(1) 25096 ➡ ( )

(2) 칠만 사백칠 ➡ ( )

3 보기 와 같이 각 자리의 숫자가 나타내는 값의 합으로 나타내 보세요.

보기
15429 = 10000 + 5000 + 400 + 20 + 9

45368 = ...

4 빈칸에 알맞은 수를 써넣으세요.

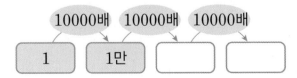

5 조가 157개, 억이 3125개, 만이 345개인 수를 써 보세요.

( )

6 뛰어 세기를 하여 빈칸에 알맞은 수를 써넣으세요.

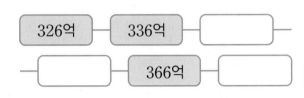

7 나타내는 수가 다른 하나를 찾아 기호를 써 보세요.

㉠ 100000000
㉡ 10000이 1000개인 수
㉢ 9000만보다 1000만만큼 더 큰 수

( )

8 두 수의 크기를 비교하여 ○ 안에 >, =, < 중 알맞은 것을 써넣으세요.

6330751900 ◯ 6330752300

9 십만의 자리 숫자가 가장 큰 수는 어느 것일까요? (   )

① 6254831
② 16703590
③ 35012844
④ 38405208
⑤ 2364820

10 다음 수를 1000배 한 수의 십억의 자리 숫자를 구해 보세요.

$$32560000$$

(   )

11 은행에서 예금한 돈 54200000원을 찾으려고 합니다. 100만 원짜리 수표로 몇 장까지 찾을 수 있을까요?

(   )

12 8조 400억에서 20억씩 5번 뛰어 세면 얼마일까요?

(   )

13 세 마을의 인구수를 나타낸 것입니다. 인구가 가장 많은 마을을 써 보세요.

마을	인구수(명)
가	51234800
나	9809787
다	45290890

(   )

14 유진이는 저금통에 10000원짜리 지폐 3장, 1000원짜리 지폐 12장, 100원짜리 동전 6개, 10원짜리 동전 8개를 모았습니다. 유진이가 모은 돈은 모두 얼마일까요?

(   )

15 큰 수부터 차례로 기호를 써 보세요.

㉠ 36080000000000
㉡ 삼십오조 백사십팔억
㉢ 52조 803억

(   )

16 수 카드를 모두 한 번씩만 사용하여 만들 수 있는 9자리 수 중 가장 큰 수와 가장 작은 수를 각각 구해 보세요.

0 1 3 4 5

6 7 8 9

가장 큰 수 (   )

가장 작은 수 (   )

17 0부터 9까지의 수 중에서 ☐ 안에 들어갈 수 있는 수를 모두 구해 보세요.

26864200 < 268☐5000

(   )

18 설명하는 수를 써 보세요.

• 3부터 8까지의 수를 모두 한 번씩만 사용하여 만든 여섯 자리 수입니다.
• 674000보다 크고 674500보다 작은 홀수입니다.

(   )

19 ㉠이 나타내는 값은 ㉡이 나타내는 값의 몇 배인지 풀이 과정을 쓰고 답을 구해 보세요.

54873864912
㉠   ㉡

풀이 _____

_____

_____

답 _____

20 어떤 수에서 2000억씩 6번 뛰어 세면 2조 8000억이 됩니다. 어떤 수는 얼마인지 풀이 과정을 쓰고 답을 구해 보세요.

풀이 _____

_____

_____

답 _____

2 각도

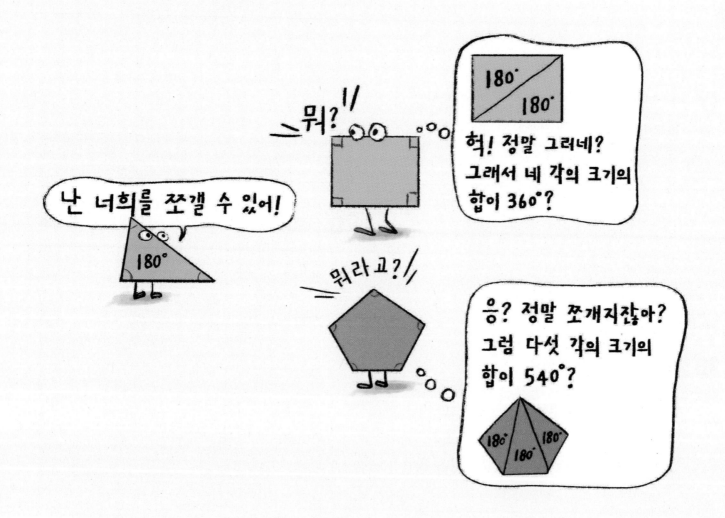

두 반직선이 벌어진 정도, 각의 크기!

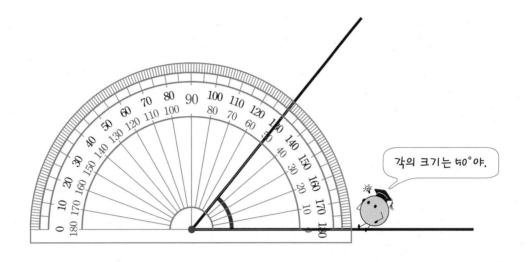

각의 크기는 50°야.

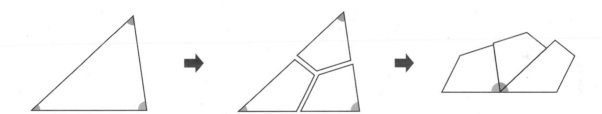

삼각형의 세 각의 크기의 합은 180°입니다.

사각형의 네 각의 크기의 합은 360°입니다.

❶ 두 변이 벌어진 정도가 클수록 큰 각이야.

개념 강의

● **눈으로 직접 비교하기**

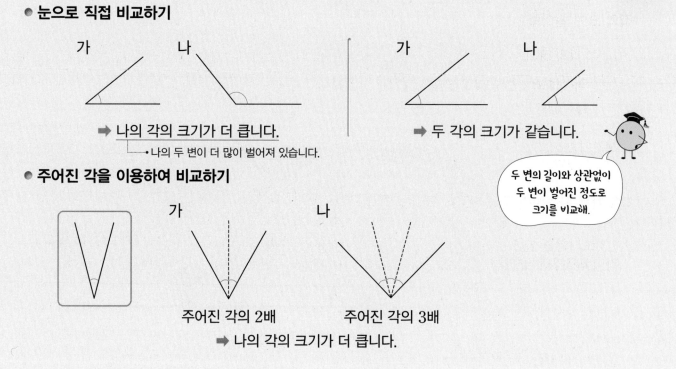

가　　　　나

➡ 나의 각의 크기가 더 큽니다.
└─ • 나의 두 변이 더 많이 벌어져 있습니다.

가　　　　나

➡ 두 각의 크기가 같습니다.

두 변의 길이와 상관없이
두 변이 벌어진 정도로
크기를 비교해.

● **주어진 각을 이용하여 비교하기**

가　　　　　　　나

주어진 각의 2배　　　주어진 각의 3배

➡ 나의 각의 크기가 더 큽니다.

---

1 각의 크기가 더 큰 각을 찾아 ○표 하세요.

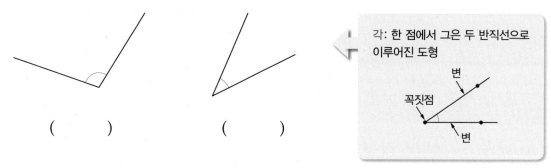

(　　)　　　　(　　)

각: 한 점에서 그은 두 반직선으로
이루어진 도형

변

꼭짓점

변

---

2 부채 갓대 사이에 일정한 간격으로 부챗살을 넣었습니다. ☐ 안에 알맞은 수나 기호를 써넣으세요.

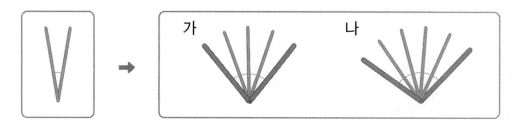

가　　　　　　　나

(1) 부채 갓대 사이에 왼쪽과 같은 크기의 각이 각각 가는 ☐ 번, 나는 ☐ 번 들어갔습니다.

(2) 부채 갓대가 이루는 각의 크기가 더 큰 각은 ☐ 입니다.

2 각도기 작은 눈금의 칸 수가 각도를 나타내.

● **각의 크기 알아보기**

- **각도**: 각의 크기
- **1도**: 직각의 크기를 똑같이 90으로 나눈 것 중 하나
  ➡ 쓰기 $1°$
- **직각의 크기**: $90°$

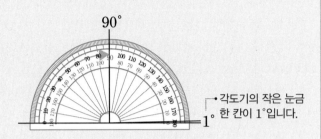

각도기의 작은 눈금 한 칸이 $1°$입니다.

● **각도기를 사용하여 각도 재기**

각도기의 중심을 각의 꼭짓점에 맞춰. ➡ 각도기의 밑금을 각의 한 변에 맞춰. ➡ 각의 다른 변이 가리키는 각도기의 눈금을 읽어.

각도기의 밑금에 맞춘 변이 0에서 시작하는 눈금을 읽습니다.

작은 눈금이 70개면 70°라 쓰고 70도라고 읽어.

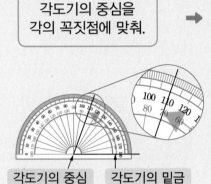

각도기의 중심　각도기의 밑금

안쪽 눈금 읽기 ➡ $70°$

각도기의 밑금　각도기의 중심

바깥쪽 눈금 읽기 ➡ $70°$

---

1 각도기를 사용하여 각도를 바르게 잰 것을 찾아 ○표 하세요.

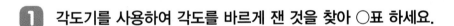

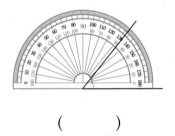
(　　　)

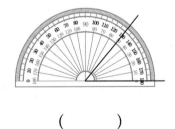
(　　　)

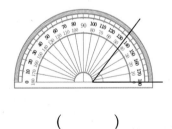
(　　　)

2 각도를 읽어 보세요.

(1)

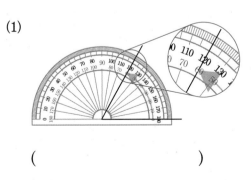

(　　　　　　)

(2)

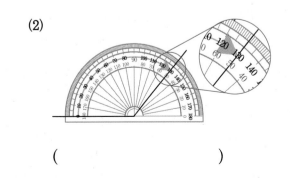

(　　　　　　)

3 90°, 180°를 기준으로 각의 이름을 정해.

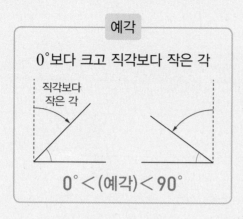

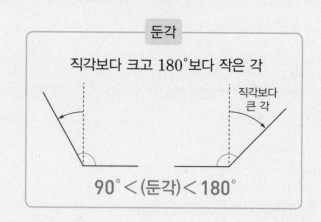

1 알맞은 것끼리 이어 보세요.

예각	직각	둔각

2 각을 보고 예각, 둔각 중 어느 것인지 ☐ 안에 써넣으세요.

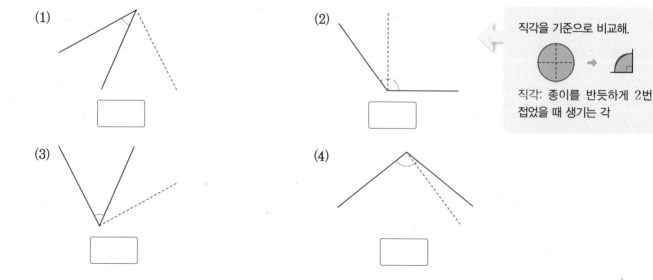

(1)

(2)

직각을 기준으로 비교해.

직각: 종이를 반듯하게 2번 접었을 때 생기는 각

(3)

(4)

3 각도기의 각을 보고 예각, 둔각 중 어느 것인지 ☐ 안에 써넣으세요.

(1)
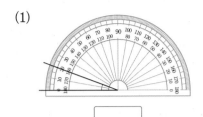

(2)
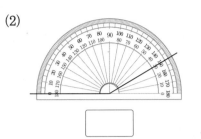

(3)
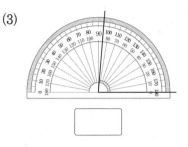

4 주어진 각이 예각, 둔각 중 어느 것인지 써 보세요.

(1)
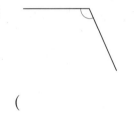

(2)

(3)

(   )   (   )   (   )

5 주어진 선분을 이용하여 각을 그릴 때 예각과 둔각이 되려면 점 ㄱ과 어느 점을 이어야 하는지 기호를 써 보세요.

(1) 예각
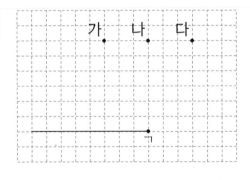

모눈종이의 점선을 따라 그린 각은 직각이야.

(   )

(2) 둔각
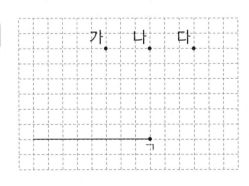

(   )

1 각의 크기와 각도 재기

1 보기 보다 각의 크기가 더 작은 각을 찾아 기호를 써 보세요.

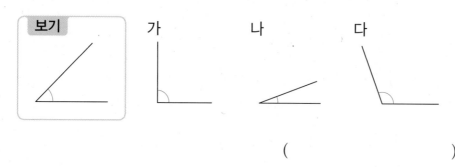

보기   가   나   다

(   )

2 각의 크기가 큰 것부터 차례로 (   ) 안에 1, 2, 3을 써넣으세요.

▶ 두 변이 많이 벌어질수록 각의 크기가 커져.

(   )   (   )   (   )

3 각도기를 사용하여 각도를 재어 보세요.

(1) 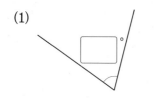   (2)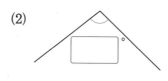

4 각도기를 사용하여 다음과 같이 각도를 재었습니다. 잘못 잰 까닭을 써 보세요.

▶ 바르게 잰 각도

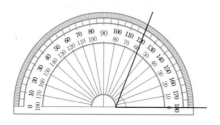

➡ 110°

까닭 ....

5 각도기를 사용하여 블록의 각도를 재어 보세요.

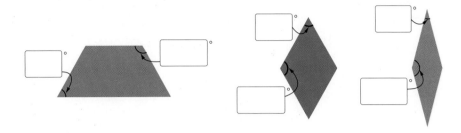

5➕ 각도기를 사용하여 정삼각형의 한 각의 크기를 재어 보세요.

(1) 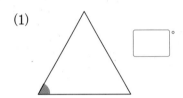　　　(2)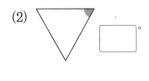

 4학년 2학기 때 만나!

정삼각형 알아보기

정삼각형: 세 변의 길이가 같은
삼각형

➡ 세 각의 크기가 모두 60°로
같습니다.

2

☺ 내가 만드는 문제

6 주어진 4개의 각 중에서 하나를 골라 기호를 쓰고 각도기를 사용하여 각도를
재어 보세요.

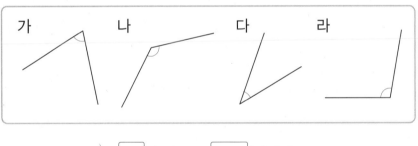

□ 의 각도는 □ °입니다.

 각도기의 밑금과 각의 한 변을 맞추지 않고 각의 크기를 재는 방법은?

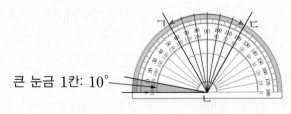

큰 눈금 1칸: 10°

각 ㄱㄴㄷ의 크기 ➡ 큰 눈금 6칸
➡ 60°

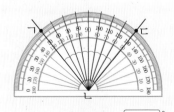

각 ㄱㄴㄷ의 크기 ➡ □ °

 큰 눈금의 칸 수로
각의 크기를
알 수 있어.

7 색종이를 접어 강아지 얼굴을 만들었습니다. ㉠, ㉡, ㉢은 예각, 직각, 둔 각 중 어느 것인지 써 보세요.

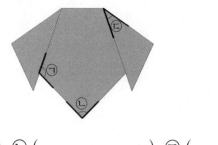

㉠ (   ), ㉡ (   ), ㉢ (   )

8 각도를 보고 예각과 둔각으로 분류하여 빈칸에 써넣으세요.

▶ 직각을 기준으로 분류해 봐.

120° 60° 90° 95° 30°

예각	둔각

9 주어진 선분을 이용하여 예각과 둔각을 그려 보세요.

▶ 예각은 직각보다 작게, 둔각은 직각보다 크게 그려 봐.

(1) 예각

(2) 둔각

10 시계에서 긴바늘과 짧은바늘이 이루는 작은 쪽의 각이 예각, 직각, 둔각 중 어느 것인지 ☐ 안에 써넣으세요.

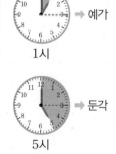

➡ 예가
1시

➡ 둔각
5시

🔗 탄탄북

11 도형에서 둔각은 모두 몇 개인지 써 보세요.

(1)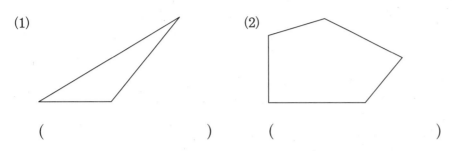

(2)

(   )   (   )

11➕ 둔각삼각형을 찾아 ○표 하세요.

(   )   (   )   (   )

😊 내가 만드는 문제

12 주어진 각보다 작은 각과 큰 각을 각각 그려 보세요.

작은 각		큰 각

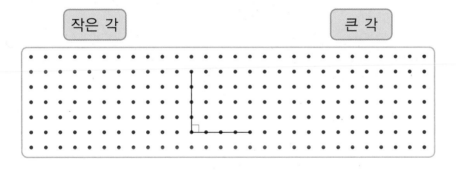

4학년 2학기 때 만나!

예각삼각형, 둔각삼각형

예각삼각형: 세 각이 모두 예각인 삼각형

둔각삼각형: 한 각이 둔각인 삼각형

▶ 3개의 점을 이어서 각을 만들어.

2

🎓 **각의 종류에는 어떤 것이 있을까?**

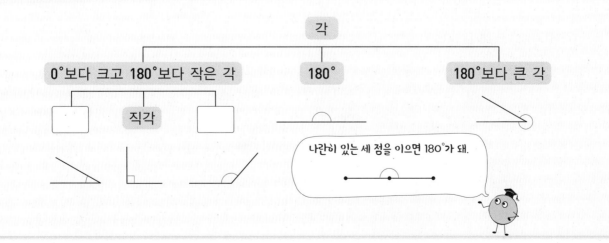

④ 각도의 계산은 자연수의 계산과 같은 방법이야.

개념 강의

● **각도 어림하기**

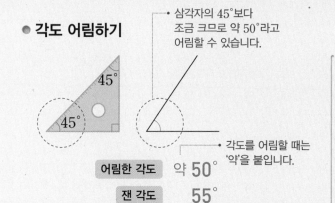

삼각자의 45°보다 조금 크므로 약 50°라고 어림할 수 있습니다.

각도를 어림할 때는 '약'을 붙입니다.

| 어림한 각도 | 약 50° |
| 잰 각도 | 55° |

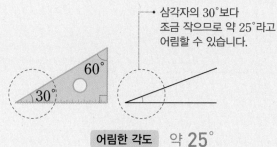

삼각자의 30°보다 조금 작으므로 약 25°라고 어림할 수 있습니다.

| 어림한 각도 | 약 25° |
| 잰 각도 | 20° |

각도기로 잰 각도와 어림한 각도의 차가 작을수록 잘 어림한 거야.

● **각도의 합 구하기**

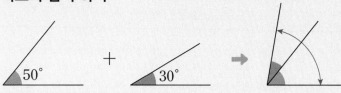

$$50° + 30° = 80°$$
$$50 + 30 = 80$$

● **각도의 차 구하기**

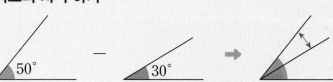

$$50° - 30° = 20°$$
$$50 - 30 = 20$$

---

1 각도를 어림하고 각도기로 재어 확인해 보세요.

(1)

| 어림한 각도 | 약 ☐° |
| 잰 각도 | ☐° |

(2)

| 어림한 각도 | 약 ☐° |
| 잰 각도 | ☐° |

2 두 각도의 합을 구해 보세요.

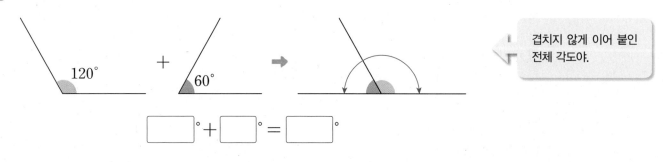

120° + 60° ➡

겹치지 않게 이어 붙인 전체 각도야.

$$\boxed{}° + \boxed{}° = \boxed{}°$$

3 두 각도의 차를 구해 보세요.

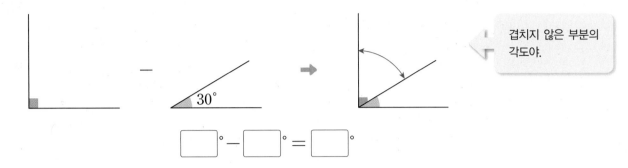

겹치지 않은 부분의 각도야.

$$\boxed{}° - \boxed{}° = \boxed{}°$$

4 와플 조각을 이어 붙였습니다. ☐ 안에 알맞은 수를 써넣으세요.

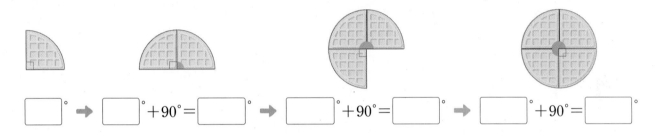

$$\boxed{}° \Rightarrow \boxed{}° + 90° = \boxed{}° \Rightarrow \boxed{}° + 90° = \boxed{}° \Rightarrow \boxed{}° + 90° = \boxed{}°$$

5 각도의 합과 차를 구해 보세요.

(1) $25° + 70° = \boxed{}°$

(2) $65° + 105° = \boxed{}°$

(3) $80° - 45° = \boxed{}°$

(4) $135° - 110° = \boxed{}°$

단위가 있는 덧셈과 뺄셈은 자연수끼리 계산한 다음 단위를 붙여.

$15\,cm + 30\,cm = 45\,cm$

6 두 각도의 합과 차를 각각 구해 보세요.

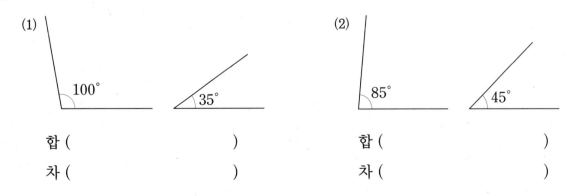

(1)

합 (   )

차 (   )

(2)

합 (   )

차 (   )

5 삼각형의 세 각의 크기의 합은 항상 180°야.

● **각도기로 재어 세 각의 크기의 합 구하기**

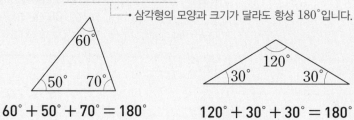

• 삼각형의 모양과 크기가 달라도 항상 180°입니다.

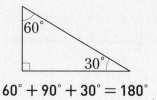

$$60° + 50° + 70° = 180° \qquad 120° + 30° + 30° = 180° \qquad 60° + 90° + 30° = 180°$$

● **삼각형을 잘라서 세 각의 크기의 합 구하기**

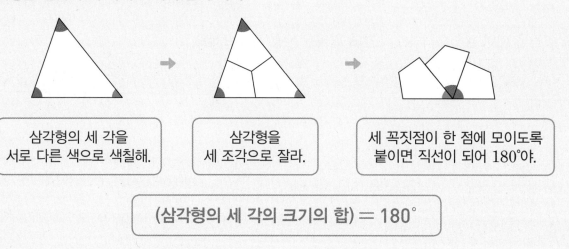

| 삼각형의 세 각을 서로 다른 색으로 색칠해. | 삼각형을 세 조각으로 잘라. | 세 꼭짓점이 한 점에 모이도록 붙이면 직선이 되어 180°야. |

$$(\text{삼각형의 세 각의 크기의 합}) = 180°$$

---

1 삼각자의 세 각의 크기의 합을 구해 보세요.

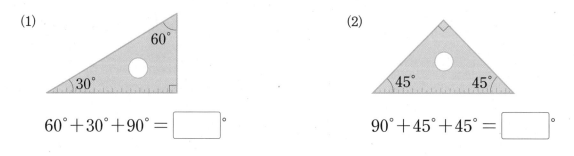

(1)
60°
30°

$$60° + 30° + 90° = \boxed{}°$$

(2)
45°　45°

$$90° + 45° + 45° = \boxed{}°$$

---

2 각도기를 사용하여 삼각형의 세 각의 크기를 각각 재어 보고 합을 구해 보세요.

각	㉠	㉡	㉢
각도	60°		

세 각의 크기의 합: $\boxed{}$°

3 ㉠의 각도를 구하려고 합니다. ☐ 안에 알맞은 수를 써넣으세요.

(1)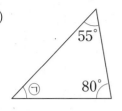

$$㉠ + 80° + 55° = \boxed{}°$$

$$㉠ = \boxed{}°$$

(2)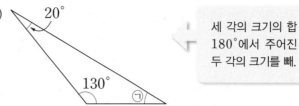

세 각의 크기의 합
180°에서 주어진
두 각의 크기를 빼.

$$㉠ + 20° + 130° = \boxed{}°$$

$$㉠ = \boxed{}°$$

4 삼각형을 잘라서 세 꼭짓점이 한 점에 모이도록 이어 붙였습니다. ☐ 안에 알맞은 수를 써넣으세요.

(1)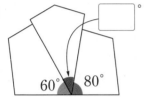

(2)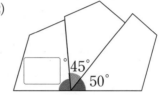

5 ☐ 안에 알맞은 수를 써넣으세요.

(1)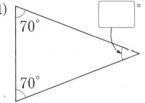

(2)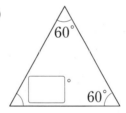

6 ㉠과 ㉡의 각도의 합을 구해 보세요.

(1)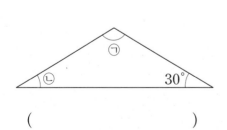

(   )

(2)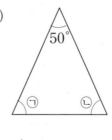

(   )

2

6 사각형의 네 각의 크기의 합은 항상 360°야.

● 각도기로 재어 네 각의 크기의 합 구하기

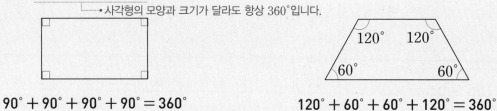

• 사각형의 모양과 크기가 달라도 항상 360°입니다.

$90° + 90° + 90° + 90° = 360°$

$120° + 60° + 60° + 120° = 360°$

● 사각형을 잘라서 네 각의 크기의 합 구하기

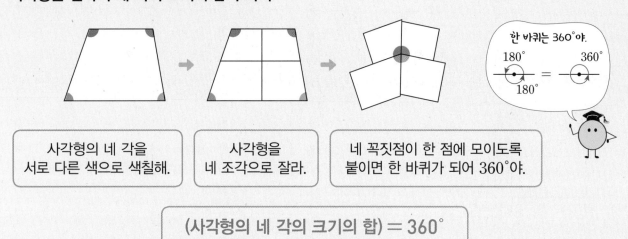

한 바퀴는 360°야.

| 사각형의 네 각을 서로 다른 색으로 색칠해. | 사각형을 네 조각으로 잘라. | 네 꼭짓점이 한 점에 모이도록 붙이면 한 바퀴가 되어 360°야. |

(사각형의 네 각의 크기의 합) = 360°

1 삼각형을 이용하여 사각형의 네 각의 크기의 합을 알아보려고 합니다. ☐ 안에 알맞은 수를 써넣으세요.

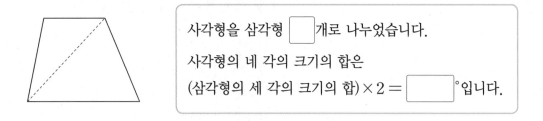

사각형을 삼각형 ☐ 개로 나누었습니다.

사각형의 네 각의 크기의 합은
(삼각형의 세 각의 크기의 합)×2 = ☐°입니다.

2 각도기를 사용하여 사각형의 네 각의 크기를 각각 재어 보고 합을 구해 보세요.

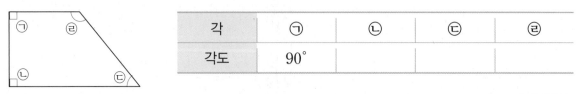

각	㉠	㉡	㉢	㉣
각도	90°			

네 각의 크기의 합: ☐°

3 ㉠의 각도를 구하려고 합니다. ☐ 안에 알맞은 수를 써넣으세요.

(1)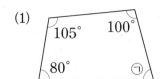

$$㉠ + 100° + 105° + 80° = \boxed{}°$$

$$㉠ = \boxed{}°$$

(2)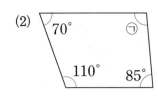

네 각의 크기의 합 360° 에서 주어진 세 각의 크기를 빼.

$$㉠ + 70° + 110° + 85° = \boxed{}°$$

$$㉠ = \boxed{}°$$

4 사각형을 잘라서 네 꼭짓점이 한 점에 모이도록 이어 붙였습니다. ☐ 안에 알맞은 수를 써넣으세요.

(1)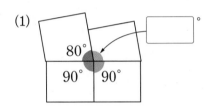

(2)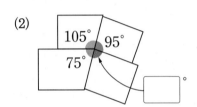

5 ☐ 안에 알맞은 수를 써넣으세요.

(1)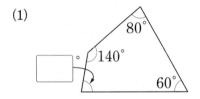

(2)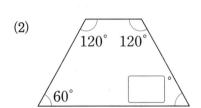

6 ㉠과 ㉡의 각도의 합을 구해 보세요.

(1)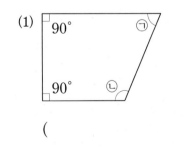

(   )

(2)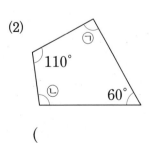

(   )

3 각도 어림하기, 각도의 합과 차

1 액자가 얼마나 기울어졌는지 어림하고 각도기로 재어 확인해 보세요.

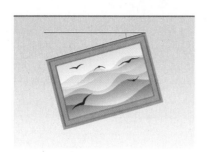

▶ 삼각자의 30°와 얼마나 차이가 나는지 살펴봐.

어림한 각도	약		°
잰 각도			°

2 각도의 합과 차를 이용하여 색칠된 각도를 구해 보세요.

(1)

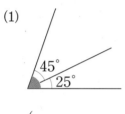

$45°$
$25°$

( )

▶ 각도의 합은 자연수의 덧셈과 같은 방법으로, 각도의 차는 자연수의 뺄셈과 같은 방법으로!

(2)

$125°$
$50°$

( )

3 각도기를 사용하여 두 각도를 재어 합과 차를 구해 보세요.

합 ( )
차 ( )

🔗 탄탄북

4 피자 2판을 두 가지 방법으로 똑같이 나누어 먹고 각각 한 조각씩 남았습니다. 남은 두 피자 조각에 표시한 각도의 합을 구해 보세요.

( )

▶ 360°   360°÷2

5 ㉠의 각도를 구해 보세요.

(1)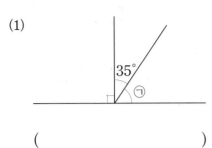

(2)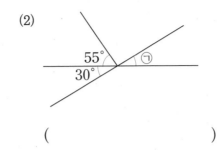

(   )   (   )

5➕ 직선 가와 나는 서로 수직입니다. ☐ 안에 알맞은 수를 써넣으세요.

(1)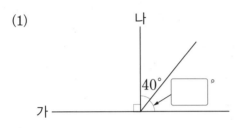

(2)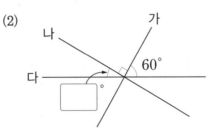

▶ 한 직선이 이루는 각도를 먼저 알아야지.

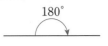

수직 알아보기

두 직선이 만나서 이루는 각이 직각일 때, 두 직선은 서로 수직이라고 합니다.

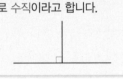

😊 내가 만드는 문제

6 각도를 정해 어림하여 각을 그려 보고 바르게 그렸는지 각도기로 재어 확인해 보세요.

▶ 어림하여 각을 그릴 때는 각도기를 사용하지 않고 자만을 이용하여 각을 그려.

어림하여 각 그리기

정한 각도
☐ °

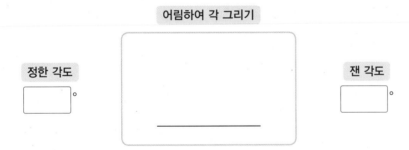

잰 각도
☐ °

 각도의 어림을 잘하는 방법은?

● 45°, 90°, 135°를 기준으로 각도를 어림해 봅니다.

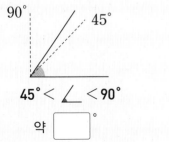

45° < ∠ < 90°

약 ☐ °

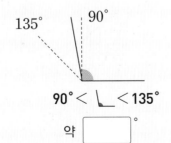

90° < ∟ < 135°

약 ☐ °

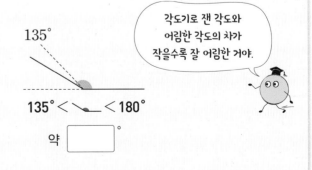

135° < ◟ < 180°

약 ☐ °

각도기로 잰 각도와 어림한 각도의 차가 작을수록 잘 어림한 거야.

7 ㉠과 ㉡의 각도의 차를 구해 보세요.

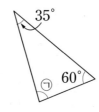
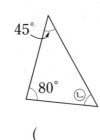

(   )

8 삼각형의 세 각의 크기가 될 수 없는 것을 찾아 기호를 써 보세요.

▶ 세 각의 크기를 모두 더해 봐.

㉠ 25°, 50°, 105°   ㉡ 30°, 70°, 80°

㉢ 25°, 80°, 80°   ㉣ 40°, 50°, 90°

(   )

9 도형에서 ㉠의 각도를 구하려고 합니다. 물음에 답하세요.

▶ 삼각형의 세 각의 크기의 합과 한 직선이 이루는 각도는 각각 180°야.

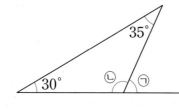

(1) ㉡은 몇 도일까요?

(   )

(2) ㉠은 몇 도일까요?

(   )

🔗 탄탄북

10 ㉠의 각도를 구해 보세요.

▶ 직각삼각형에서 두 예각의 크기의 합은 90°야.

(1)
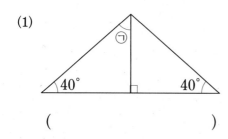

(2)
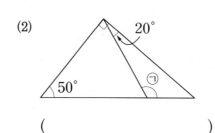

(   )   (   )

11 ㉠의 각도가 70°인 것을 찾아 ○표 하세요.

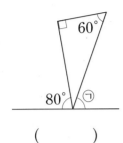
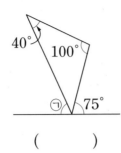
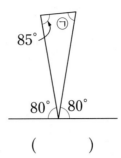

(   )   (   )   (   )

😊 내가 만드는 문제

12 보기 와 같이 두 삼각자를 겹치지 않게 붙여서 각을 만들고 각도를 구해 보세요.

▶ 삼각자의 각도

보기

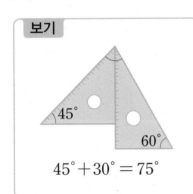

$45° + 30° = 75°$

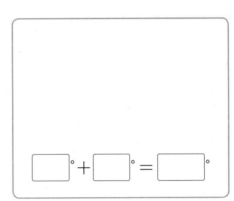

$\boxed{}° + \boxed{}° = \boxed{}°$

2

🎓 **삼각자로 어떤 각을 만들 수 있을까?**

· 이어 붙여서 만들기

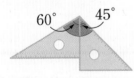

$60° + 45° = \boxed{}°$

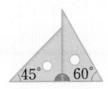

$90° + 90° = 180°$

· 겹쳐서 만들기

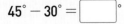

$45° - 30° = \boxed{}°$

$60° - 45° = 15°$

$90° - 45° = 45°$

이 외에도 삼각자의
90°, 45°, 60°, 30°를 이용해
다양한 각을 만들 수 있어.

13 가을철 별자리인 조랑말 자리의 별 4개를 연결한 모양을 그린 것입니다. □ 안에 알맞은 수를 써넣으세요.

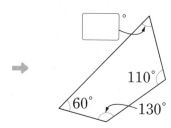

14 ㉠과 ㉡의 각도의 차를 구해 보세요.

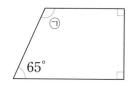

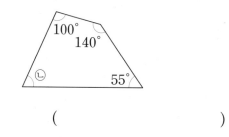

( )

15 사각형을 4개의 삼각형으로 나누어 사각형의 네 각의 크기의 합을 알아보려고 합니다. □ 안에 알맞은 수를 써넣으세요.

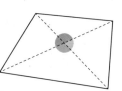

> 한 점을 중심으로 한 바퀴 돌린 각도는 360°야.
>
>

4개의 삼각형의 세 각의 크기의 합은 모두 $180° \times \boxed{} = 720°$입니다.

이 중 안쪽의 필요 없는 네 각의 크기의 합인 $\boxed{}°$를 **빼면**

사각형의 네 각의 크기의 합은 $720° - \boxed{}° = \boxed{}°$입니다.

🔗 탄탄북

16 도형에서 ㉠의 각도를 구하려고 합니다. 물음에 답하세요.

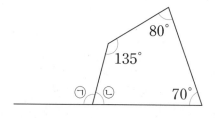

(1) ㉡은 몇 도일까요?

( )

(2) ㉠은 몇 도일까요?

( )

> 사각형의 네 각의 크기의 합은 360°이고, 한 직선이 이루는 각도는 180°야.

17 ㉠의 각도를 구해 보세요.

▶ 삼각형과 사각형을 이어 붙여 사각형을 만든 거야.

(1)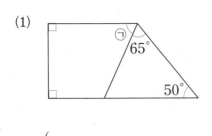

(2)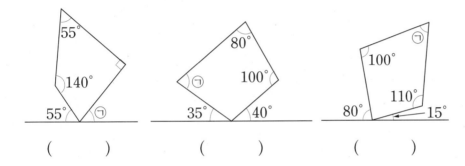

(   )   (   )

18 ㉠의 각도가 75°인 것을 찾아 ○표 하세요.

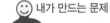

(   )   (   )   (   )

😊 내가 만드는 문제

19 사각형의 네 각이 되도록 ☐ 안에 수를 자유롭게 써넣으세요.

(1) 50°, 120°, °, ☐°

(2) 60°, 130°, °, ☐°

▶ 사각형의 네 각의 크기를 더하면 360°이니까 두 각의 크기가 80°, 100°라면 나머지 두 각의 크기의 합은 360°−80°−100°=180° 가 되면 되겠지?

🎓 삼각형과 사각형을 이어 붙여 만든 도형의 모든 각의 크기의 합은?

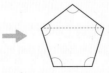 ➡ 삼각형의 세 각의 크기의 합은 180°

➡ 사각형의 네 각의 크기의 합은 ☐°

➡ 두 도형을 이어 붙이면 모든 각의 크기의 합은 180° + ☐° = ☐°

도형의 꼭짓점이 삼각형과 사각형의 각이 되도록 나누어.

2. 각도 55

① 각도의 합과 차를 이용하여 각도 구하기

1 준비

□ 안에 알맞은 수를 써넣으세요.

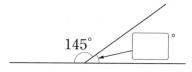

2 확인

□ 안에 알맞은 수를 써넣으세요.

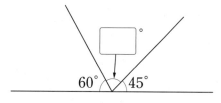

3 완성

㉠의 각도를 구해 보세요.

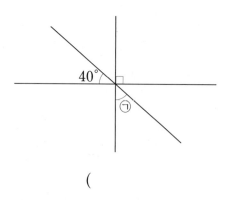

( )

② 크고 작은 예각, 둔각의 수 구하기

4 준비

도형에서 예각인 곳에 △표, 둔각인 곳에 ○표 하세요.

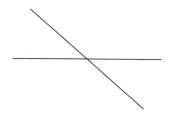

5 확인

도형에서 찾을 수 있는 크고 작은 둔각은 모두 몇 개일까요?

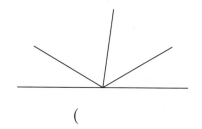

( )

6 완성

크기가 같은 각 4개로 이루어진 도형입니다. 도형에서 찾을 수 있는 크고 작은 예각과 둔각은 각각 몇 개일까요?

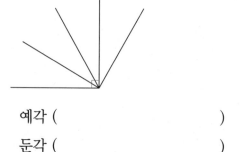

예각 ( )

둔각 ( )

③ 도형에서 각도 구하기

7
준비

□ 안에 알맞은 수를 써넣으세요.

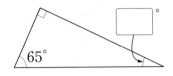

8
확인

□ 안에 알맞은 수를 써넣으세요.

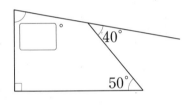

9
완성

㉠의 각도를 구해 보세요.

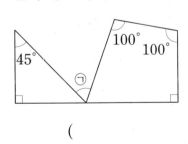

( )

④ 시계의 바늘이 이루는 각도 구하기

10
준비

시계의 긴바늘과 짧은바늘이 이루는 작은 쪽의 각도는 몇 도일까요?

( )

11
확인

시계의 긴바늘과 짧은바늘이 이루는 작은 쪽의 각도는 몇 도일까요?

( )

12
완성

시계의 긴바늘과 짧은바늘이 이루는 작은 쪽의 두 각도의 합과 차를 구해 보세요.

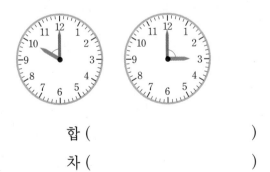

합 ( )

차 ( )

5 삼각자를 이용하여 각도의 합과 차 구하기

6 종이접기를 이용하여 각도 구하기

[13~14] 두 삼각자로 만들어지는 각도를 알아 보려고 합니다. 물음에 답하세요.

 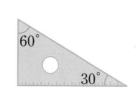

13
준비

㉠의 각도를 구하려고 합니다. ☐ 안에 알맞은 수를 써넣으세요.

㉠ = 45° + ☐° = ☐°

14
확인

㉠의 각도를 구해 보세요.

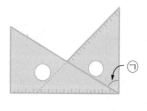

( )

15
완성

두 삼각자를 겹쳐 놓았습니다. ㉠의 각도를 구해 보세요.

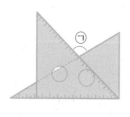

( )

16
준비

㉠과 ㉡의 각도가 같은 삼각형입니다. ㉡의 각도를 구해 보세요.

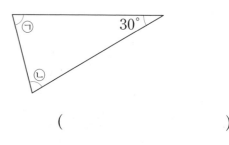

( )

17
확인

반으로 접은 종이를 펼쳤을 때 ☐ 안에 알맞은 수를 써넣으세요.

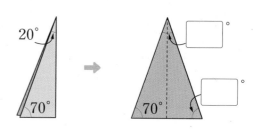

18
완성

반으로 접은 종이를 펼쳤을 때 ㉠과 ㉡의 각도의 합을 구해 보세요.

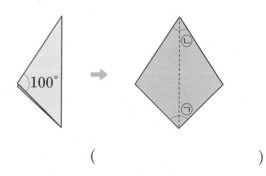

( )

단원 평가

| 점수 | 확인 |

1 더 많이 벌어진 책을 찾아 ○표 하세요.

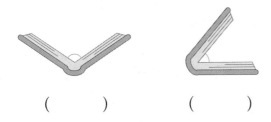

(   )   (   )

2 각의 크기가 작은 것부터 차례로 기호를 써 보세요.

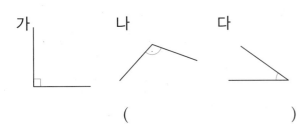

(   )

3 각도기를 사용하여 각도를 재어 보세요.

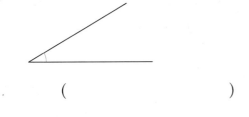

(   )

4 삼각형에서 각 ㄱㄴㄷ의 크기를 재어 보세요.

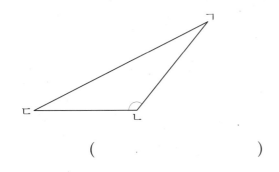

(   )

5 주어진 각을 예각, 직각, 둔각으로 분류하여 기호를 써 보세요.

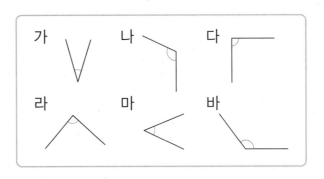

예각	직각	둔각

6 피자를 이어 붙인 모습을 보고 알맞은 것끼리 이어 보세요.

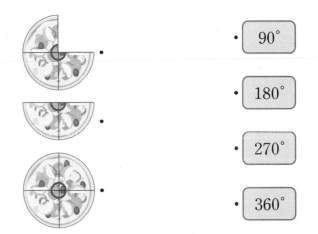

- 90°
- 180°
- 270°
- 360°

7 도형에서 예각은 모두 몇 개인지 써 보세요.

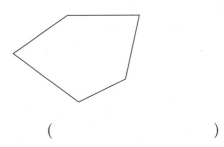

(   )

단원 평가

8 각도를 어림하고 각도기로 재어 확인해 보세요.

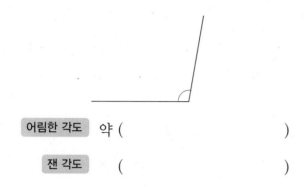

어림한 각도   약 (   )

잰 각도   (   )

9 둔각을 모두 찾아 써 보세요.

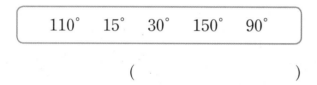

110°   15°   30°   150°   90°

(   )

10 두 각도의 합을 구해 보세요.

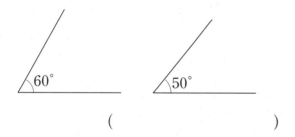

60°   50°

(   )

11 두 각도의 차를 구해 보세요.

35°   115°

(   )

12 ㉠의 각도를 구해 보세요.

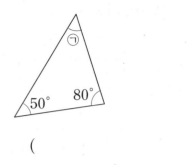

50°   80°

(   )

13 ☐ 안에 알맞은 수를 써넣으세요.

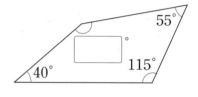

55°
40°   115°

(   )

14 시계의 긴바늘과 짧은바늘이 이루는 작은 쪽의 각도는 몇 도일까요?

(   )

15 ㉠의 각도를 구해 보세요.

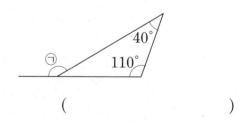

40°
㉠   110°

(   )

16 도형에서 찾을 수 있는 크고 작은 예각은 모두 몇 개일까요?

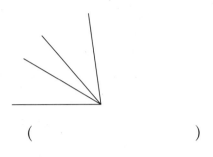

(   )

17 ㉠의 각도를 구해 보세요.

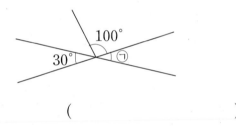

(   )

18 두 삼각자를 겹쳐 놓았습니다. ㉠의 각도를 구해 보세요.

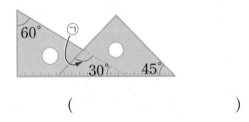

(   )

19 수아는 그림과 같이 각도기로 각도를 재어 110°라고 구했습니다. 각도를 잘못 구한 까닭을 쓰고 바르게 구해 보세요.

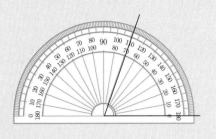

까닭 _____

_____

_____

_____

바르게 구하기 _____

20 채은이와 하진이가 사각형의 네 각의 크기를 각각 재었습니다. 각도를 잘못 잰 사람은 누구인지 풀이 과정을 쓰고 답을 구해 보세요.

채은	45°	100°	85°	140°
하진	60°	85°	85°	130°

풀이 _____

_____

_____

_____

_____

답 _____

3 곱셈과 나눗셈

나누는 수를 다시 곱하면
처음 수가 돼.

1 (세 자리 수)×(몇)의 값에 0을 1개 붙여.

개념 강의

● (몇백)×(몇십)

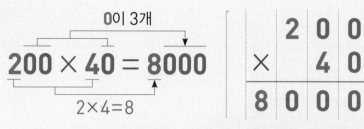

0이 3개

$200 × 40 = 8000$

$2×4=8$

```
    2 0 0
×     4 0
─────────
  8 0 0 0
```

0의 개수에 주의해!

$200×50=1000$ $200×50=10000$

➡ (몇)×(몇)의 계산 결과에 두 수의 0의 개수만큼 0을 붙입니다.

● (세 자리 수)×(몇십)

$146 × 3 = 438$

10배   10배

$146 × 30 = 4380$

```
    1 4 6
×       3
─────────
    4 3 8
```
10배 →
```
    1 4 6
×     3 0
─────────
  4 3 8 0
```
10배 →

• 세 자리 수에서 네 자리 수로 늘어납니다.

➡ (세 자리 수)×(몇)의 계산 결과에 0을 1개 붙입니다.

---

1 ☐ 안에 알맞은 수를 써넣으세요.

(1) $300 × 40 = \boxed{}000$

     $3 × 4 = \boxed{}$

(2) $600 × 70 = \boxed{}000$

     $6 × 7 = \boxed{}$

---

2 ☐ 안에 알맞은 수를 써넣으세요.

(1)
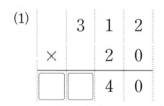
```
    3 1 2
×     2 0
─────────
☐ ☐ 4 0
```

(2)
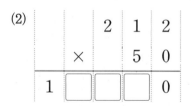
```
      2 1 2
×       5 0
───────────
1 ☐ ☐ ☐ 0
```

---

3 ☐ 안에 알맞은 수를 써넣으세요.

(1) $156 × 4 = \boxed{}$

10배 ↓   10배 ↓

$156 × 40 = \boxed{}$

(2) $436 × 2 = \boxed{}$

$\boxed{}$배 ↓ $\boxed{}$배 ↓

$436 × 20 = \boxed{}$

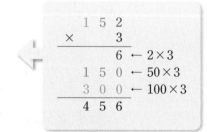
```
      1 5 2
×         3
───────────
          6  ← 2×3
      1 5 0  ← 50×3
      3 0 0  ← 100×3
───────────
      4 5 6
```

4 ☐ 안에 알맞은 수를 써넣으세요.

(1)
```
    4 0 5          4 0 5
  ×     5   ➡    ×   5 0
  ┌─────────┐    ┌─────────┐
  └─────────┘    └─────────┘
```

(2)
```
    3 2 7          3 2 7
  ×     4   ➡    ×   4 0
  ┌─────────┐    ┌─────────┐
  └─────────┘    └─────────┘
```

5 ☐ 안에 알맞은 수를 써넣으세요.

(1) $300 \times 50 =$ ☐

$30 \times 500 =$ ☐

$3 \times 5000 =$ ☐

(2) $400 \times 80 =$ ☐

$40 \times 800 =$ ☐

$4 \times 8000 =$ ☐

$$20 \times \quad 4 = 80$$
$$20 \times \quad 40 = 800$$
$$20 \times 400 = 8000$$

6 314×30을 계산하여 자리에 맞게 쓰려고 합니다. 빈칸에 알맞은 수를 써넣으세요.

	천의 자리	백의 자리	십의 자리	일의 자리	계산 결과
314×3					
314×30					

7 492를 수직선에 나타낸 다음 492×60은 약 얼마인지 어림하여 구하고 실제로 계산해 보세요.

```
  ├────────┼────────┼
 400      450      500
```

492는 400과 500 중 500에 더 가까워.

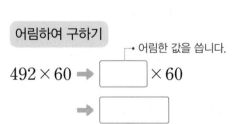

어림하여 구하기

• 어림한 값을 씁니다.

$492 \times 60 \Rightarrow$ ☐ $\times 60$

$\Rightarrow$ ☐

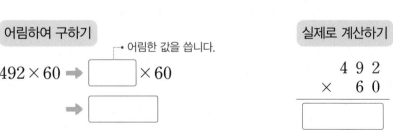

실제로 계산하기

```
      4 9 2
  ×     6 0
  ┌─────────┐
  └─────────┘
```

2 곱셈도 자리에 맞추어 계산하는 거야.

● (세 자리 수) × (몇십몇)

$$234 \times 26 \left\{ \begin{array}{l} 234 \times 6 = 1404 \\ 234 \times 20 = 4680 \end{array} \right.$$

$$6084 \quad \leftarrow \text{두 곱을 더합니다.}$$

$$234 \times 26 \left\{ \begin{array}{l} 200 \times 26 = 5200 \\ 34 \times 26 = 884 \end{array} \right.$$

$$6084 \quad \leftarrow \text{두 곱을 더합니다.}$$

```
    2 3 4          2 3 4           2 3 4
  ×   2 6    →   ×   2 6    →    ×   2 6
    1 4 0 4        1 4 0 4         1 4 0 4   ← 234 × 6
                   4 6 8 0         4 6 8 0   ← 234 × 20
                                   6 0 8 4
```

234 × 6을 계산
합니다.

234 × 20을 계산
합니다.

두 곱을 더합니다.

---

1 ☐ 안에 알맞은 수를 써넣으세요.

(1) $230 \times 16 \left\{ \begin{array}{l} 230 \times 6 = \boxed{} \\ 230 \times 10 = \boxed{} \end{array} \right.$

$\boxed{}$

(2) $347 \times 53 \left\{ \begin{array}{l} 347 \times 3 = \boxed{} \\ 347 \times 50 = \boxed{} \end{array} \right.$

$\boxed{}$

2 ☐ 안에 알맞은 수를 써넣으세요.

(1) $607 \times 37 \left\{ \begin{array}{l} 600 \times 37 = \boxed{} \\ 7 \times 37 = \boxed{} \end{array} \right.$

$\boxed{}$

(2) $518 \times 46 \left\{ \begin{array}{l} 500 \times 46 = \boxed{} \\ 18 \times 46 = \boxed{} \end{array} \right.$

$\boxed{}$

3 ☐ 안에 알맞은 수를 써넣으세요.

(1)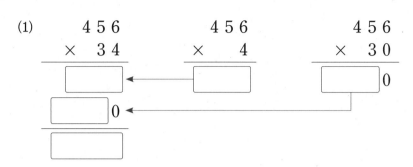

세로셈에서 십의 자리를 곱할 때 일의 자리 0을 생략할 수 있어.

```
      3 1 7
  ×     2 3
      9 5 1
    6 3 4 0
    7 2 9 1
```

(2)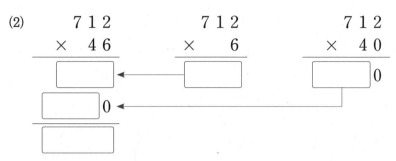

4 ☐ 안에 알맞은 수를 써넣으세요.

(1)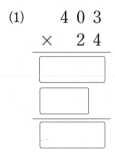

(2)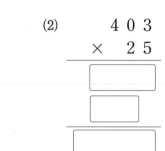

(3)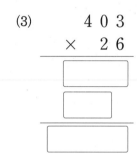

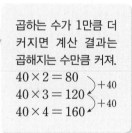

곱하는 수가 1만큼 더 커지면 계산 결과는 곱해지는 수만큼 커져.

$40 \times 2 = 80$
$40 \times 3 = 120$
$40 \times 4 = 160$
+40
+40

5 세 자리 수를 몇백쯤으로, 두 자리 수를 몇십쯤으로 어림하여 구하고 실제로 계산해 보세요.

(1)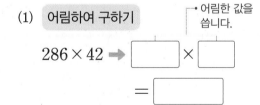

(2)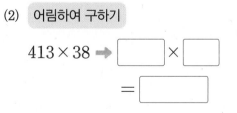

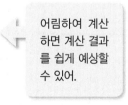

어림하여 계산 하면 계산 결과 를 쉽게 예상할 수 있어.

1 (세 자리 수)×(몇십)

1 계산해 보세요.

(1)
```
    1 8 7
  ×   6 0
```

(2)
```
    8 0 5
  ×   7 0
```

2 ☐ 안에 알맞은 수를 써넣으세요.

(1) $700 \times 40 =$ ☐

☐배 ↓   ☐배

$700 \times 80 =$ ☐

(2) $300 \times 50 =$ ☐

↓ ☐배   ☐배

$600 \times 50 =$ ☐

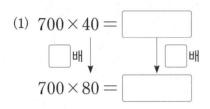

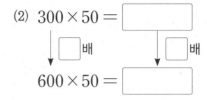

(1) $7 \times 2 = 14$
2배 ↓   ↓ 2배
$7 \times 4 = 28$

(2) $3 \times 4 = 12$
↓ 2배   ↓ 2배
$6 \times 4 = 24$

3 어림하여 구한 값을 찾아 ○표 하세요.

(1) 301×50 ➡

12000	15000	18000

(2) 597×20 ➡

6000	10000	12000

▶ 곱해지는 수를 몇백쯤으로 어림해 봐.

4 ☐ 안에 알맞은 수를 써넣으세요.

(1) $3 \times$ ☐ $= 180$

$30 \times$ ☐ $= 1800$

$300 \times$ ☐ $= 18000$

(2) $80 \times$ ☐ $= 560$

$80 \times$ ☐ $= 5600$

$80 \times$ ☐ $= 56000$

▶ 계산 결과가 10배가 되려면 곱해지는 수나 곱하는 수가 어떻게 되어야 할지 생각해 봐.

5 곱의 크기를 비교하여 ○ 안에 >, =, < 중 알맞은 것을 써넣으세요.

(1) 300×40 ◯ 20×600 (2) 714×70 ◯ 814×60

▶ $\underbrace{300 \times 40}_{3개}$ $\underbrace{20 \times 600}_{3개}$

➡ 0의 수가 같으므로
(몇)×(몇)의 크기를 비교해.

탄탄북

6 수빈이네 학교 4학년 학생 30명이 과학관으로 현장 체험 학습을 가려고 합니다. 30명이 우주인 체험도 하고 로켓 만들기도 하려면 모두 얼마를 내야 할까요?

우주인 체험(1명)	
어른	900원
학생	700원

로켓 만들기(1명)	
어른	800원
학생	550원

(   )

😊 내가 만드는 문제

7 보기 와 같이 36000을 여러 가지 곱셈식으로 나타내 보세요.

보기
$24000 = 300 \times 80$
$= 400 \times 60$
$= 1000 \times 24$

$36000 = \boxed{} \times \boxed{}$
$= \boxed{} \times \boxed{}$
$= \boxed{} \times \boxed{}$

▶ 수를 분해하는 방법에 따라 여러 가지 곱셈식을 만들 수 있어.
$25000 = 250 \times 100$
$= 25 \times 1000$
$\underset{50}{\underbrace{2 \times 500}}$
$= 50 \times 500$

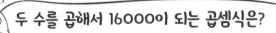두 수를 곱해서 16000이 되는 곱셈식은?

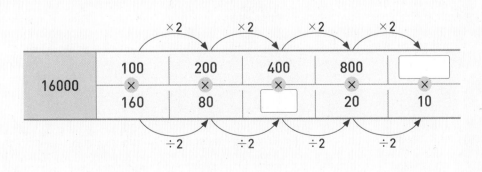

곱해지는 수에 2를 곱하면 곱하는 수는 2로 나누어.

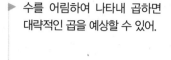
8 진호는 507×32를 다음과 같이 어림하였습니다. 민진이가 진호와 같은 방법으로 291×29를 어림하려고 합니다. 알맞은 말에 ○표 하고 □ 안에 알맞은 수를 써넣으세요.

▶ 수를 어림하여 나타내 곱하면 대략적인 곱을 예상할 수 있어.

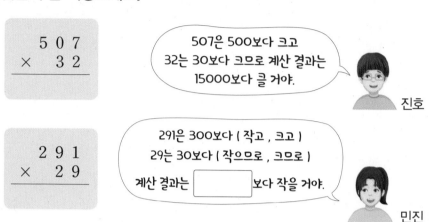

$$\begin{array}{r} 5\ 0\ 7 \\ \times\ \ \ 3\ 2 \end{array}$$

507은 500보다 크고 32는 30보다 크므로 계산 결과는 15000보다 클 거야.

진호

$$\begin{array}{r} 2\ 9\ 1 \\ \times\ \ \ 2\ 9 \end{array}$$

291은 300보다 (작고 , 크고)
29는 30보다 (작으므로 , 크므로)
계산 결과는 □ 보다 작을 거야.

민진

9 계산해 보세요.

▶ 세 자리 수와 두 자리 수의 십의 자리를 곱한 후 자리를 잘 맞추어 써야 해.

(1)
$$\begin{array}{r} 4\ 7\ 5 \\ \times\ \ \ 5\ 4 \end{array}$$

(2)
$$\begin{array}{r} 2\ 6\ 5 \\ \times\ \ \ 4\ 3 \end{array}$$

10 □ 안에 알맞은 수를 써넣으세요.

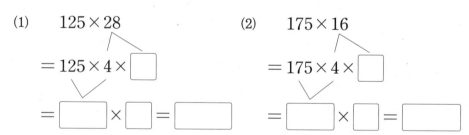

(1) 125×28

$= 125 \times 4 \times \square$

$= \square \times \square = \square$

(2) 175×16

$= 175 \times 4 \times \square$

$= \square \times \square = \square$

11 어림하여 10000원으로 한 묶음을 살 수 있는 집게를 찾아 ○표 하세요.

▶ 집게 한 개의 가격을 몇백 원쯤으로 어림하여 알아봐.

하트 모양 집게
한 개
730원
15개 한 묶음

별 모양 집게
한 개
480원
19개 한 묶음

(   )   (   )

탄탄북

12 ☐ 안에 알맞은 수를 써넣으세요.

(1) $550 \times 25 = 550 \times 24 +$ ☐

(2) $813 \times 61 = 813 \times 60 +$ ☐

12 ➕ 보기 와 같이 계산해 보세요.

보기

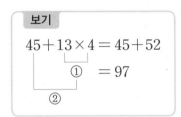

$45 + 13 \times 4 = 45 + 52$
　　　　　①　　 $= 97$
　　②

$120 + 25 \times 12 = 120 +$ ☐
　　　　　①
　　②　　 $=$ ☐

내가 만드는 문제

13 보라색 주머니에서 수 카드 3장, 연두색 주머니에서 수 카드 2장을 꺼내
어 각각 한 번씩만 사용하여 (세 자리 수) × (몇십몇)의 곱셈식을 만들어
보세요.

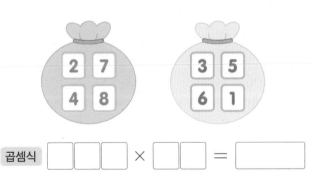

곱셈식 ☐☐☐ × ☐☐ = ☐☐☐☐☐

▶ 곱셈은 같은 수를 여러 번 더한
거야.

　100　100　100　100

➡ $100 + 100 + 100 + 100$

➡ 100×4

5학년 1학기 때 만나!

**덧셈(뺄셈), 곱셈이 섞여
있는 식의 계산**

덧셈(뺄셈), 곱셈이 섞여 있
는 식은 곱셈을 먼저 계산합
니다.

$40 - 13 \times 2 = 40 - 26$
　　　　①　　 $= 14$
　②

반드시 일의 자리부터 계산해야 할까?

일의 자리부터 계산하기

```
      4  3  6
  ×      2  7
  ─────────────
   3  0  5  2   ← 436×7
   8  7  2  0   ← 436×20
  ─────────────
```

VS

십의 자리부터 계산하기

```
      4  3  6
  ×      2  7
  ─────────────
   8  7  2  0   ← 436×20
   3  0  5  2   ← 436×7
  ─────────────
```

십의 자리부터
계산하면
436×20의 값부터
먼저 써.

➡ 일의 자리부터 계산한 곱과 십의 자리부터 계산한 곱은 서로 (같습니다 , 다릅니다).

3 같은 수를 여러 번 덜어 내어 몫을 구해.

개념 강의

● 나머지가 없는 (세 자리 수) ÷ (몇십)

$30 \times 4 = 120$
$30 \times 5 = 150$

➜

몫
$\times 5$

$30 \overline{)1\ 5\ 0}$
　$-1\ 5\ 0$
　　　0　←나머지

$150 \div 30 = 5$

확인 $30 \times 5 = 150$

150÷30의 몫은
15÷3의 몫과 같아.

● 나머지가 있는 (세 자리 수) ÷ (몇십)

$40 \times 3 = 120$
$40 \times 4 = 160$
$40 \times 5 = 200$

➜

몫
$\times 4$

$40 \overline{)1\ 6\ 5}$
　$-1\ 6\ 0$
　　　5　←나머지

$165 \div 40 = 4 \cdots 5$

165에서 40씩 4번 덜어 내면 5가 남습니다.

확인 $40 \times 4 = 160$, $160 + 5 = 165$

---

1 ☐ 안에 알맞은 수를 써넣으세요.

(1)

$120 \div 20 = \boxed{}$

$12 \div 2 = \boxed{}$

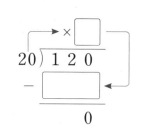

(2)

$280 \div 70 = \boxed{}$

$28 \div 7 = \boxed{}$

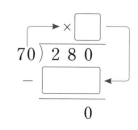

---

2 곱셈식을 완성하고 나눗셈의 ☐ 안에 알맞은 수를 써넣으세요.

(1)

$30 \times 7 = 210$
$30 \times 8 = \boxed{}$
$30 \times 9 = \boxed{}$

$30 \overline{)2\ 7\ 6}$

(2)

$60 \times 5 = 300$
$60 \times 6 = \boxed{}$
$60 \times 7 = \boxed{}$

$60 \overline{)4\ 3\ 5}$

④ 나누는 수와 나머지의 크기 비교로 몫을 정해.

● 몫이 한 자리 수인 나눗셈

> ① 몫 어림하기
> 28을 30쯤으로 어림하면 30×6=180이므로 몫을 6으로 어림해요.

> (몇십몇)÷(몇십몇)도 같은 방법으로 계산해.

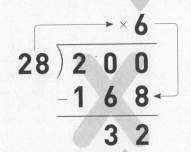

> ③ 몫 수정하기
> 몫을 1만큼 크게 해요.

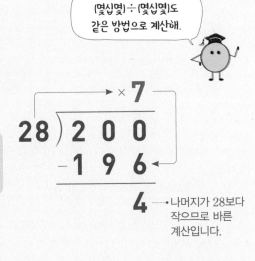

4 ┈┈ 나머지가 28보다 작으므로 바른 계산입니다.

> ② 몫 확인하기
> 28×6=168, 200에서 168을 뺀 32가 28보다 커요.

확인 28 × 7 = 196, 196 + 4 = 200

3

---

1 ☐ 안에 알맞은 수를 써넣으세요.

(1)
$$17) \overline{85}$$
몫을 1만큼 크게 해요. →
$$17) \overline{85}$$

(2)
$$34) \overline{205}$$
238
뺄 수 없습니다.
몫을 1만큼 작게 해요. →
$$34) \overline{205}$$

2 ☐ 안에 알맞은 수를 써넣으세요.

(1)
$$24) \overline{99}$$

(2)
$$43) \overline{270}$$

(3)
$$56) \overline{450}$$

> 나머지는 반드시 나누는 수보다 작아야 해.

⑤ 몫이 두 자리 수이면 나눗셈을 2번 하는 거야.

● 나머지가 없고 몫이 두 자리 수인 나눗셈

① 몫이 두 자리 수인지 확인하기 　　② 몫 구하기

$$21\overline{)672}$$

21<67이므로
몫은 두 자리 수입니다.

십의 자리에 있으므로
30을 나타냅니다.

$$21\overline{)672} \\ 630 \\ 4$$

나누어지는 수의 앞의 두 자리 수가
나누는 수와 같거나 크면
몫이 두 자리 수가 돼.

$$21\overline{)672} \\ 630 \\ 42 \\ -42 \\ 0$$

0은 생략할 수
있습니다.

확인 21 × 32 = 672

---

1 □ 안에 알맞은 수를 써넣으세요.

(1)
$$15\overline{)540} \\ 45 \\ 9$$
→
$$15\overline{)540} \\ 45 \\ 90$$

(2)
$$32\overline{)768} \\ 64 \\ 12$$
→
$$32\overline{)768} \\ 64 \\ 128$$

---

2 계산해 보세요.

(1)
$$21\overline{)273}$$

(2)
$$21\overline{)294}$$

나누는 수가 같을 때
나누어지는 수가 클
수록 몫이 커져.

6 나머지가 있어도 몫이 두 자리 수인 나눗셈의 방법과 같아.

● 나머지가 있고 몫이 두 자리 수인 나눗셈

① 몫이 두 자리 수인지 확인하기

$$32 \overline{)734}$$

32<730이므로
몫은 두 자리 수입니다.

몫이 두 자리 수이므로
십의 자리와 일의 자리로
나누어 구해.

② 몫 구하기

$$\begin{array}{r} \times\,2 \\ 32 \overline{)734} \\ -\underline{640} \\ 9 \end{array}$$

→

$$\begin{array}{r} 2\,2 \\ 32 \overline{)734} \\ -\underline{640} \\ 94 \\ -\underline{64} \\ 30 \end{array}$$

확인 $32 \times 22 = 704,\ 704 + 30 = 734$

3

---

1 ☐ 안에 알맞은 수를 써넣으세요.

$$42 \overline{)906}$$

$42 \times \boxed{} = \boxed{}$

$\boxed{} + \boxed{} = \boxed{}$

---

2 계산해 보세요.

(1)

$$2\,6 \overline{)6\,7\,2}$$

(2)

$$2\,7 \overline{)6\,7\,2}$$

나누어지는 수가 같을 때 나누는 수가 클수록 몫이 작아져.

1 계산해 보세요.

(1)

$$2\ 0\ )\ 1\ 4\ 0$$

(2)

$$7\ 0\ )\ 5\ 8\ 1$$

▶ (1) 20과 곱해서 140이 되는 수가 140÷20의 몫이야.

2 ☐ 안에 알맞은 수를 써넣으세요.

(1) $180 \div 30 =$ ☐

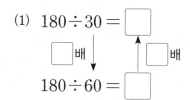

$180 \div 60 =$ ☐

(2) $160 \div 40 =$ ☐

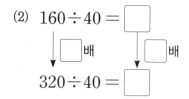

$320 \div 40 =$ ☐

▶ (1) $12 \div 2 = 6$
　 2배↓　↑2배
　 $12 \div 4 = 3$
(2) $9 \div 3 = 3$
　 ↓2배　↓2배
　 $18 \div 3 = 6$

3 나눗셈의 몫을 어림하여 계산하려고 합니다. 어림하여 계산한 몫을 찾아 ○표 하세요.

(1) $241 \div 40$ ➡

4	5	6

(2) $602 \div 20$ ➡

3	30	300

▶ (몇백몇십)÷(몇십)으로 어림하여 계산해.

4 몫이 다른 나눗셈식을 찾아 기호를 써 보세요.

㉠ $300 \div 50$	㉡ $450 \div 90$
㉢ $426 \div 70$	㉣ $371 \div 60$

(　　　　　　　　　　)

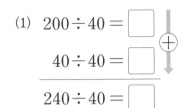

5 ☐ 안에 알맞은 수를 써넣으세요.

(1) $200 \div 40 = \boxed{}$

$40 \div 40 = \boxed{}$

$240 \div 40 = \boxed{}$

(2) $360 \div 60 = \boxed{}$

$120 \div 60 = \boxed{}$

$480 \div 60 = \boxed{}$

6 270개의 호두를 한 상자에 30개씩 나누어 담으려고 합니다. 몇 상자가 필요할까요?

식 .... 답 ....

6+ 세 수의 평균을 구해 보세요.

| 40 | 55 | 85 |

(자료 전체의 합) $= 40 + 55 + 85 = \boxed{}$

➡ (평균) $=$ (자료 전체의 합) $\div$ (자료의 수)

$= \boxed{} \div 3 = \boxed{}$

😀 내가 만드는 문제

7 보기 와 같이 (몇백몇십)÷(몇십)의 몫이 6이 되는 나눗셈식을 만들어 보세요.

보기
$360 \div 60 = 6$

$\boxed{} \div \boxed{} = 6$

$20 \div 4 = 5$
$4 \div 4 = 1$
$24 \div 4 = 6$

5학년 2학기 때 만나!

평균 알아보기

평균: 자료 전체의 합을 자료의 수로 나눈 값
예 10, 20, 30의 평균
(자료 전체의 합)
$= 10 + 20 + 30 = 60$
(자료의 수) $= 3$
➡ (평균) $= 60 \div 3 = 20$

3

▶ 곱셈을 이용하여 몫이 6이 되는 나눗셈식을 찾아봐.

$360 \div 60 = 6$

$60 \times 6 = 360$

👨‍🎓 120÷20의 계산에서 왜 12÷2를 이용할까?

$120 \div 20 = \boxed{}$

$12 \div 2 = \boxed{}$

똑같은 수 12개를 2개씩 묶으면 묶음의 수가 같아.

➡ 120÷20의 몫은 12÷2의 몫과 (같습니다 , 다릅니다).

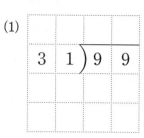

8 계산을 하고 나눗셈을 바르게 했는지 확인해 보세요.

> 나누는 수와 몫의 곱에 나머지를 더하면 나누어지는 수가 되는지 확인해 봐.

(1)
```
      ┌─────────
3  1 )9  9
```

확인 ....

....

(2)
```
      ┌─────────
2  8 )1  7  2
```

확인 ....

....

9 빈칸에 알맞은 수를 써넣으세요.

30 ÷10 → 3
÷2 ↘ 15 ÷5 ↗

(1)
60 → ÷15 → □
÷3 ↘ □ ↙ ÷5

(2)
90 → ÷18 → □
÷3 ↘ □ ↙ ÷6

10 242÷42를 다음과 같이 어림하여 계산하였습니다. 잘못 계산한 부분을 찾아 까닭을 쓰고 바르게 계산해 보세요.

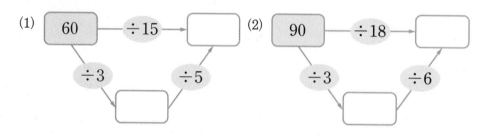

어림하여 계산하기

242÷42

➡ 240÷40 = 6

```
        6
42)2 4 2
   2 5 2
```

➡ 바르게 계산하기

까닭 ....

11 과수원에서 배를 95개 땄습니다. 이 배를 한 상자에 15개씩 담아서 팔려고 합니다. 몇 상자까지 팔 수 있을까요?

(   )

> 구슬을 한 상자에 4개씩 넣어 팔 때 한 상자에 구슬이

4개가 되면	4개가 안 되면
팔 수 있어.	팔 수 없어.

12 강아지 먹이통의 단추를 한 번 누를 때마다 사료 76 g이 나옵니다. 강아지가 먹이통에 있던 사료 380 g을 모두 먹었다면 단추를 몇 번 눌렀을지 어림하여 알아보세요.

> 380을 몇백쯤으로, 76을 몇십쯤으로 어림하여 380÷76의 몫을 어림해 봐.

어림 380을 어림하면 ☐ 쯤이고, 76을 어림하면 ☐ 쯤이므로

380÷76의 몫을 약 ☐ (으)로 어림할 수 있습니다.

계산 380÷76 = ☐ 이므로 단추를 ☐ 번 눌렀습니다.

🔗 탄탄북

13 나눗셈의 나머지가 없을 때 ☐ 안에 알맞은 수를 써넣으세요.

> 나눗셈의 나머지가 없으면 나누어지는 수는 나누는 수와 몫의 곱과 같아.

(1) 34) �7
34)￣￣￣

(2) 28)￣9
28)￣￣￣

😊 내가 만드는 문제

14 다음과 같은 수의 공이 상자에 들어 있습니다. 상자 하나를 골라 그 공을 한 봉지에 35개씩 담을 때 봉지에 담고 남는 공은 몇 개일까요?

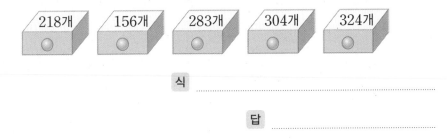

식 ....

답 ....

3

🎓 **105÷17의 몫을 어림하는 방법은?**

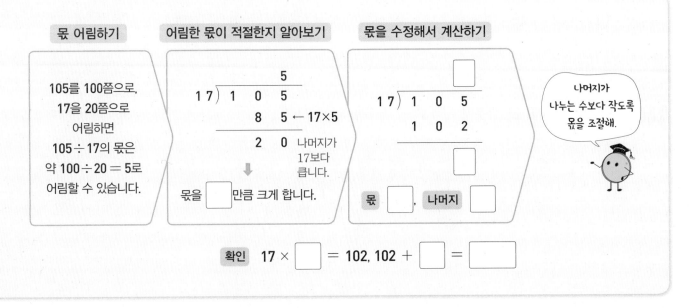

몫 어림하기	어림한 몫이 적절한지 알아보기	몫을 수정해서 계산하기

105를 100쯤으로, 17을 20쯤으로 어림하면 105÷17의 몫은 약 100÷20 = 5로 어림할 수 있습니다.

```
        5
17 ) 1 0 5
      8 5  ← 17×5
    ─────
      2 0  나머지가
           17보다
           큽니다.
      ↓
몫을 ☐ 만큼 크게 합니다.
```

```
      ☐
17 ) 1 0 5
    1 0 2
    ─────
      ☐
몫 ☐ , 나머지 ☐
```

나머지가 나누는 수보다 작도록 몫을 조절해.

확인 17 × ☐ = 102, 102 + ☐ = ☐

15 계산해 보세요.

(1)
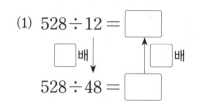

(2)
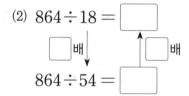

▶ 나누어지는 수의 앞의 두 자리 수가 나누는 수와 같거나 크면 몫이 두 자리 수야.

16 ☐ 안에 알맞은 수를 써넣으세요.

(1) $528 \div 12 =$ ☐

☐ 배 ↓   ↑ ☐ 배

$528 \div 48 =$ ☐

(2) $864 \div 18 =$ ☐

☐ 배 ↓   ↑ ☐ 배

$864 \div 54 =$ ☐

▶ 나누는 수가 커지면 몫은 작아져.

$8 \div 2$

$8 \div 4$

17 빈칸에 알맞은 수를 써넣으세요.

17➕ 보기 와 같이 계산해 보세요.

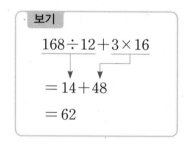

보기

$$168 \div 12 + 3 \times 16$$
$$= 14 + 48$$
$$= 62$$

$$352 \div 16 + 4 \times 13$$
$$= \boxed{} + \boxed{}$$
$$= \boxed{}$$

5학년 1학기 때 만나!

덧셈, 곱셈, 나눗셈이 섞여 있는 식의 계산

덧셈, 곱셈, 나눗셈이 섞여 있는 식은 곱셈과 나눗셈을 먼저 계산합니다.
$3 \times 12 + 121 \div 11$
$= 36 + 11$
$= 47$

18 나눗셈의 몫이 큰 것부터 차례로 1, 2, 3을 써넣으세요.

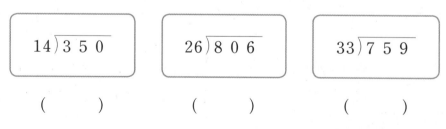

(   )   (   )   (   )

▶ 몫이 큰 것부터 1, 2, 3을 써.

19 우빈이네 반에서 환경 보호 행사로 우유갑 모으기를 했습니다. 모은 우유갑은 행정복지센터에서 화장지로 바꿀 계획입니다. 200 mL 우유갑 600매와 500 mL 우유갑 650매는 화장지 몇 개로 바꿀 수 있을까요?

(   )

용량 (mL)	우유갑 (매)	화장지 교환
200	50	1개
500	26	1개
1000	14	1개

우유갑을 화장지로!

20 ☐ 안에 알맞은 수를 써넣으세요.

(1) $23 \times \boxed{} = 414$

(2) $42 \times \boxed{} = 672$

😊 내가 만드는 문제

21 가와 나에서 수를 하나씩 골라 (세 자리 수)÷(몇십몇)을 만들고 계산해 보세요.

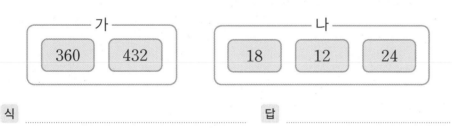

가   360   432   나   18   12   24

식 ....   답 ....

🎓 **나눗셈의 계산 결과를 쓰는 방향은?**

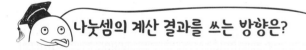

덧셈	뺄셈	곱셈

덧셈, 뺄셈, 곱셈은 ⬅ 방향으로 계산 결과를 씁니다.

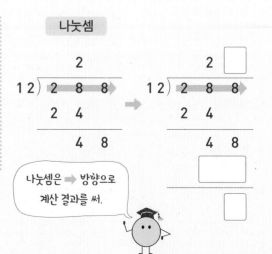

나눗셈

나눗셈은 ➡ 방향으로 계산 결과를 써.

22 나눗셈의 몫과 나머지를 구해 보세요.

(1)
$$687 \div 31$$

몫 (   )

나머지 (   )

(2)
$$970 \div 63$$

몫 (   )

나머지 (   )

23 845에서 48을 몇 번까지 뺄 수 있을까요?

(   )

> $22 - 7 - 7 - 7 = 1$
>   3번
> ➡ $22 \div 7 = 3 \cdots 1$

24 잘못 계산한 부분을 찾아 까닭을 쓰고 바르게 계산해 보세요.

$$
\begin{array}{r}
2\,2 \\
38\,\overline{)\,8\,7\,7} \\
7\,6 \\
\hline
1\,1\,7 \\
7\,6 \\
\hline
4\,1
\end{array}
$$

➡ **바른 계산**

>
> $$
> \begin{array}{r}
> 1\,5 \\
> 32\,\overline{)\,5\,2\,0} \\
> 3\,2 \\
> \hline
> 2\,0\,0 \\
> 1\,6\,0 \\
> \hline
> 4\,0
> \end{array}
> $$
>
> 40에서 32를 한 번 더 뺄 수 있잖아.

까닭 ....

25 나머지의 크기를 비교하여 ○ 안에 >, =, < 중 알맞은 것을 써넣으세요.

(1) $821 \div 23$ ◯ $821 \div 24$

(2) $644 \div 32$ ◯ $744 \div 32$

> 몫의 크기가 아니라 나머지의 크기를 비교해 봐.

26 950 kg까지 탈 수 있는 승강기가 있습니다. 이 승강기에 몸무게가 65 kg 인 사람이 몇 명까지 탈 수 있을까요?

식 _____

답 _____

상자에 넣지 못한 남은 귤을 팔 수 없는 것과 마찬가지야.

🔗 탄탄북

27 유리는 288쪽인 동화책을 매일 25쪽씩 읽으려고 합니다. 동화책을 다 읽는 데는 며칠이 걸릴까요?

(   )

▶ 25쪽씩 읽고 남은 쪽수를 다 읽으려면 하루가 더 걸려.

😊 내가 만드는 문제

28 ☐ 안에 나머지가 될 수 있는 수를 하나만 써넣고 어떤 수를 구해 보세요.

> 어떤 수를 52로 나누면 몫은 16이고 나머지는 ☐입니다.
> 어떤 수는 얼마일까요?

(   )

▶ 나머지는 나누는 수 52보다 작아야 할지 커야 할지 먼저 생각해 봐.

3

🎓 **나눗셈에서 나누어지는 수를 구하는 방법은?**

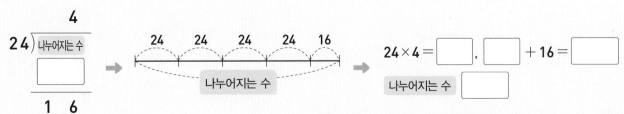

나눗셈을 하고 계산을 바르게 했는지 확인하는 방법을 이용해.

① 나눗셈을 이용하여 몇 시간 몇 분으로 나타내기

1 준비

□ 안에 알맞은 수를 써넣으세요.

(1) 75분 = □시간 □분

(2) 124분 = □시간 □분

2 확인

진호는 오늘 138분 동안 수학 공부를 했습니다. 진호가 오늘 수학 공부를 한 시간은 몇 시간 몇 분일까요?

( )

3 완성

지현이는 매일 45분씩 걷기 운동을 합니다. 지현이가 일주일 동안 걷기 운동을 한 시간은 모두 몇 시간 몇 분일까요?

( )

② 나머지가 될 수 있는 수 이용하기

4 준비

어떤 자연수를 37로 나누었을 때 나올 수 있는 나머지를 모두 찾아 ○표 하세요.

| 5 | 36 | 37 | 10 | 42 |

5 확인

어떤 자연수를 34로 나누었을 때 나머지가 될 수 있는 수 중에서 가장 큰 수를 15로 나누면 몫과 나머지는 얼마인지 구해 보세요.

몫 ( )

나머지 ( )

6 완성

㉠에 올 수 있는 자연수 중에서 가장 큰 수를 구해 보세요.

$$㉠ \div 29 = 14 \cdots ♥$$

( )

③ □ 안에 들어갈 수 있는 수 구하기

7
준비

□ 안에 알맞은 수를 써넣으세요.

$$720 = 45 \times \boxed{}$$

8
확인

□ 안에 들어갈 수 있는 자연수 중에서 가장 큰 수를 구해 보세요.

$$504 > \boxed{} \times 32$$

( )

9
완성

□ 안에 들어갈 수 있는 자연수 중에서 가장 작은 수를 구해 보세요.

$$52 \times 17 < 63 \times \boxed{}$$

( )

④ 바르게 계산한 몫과 나머지 구하기

10
준비

어떤 수를 15로 나누었더니 몫이 3이고 나머지가 3이었습니다. 어떤 수를 구해 보세요.

( )

11
확인

어떤 수를 24로 나누어야 할 것을 잘못하여 14로 나누었더니 몫이 15이고 나누어떨어졌습니다. 바르게 계산했을 때 몫과 나머지를 구해 보세요.

몫 ( )
나머지 ( )

12
완성

어떤 수를 25로 나누어야 할 것을 잘못하여 52로 나누었더니 몫이 6이고 나머지가 15였습니다. 바르게 계산했을 때 몫과 나머지를 구해 보세요.

몫 ( )
나머지 ( )

⑤ 수 카드로 나눗셈식 만들기

13
준비

수 카드 ⓵ , ④ , ⑥ 중에서 2장을 골라 ☐ 안에 한 번씩만 넣어 몫이 가장 큰 (몇십몇)÷(몇십몇)의 나눗셈식을 만들고, 몫과 나머지를 구해 보세요.

$$85 \div \boxed{}\boxed{}$$

몫 (   )

나머지 (   )

14
확인

수 카드를 한 번씩만 사용하여 몫이 가장 큰 (몇십몇)÷(몇십몇)의 나눗셈식을 만들었을 때, 몫과 나머지를 구해 보세요.

② ④ ⑥ ⑦

몫 (   )

나머지 (   )

15
완성

수 카드를 한 번씩만 사용하여 몫이 가장 작은 (세 자리 수)÷(몇십몇)의 나눗셈식을 만들었을 때, 몫과 나머지를 구해 보세요.

③ ④ ⑥ ⑦ ⑧

몫 (   )

나머지 (   )

⑥ 곱셈식 완성하기

16
준비

☐ 안에 알맞은 수를 써넣으세요.

```
      2 1 3
  ×   □ 0
  ─────────
  □ 3 9 0
```

17
확인

☐ 안에 알맞은 수를 써넣으세요.

```
      4 □ □
  ×   7 0
  ─────────
  3 □ 5 1 0
```

18
완성

☐ 안에 알맞은 수를 써넣으세요.

```
      □ 4 □
  ×   □ 2
  ─────────
    1 2 □ 4
  3 2 1 0
  ─────────
  3 3 3 8 4
```

단원 평가

| 점수 | 확인 |

1 400×70을 계산하려고 합니다. $4 \times 7 = 28$에서 숫자 8을 써야 할 자리를 찾아 기호를 써 보세요.

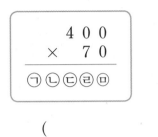

```
    4 0 0
 ×   7 0
─────────
 ㉠ ㉡ ㉢ ㉣ ㉤
```

( )

2 계산해 보세요.

(1)
```
    4 5 2
 ×   3 0
```

(2)
```
    3 7 5
 ×   6 4
```

3 빈칸에 알맞은 수를 써넣으세요.

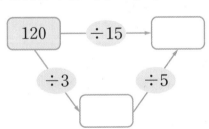

4 나눗셈의 몫과 나머지를 구해 보세요.

$$96 \div 14$$

몫 ( )

나머지 ( )

5 계산해 보세요.

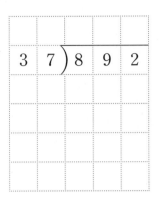

```
3 7 ) 8 9 2
```

6 곱의 크기를 비교하여 ○ 안에 >, =, < 중 알맞은 것을 써넣으세요.

(1) 700×30 ◯ 800×20

(2) 736×52 ◯ 619×64

7 몫이 같은 것끼리 이어 보세요.

$160 \div 20$	•		•	$210 \div 70$
$270 \div 90$	•		•	$320 \div 40$
$360 \div 60$	•		•	$480 \div 80$

8 나눗셈의 몫이 몇십몇인 것을 모두 고르세요.

( )

① $263 \div 54$　　② $528 \div 36$

③ $617 \div 47$　　④ $154 \div 29$

⑤ $709 \div 72$

9 □ 안에 알맞은 수를 써넣으세요.

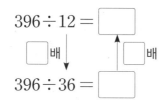

$$396 \div 12 = \boxed{}$$

$$\boxed{}배 \downarrow \qquad \uparrow \boxed{}배$$

$$396 \div 36 = \boxed{}$$

10 잘못 계산한 부분을 찾아 바르게 계산해 보세요.

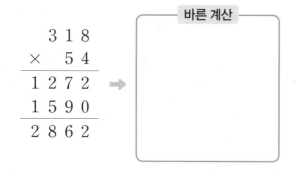

```
    3 1 8
  ×   5 4
  1 2 7 2
  1 5 9 0
  2 8 6 2
```

바른 계산

11 □ 안에 알맞은 수를 써넣으세요.

$$600 \times \boxed{} = 48000$$

12 장미 98송이를 꽃병 한 개에 15송이씩 꽂으려고 합니다. 몇 개의 꽃병에 꽂을 수 있고 남는 꽃은 몇 송이일까요?

( ), ( )

13 ★에 알맞은 수를 구해 보세요.

$$★ \div 21 = 19 \cdots 13$$

( )

14 지호네 학교 4학년 학생 306명이 40인승 버스를 타고 현장 체험 학습을 가려고 합니다. 모두 타려면 버스는 적어도 몇 대 필요할까요?

( )

15 저금통에 100원짜리 동전 34개와 500원짜리 동전 20개가 들어 있습니다. 저금통에 들어 있는 동전은 모두 얼마일까요?

( )

16 ☐ 안에 들어갈 수 있는 자연수 중에서 가장 큰 수를 구해 보세요.

$$\boxed{} \times 24 < 753$$

(　　　　　　　　)

17 수 카드를 한 번씩만 사용하여 몫이 가장 큰 (몇십몇)÷(몇십몇)의 나눗셈식을 만들었을 때, 몫과 나머지를 구해 보세요.

$$\boxed{1}\quad\boxed{4}\quad\boxed{7}\quad\boxed{9}$$

몫 (　　　　　　　　)

나머지 (　　　　　　　　)

18 ☐ 안에 알맞은 수를 써넣으세요.

```
        2  4  □
   ×       □  3
   ─────────────
        7  □  4
     9  □  2
   ─────────────
   1  0  6  6  4
```

19 은호는 한 개에 650원인 초콜릿을 24개 사고 20000원을 냈습니다. 거스름돈으로 얼마를 받아야 하는지 풀이 과정을 쓰고 답을 구해 보세요.

풀이 _____

_____

_____

답 _____

20 어떤 수를 32로 나누어야 할 것을 잘못하여 23으로 나누었더니 몫이 5이고 나머지가 14였습니다. 바르게 계산했을 때 몫과 나머지는 얼마인지 풀이 과정을 쓰고 답을 구해 보세요.

풀이 _____

_____

_____

답 몫: _____ , 나머지: _____

4 평면도형의 이동

도형은 이동 방법에 따라 위치와 방향이 달라져!

- 밀기

- 뒤집기

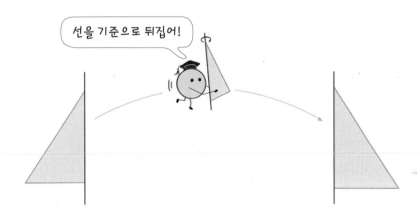

- 돌리기

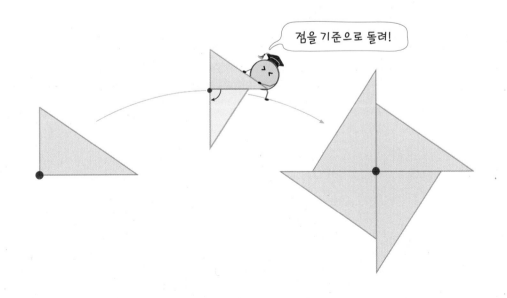

1 방향과 칸 수를 정해서 점을 이동해.

개념 강의

● 점의 이동 알아보기

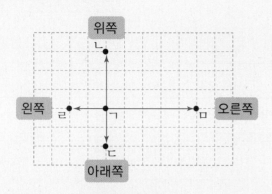

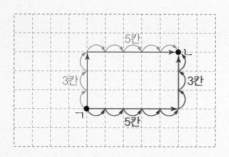

점 ㄱ을 점 ㄴ의 위치로 이동하기
➡ 점 ㄱ을 위쪽으로 3칸 이동합니다.

점 ㄱ을 점 ㄷ의 위치로 이동하기
➡ 점 ㄱ을 아래쪽으로 2칸 이동합니다.

점 ㄱ을 점 ㄹ의 위치로 이동하기
➡ 점 ㄱ을 왼쪽으로 2칸 이동합니다.

점 ㄱ을 점 ㅁ의 위치로 이동하기
➡ 점 ㄱ을 오른쪽으로 5칸 이동합니다.

점 ㄱ을 점 ㄴ의 위치로 이동하기

방법 1 점 ㄱ을 위쪽으로 3칸, 오른쪽으로 5칸
　　　　이동합니다.

방법 2 점 ㄱ을 오른쪽으로 5칸, 위쪽으로 3칸
　　　　이동합니다.

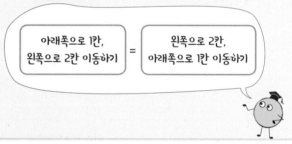

아래쪽으로 1칸,
왼쪽으로 2칸 이동하기
=
왼쪽으로 2칸,
아래쪽으로 1칸 이동하기

---

1 점 ㄱ을 주어진 방법으로 이동했을 때의 위치에 점 ㄴ으로 표시해 보세요.

(1) 위쪽으로 4칸

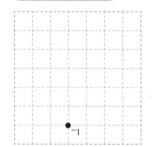

(2) 오른쪽으로 3칸

먼저 방향을,
그 다음 칸 수를
살펴봐.

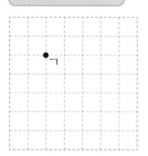

(3) 아래쪽으로 2칸

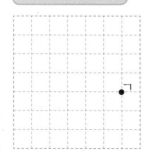

(4) 왼쪽으로 1칸

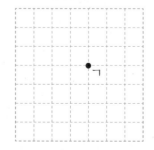

2 점 ㄱ을 오른쪽으로 5 cm 이동했을 때의 위치에 점 ㄴ으로, 아래쪽으로 3 cm 이동했을 때의 위치에 점 ㄷ으로 표시해 보세요.

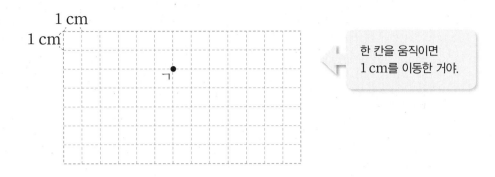

한 칸을 움직이면
1 cm를 이동한 거야.

3 점 ㄱ을 점 ㄴ의 위치로 이동하려고 합니다. ☐ 안에 알맞은 수를 써넣으세요.

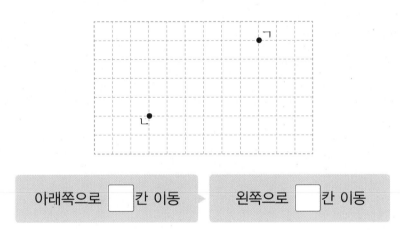

아래쪽으로 ☐ 칸 이동   왼쪽으로 ☐ 칸 이동

4 점 ㄱ을 위쪽으로 2 cm, 오른쪽으로 4 cm 이동한 위치에 점 ㄴ으로 표시해 보세요.

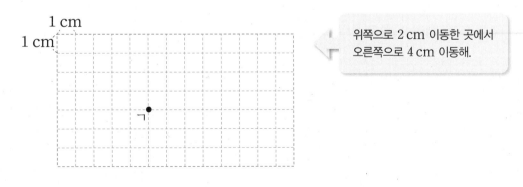

위쪽으로 2 cm 이동한 곳에서
오른쪽으로 4 cm 이동해.

2 도형을 밀면 미는 방향으로 위치가 바뀌어.

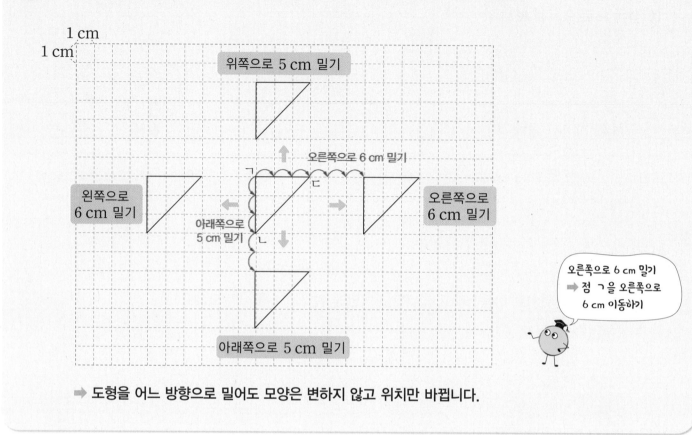

➡ 도형을 어느 방향으로 밀어도 모양은 변하지 않고 위치만 바뀝니다.

1 모양 조각을 오른쪽으로 밀었습니다. 알맞은 것을 찾아 ○표 하세요.

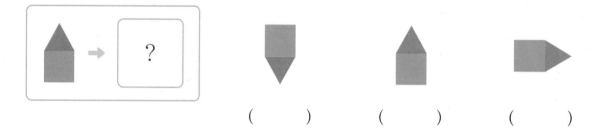

(   )   (   )   (   )

2 보기 의 도형을 왼쪽으로 밀었을 때의 도형을 찾아 기호를 써 보세요.

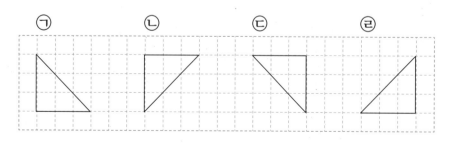

(   )

3 도형을 위쪽, 아래쪽, 왼쪽, 오른쪽으로 밀었을 때의 도형을 각각 그려 보세요.

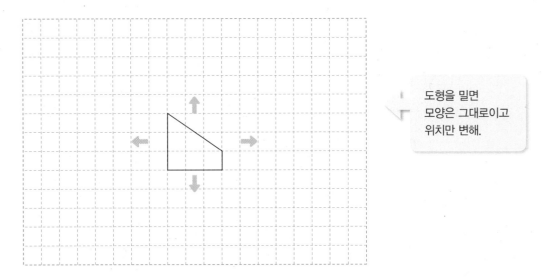

도형을 밀면
모양은 그대로이고
위치만 변해.

4 도형을 주어진 방법으로 밀었을 때의 도형을 각각 그려 보세요.

(1) 위쪽으로 5 cm 밀기

(2) 아래쪽으로 6 cm 밀기

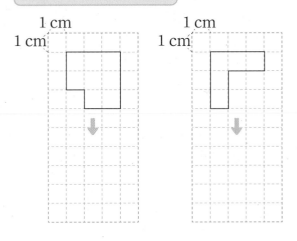

5 도형을 왼쪽으로 8 cm 밀고 위쪽으로 4 cm 밀었을 때의 도형을 그려 보세요.

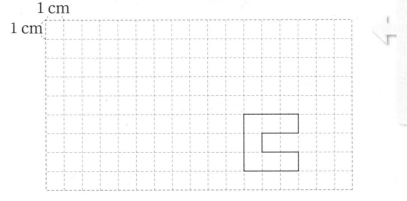

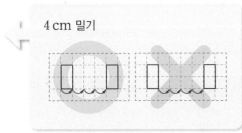

4 cm 밀기

③ 선을 기준으로 뒤집으면 방향이 바뀌어.

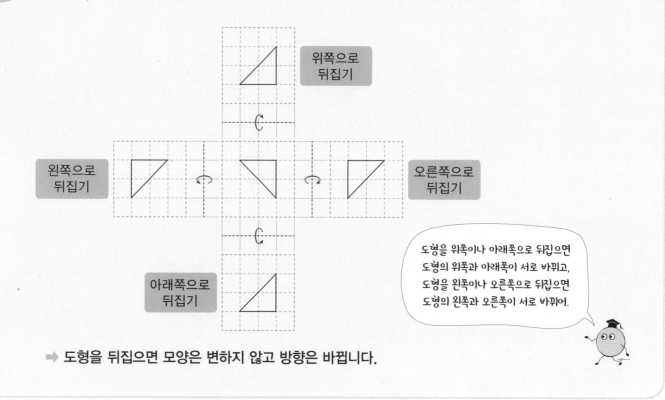

도형을 위쪽이나 아래쪽으로 뒤집으면
도형의 위쪽과 아래쪽이 서로 바뀌고,
도형을 왼쪽이나 오른쪽으로 뒤집으면
도형의 왼쪽과 오른쪽이 서로 바뀌어.

➡ 도형을 뒤집으면 모양은 변하지 않고 방향은 바뀝니다.

1 모양 조각을 왼쪽으로 뒤집었습니다. 알맞은 것을 찾아 ○표 하세요.

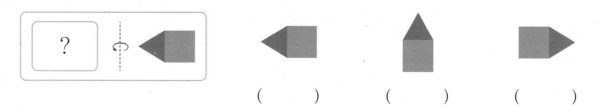

(   )   (   )   (   )

2 보기 의 도형을 여러 방향으로 뒤집었을 때의 도형을 찾아 ☐ 안에 기호를 써 넣으세요.

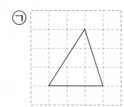   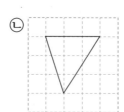   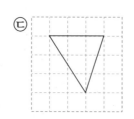

보기

(1) 보기 의 도형을 왼쪽으로 뒤집었을 때의 도형은 ☐입니다.

(2) 보기 의 도형을 오른쪽으로 뒤집었을 때의 도형은 ☐입니다.

(3) 보기 의 도형을 위쪽으로 뒤집었을 때의 도형은 ☐입니다.

(4) 보기 의 도형을 아래쪽으로 뒤집었을 때의 도형은 ☐입니다.

3 도형을 위쪽, 아래쪽, 왼쪽, 오른쪽으로 뒤집었을 때의 도형을 각각 그려 보세요.

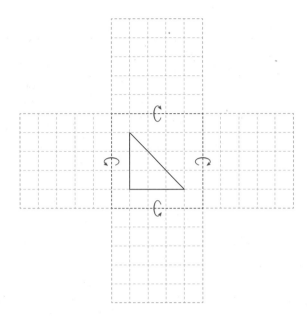

4 도형을 주어진 방법으로 뒤집었을 때의 도형을 각각 그려 보세요.

(1) 오른쪽으로 뒤집고 아래쪽으로 뒤집기　　(2) 왼쪽으로 뒤집고 위쪽으로 뒤집기

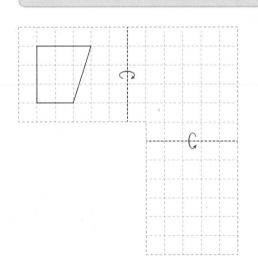

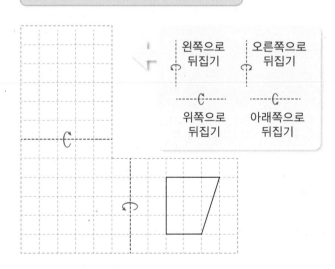

	왼쪽으로 뒤집기	오른쪽으로 뒤집기
	위쪽으로 뒤집기	아래쪽으로 뒤집기

5 도형을 오른쪽으로 1번, 2번, 3번, 4번 뒤집었을 때의 도형을 각각 그려 보세요.

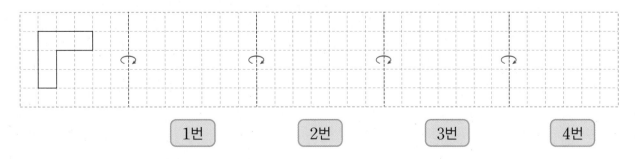

1번　　　2번　　　3번　　　4번

4 도형을 돌리면 방향이 바뀌어.

● 도형을 시계 방향으로 돌리기

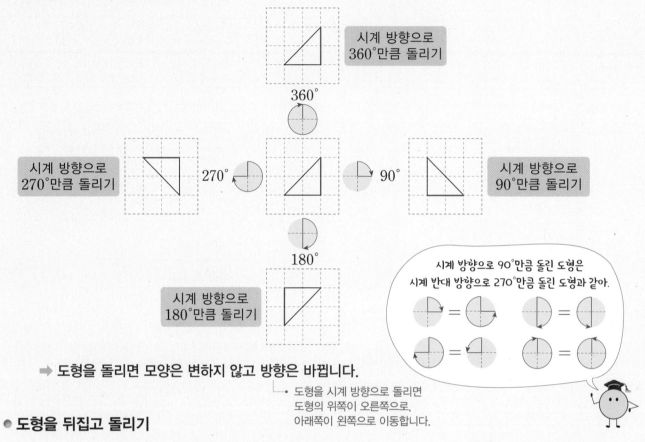

➡ 도형을 돌리면 모양은 변하지 않고 방향은 바뀝니다.

└ 도형을 시계 방향으로 돌리면
도형의 위쪽이 오른쪽으로,
아래쪽이 왼쪽으로 이동합니다.

● 도형을 뒤집고 돌리기

• 도형을 오른쪽으로 뒤집고 시계 방향으로 90°만큼 돌리기

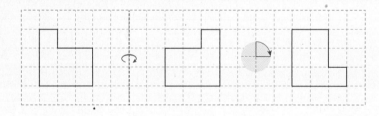

1 모양 조각을 시계 방향으로 90°만큼 돌렸습니다. 알맞은 것을 찾아 ○표 하세요.

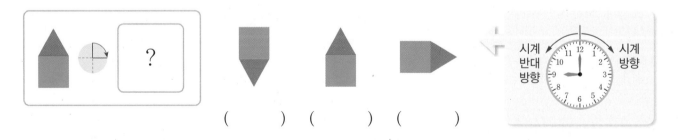

(   ) (   ) (   )

2 보기 의 도형을 시계 반대 방향으로 180°만큼 돌렸을 때의 도형을 찾아 기호를 써 보세요.

보기

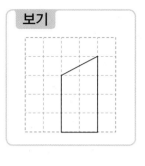

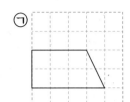 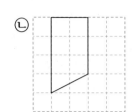 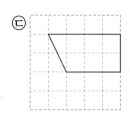

(   )

3 도형을 시계 방향으로 90°, 180°, 270°, 360°만큼 돌렸을 때의 도형을 각각 그려 보세요.

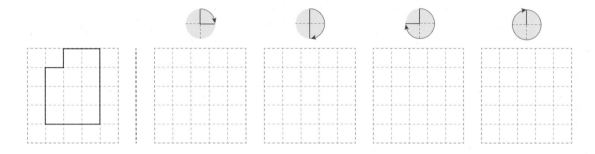

4 도형을 돌렸을 때의 도형을 비교해 보세요.

(1) 도형을 주어진 방향과 각도만큼 돌렸을 때의 도형을 각각 그려 보세요.

① 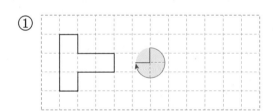   ②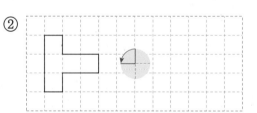

(2) 두 도형을 비교하여 알맞은 말에 ○표 하세요.

도형을 시계 방향으로 270°만큼 돌린 도형과 시계 반대 방향으로 90°만큼 돌린 도형은 서로 (같습니다 , 다릅니다).

5 도형을 오른쪽으로 뒤집고 시계 방향으로 180°만큼 돌렸을 때의 도형을 각각 그려 보세요.

먼저 처음 도형을 오른쪽으로 뒤집은 도형을 알아봐.

4

5 모양을 이동하여 규칙적인 무늬를 만들 수 있어.

● 뒤집기를 이용하여 무늬 만들기

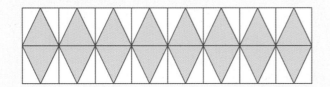

뒤집기와 밀기를 이용했어.

 모양을 아래쪽으로 뒤집기 하여 모양을 만들고, 그 모양을 오른쪽으로 밀어서 무늬를

만들었습니다. ┈• 모양을 오른쪽으로 미는 것을 반복하여 모양을 만들고, 그 모양을 아래쪽으로 뒤집어서 만들 수도 있습니다.

● 돌리기를 이용하여 무늬 만들기

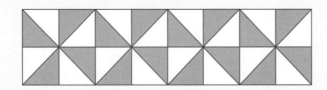

돌리기와 밀기를 이용했어.

 모양을 시계 방향으로 90°만큼 돌리는 것을 반복하여 모양을 만들고, 그 모양을

오른쪽으로 밀어서 무늬를 만들었습니다.

---

1 왼쪽 모양으로 오른쪽 무늬를 만드는 데 이용한 방법을 찾아 ○표 하세요.

(1)
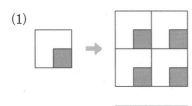

| 밀기 | 뒤집기 | 돌리기 |

왼쪽 모양을 한 가지 방법으로 만든 무늬야.

(2)
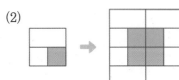

| 밀기 | 뒤집기 | 돌리기 |

(3)
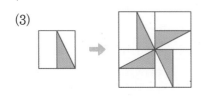

| 밀기 | 뒤집기 | 돌리기 |

2 모양으로 주어진 방법을 이용하여 무늬를 만들어 보세요.

(1) 밀기

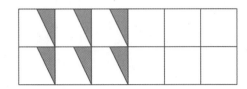

(2) 뒤집기

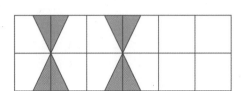

3 모양으로 만든 무늬를 보고 알맞은 말에 ○표 하세요.

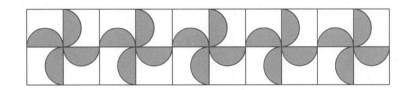

 모양을 시계 방향으로 (90°, 180°)만큼 돌리는 것을 반복하여 모양을 만들고, 그 모양을 오른쪽으로 (밀기, 뒤집기)를 이용하여 만든 무늬입니다.

4 모양으로 돌리기와 밀기를 이용하여 규칙적인 무늬를 만들어 보세요.

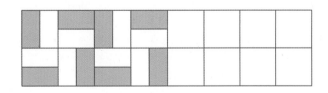

1 점을 어떻게 이동했는지 ☐ 안에 알맞은 말이나 수를 써넣으세요.

▶ 화살표의 방향은 위쪽이야.

점을 ☐ 쪽으로 ☐ 칸 이동했습니다.

2 점을 오른쪽으로 7 cm 이동했을 때의 위치입니다. 이동하기 전의 점의 위치를 표시해 보세요.

▶ 이동하기 전은 방향을 반대로 생각해.

3 점 ㄱ을 위쪽으로 3 cm, 왼쪽으로 5 cm 이동했을 때의 위치에 점 ㄴ으로, 점 ㄱ을 아래쪽으로 2 cm, 오른쪽으로 6 cm 이동했을 때의 위치에 점 ㄷ으로 표시해 보세요.

▶ 모눈 한 칸의 크기는 1 cm야.

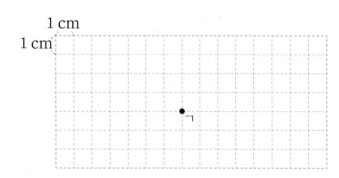

4 점 ㄱ을 어떻게 이동하면 점 ㄴ의 위치로 이동할 수 있는지 설명해 보세요.

설명 ....

....

문제 풀이

정답과 풀이 25쪽

5 로봇 청소기가 차례로 이동하여 도착하는 곳의 기호를 써 보세요.

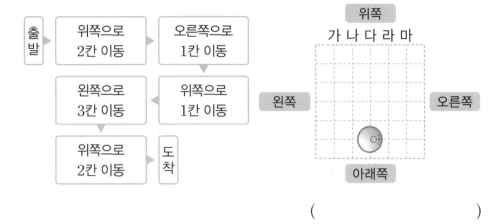

(   )

▶ 주어진 방향과 칸 수에 맞게 순서대로 이동하는 길을 그려 봐.

😊 내가 만드는 문제

6 자신이 원하는 곳에 점 ㄴ을 표시한 다음 점 ㄱ을 점 ㄴ의 위치로 이동하는 방법을 2가지로 설명해 보세요.

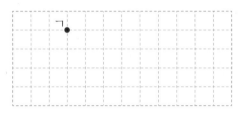

방법 1

☐ 쪽으로 ☐ 칸 이동하기
☐ 쪽으로 ☐ 칸 이동하기

방법 2

☐ 쪽으로 ☐ 칸 이동하기
☐ 쪽으로 ☐ 칸 이동하기
☐ 쪽으로 ☐ 칸 이동하기

🎓 **점을 이동하는 여러 가지 방법은?**

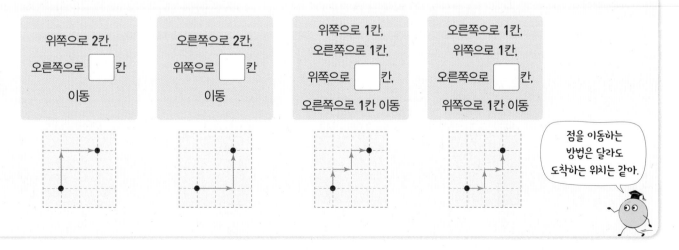

7 도형을 왼쪽으로 6 cm 밀었을 때의 도형을 그려 보세요.

▶ 도형을 미는 방향과 거리에 주의해.

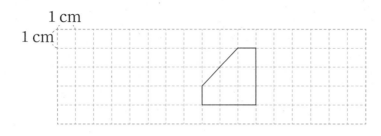

8 그림을 보고 ☐ 안에 알맞은 말이나 수를 써넣으세요.

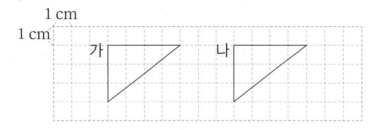

나 도형은 가 도형을 ☐쪽으로 ☐ cm 밀어서 이동한 도형입니다.

8➕ 가 도형과 모양이 같고 각 변의 길이가 2배가 되도록 그려 보세요.

중학교 2학년 때 만나!

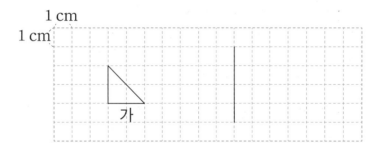

닮음 알아보기

닮음: 한 도형을 일정한 비율로 확대하거나 축소하였을 때 모양과 크기가 같은 두 도형

확대
축소

9 도형을 오른쪽으로 8 cm 밀고 위쪽으로 1 cm 밀었을 때의 도형을 그려 보세요.

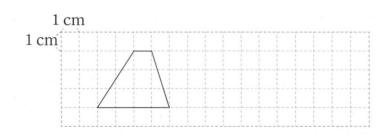

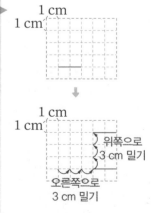

위쪽으로 3 cm 밀기

오른쪽으로 3 cm 밀기

🔗 탄탄북

10 정사각형 모양을 완성하려면 가, 나 조각을 어떻게 밀어야 할지 ☐ 안에 알맞은 말이나 수를 써넣으세요.

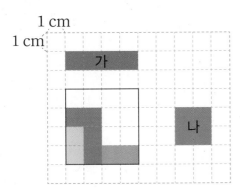

▶ 정사각형 모양의 비어 있는 부분에 가, 나 조각을 채워 넣어야 해.

가 조각: ☐ 쪽으로 ☐ cm

나 조각: ☐ 쪽으로 ☐ cm

😊 내가 만드는 문제

11 도형을 주어진 방향으로 몇 cm 밀어서 이동할지 정한 후 그때의 도형을 그려 보세요.

▶ 모눈을 벗어나지 않게 밀어야 해.

> 도형을 오른쪽으로 ☐ cm 밀고 아래쪽으로 ☐ cm 밀었을 때의 도형을 그려 봅니다.

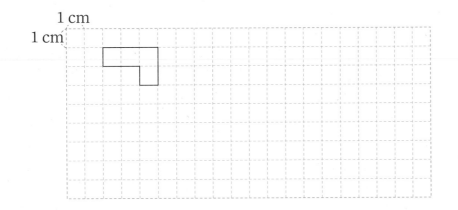

4

🎓 **도형을 밀어서 실수하지 않고 그리려면?**

도형을 오른쪽으로 5 cm 밀었을 때의 도형 그리기

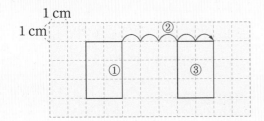

① 도형에서 기준이 되어 움직일 변을 정합니다.

② 변을 ☐ 쪽으로 ☐ cm 이동합니다.

③ 이동한 변을 기준으로 모양이 같은 도형을 그립니다.

12 가운데 도형을 왼쪽으로 뒤집었을 때의 도형과 오른쪽으로 뒤집었을 때의 도형을 각각 그려 보세요.

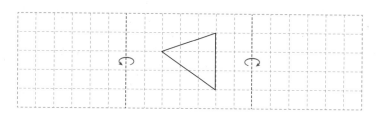

13 알맞은 도형을 골라 ☐ 안에 기호를 써넣으세요.

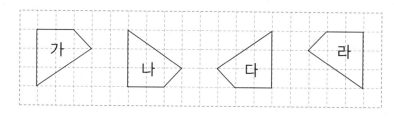

(위쪽으로 뒤집은 도형)
= (아래쪽으로 뒤집은 도형)

(왼쪽으로 뒤집은 도형)
= (오른쪽으로 뒤집은 도형)

(1) ☐ 도형은 라 도형을 오른쪽으로 뒤집은 도형입니다.

(2) 가 도형은 ☐ 도형을 위쪽으로 뒤집은 도형입니다.

14 도형을 위쪽으로 3번, 5번 뒤집었을 때의 도형을 각각 그려 보세요.

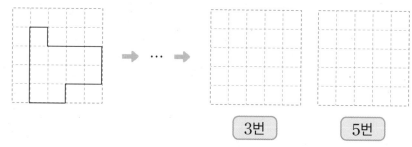

3번   5번

도형을 같은 방향으로 홀수 번 뒤집은 도형끼리 비교해 봐.

15 정사각형 모양을 완성하려면 가, 나 조각을 어떻게 뒤집어서 밀어야 할지 ☐ 안에 알맞은 말을 써넣으세요.

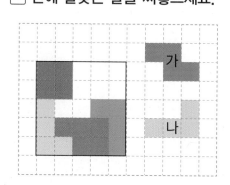

가 조각: ☐ 쪽으로 뒤집기

나 조각: ☐ 쪽으로 뒤집기

정사각형 모양의 비어 있는 부분에 가, 나 조각을 채워 넣으려면 어느 방향으로 뒤집어야 할지 생각해.

탄탄북

16 오른쪽으로 뒤집었을 때의 도형이 처음 도형과 같은 것을 찾아 기호를 써 보세요.

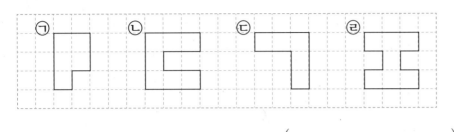

(   )

16➕ 한 직선을 따라 접었을 때 완전히 겹치는 도형을 모두 찾아 ◯표 하세요.

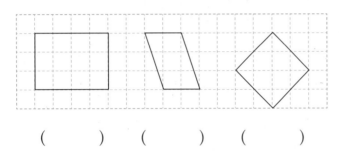

(   )   (   )   (   )

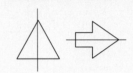

5학년 2학기 때 만나!

선대칭도형 알아보기

선대칭도형: 한 직선을 따라 접었을 때 완전히 겹치는 도형

😊 내가 만드는 문제

17 데칼코마니 기법을 이용하여 보기 와 같이 접은 종이에 자유롭게 그림을 그리고, 종이를 펼쳤을 때의 모양을 그려 보세요.

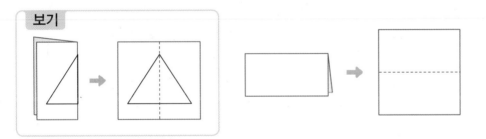

데칼코마니 기법

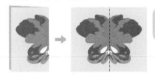

4

💡 **뒤집기와 대칭의 관계는?**

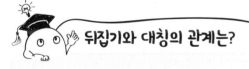
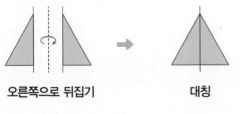

오른쪽으로 뒤집기   대칭   아래쪽으로 뒤집기   대칭

처음 도형과 뒤집은 도형은 서로 대칭이야.

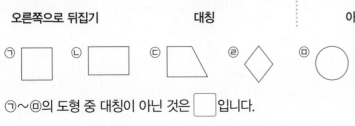

㉠~㉤의 도형 중 대칭이 아닌 것은 ☐ 입니다.

18 도형을 돌렸을 때의 도형이 같은 것끼리 이어 보세요.

▶ 화살표 끝이 가리키는 위치를 살펴봐.

🔗 탄탄북

19 알맞은 도형을 골라 ☐ 안에 기호를 써넣으세요.

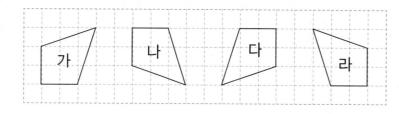

(1) ☐ 도형은 라 도형을 시계 방향으로 180°만큼 돌린 도형입니다.

(2) 가 도형은 ☐ 도형을 시계 반대 방향으로 90°만큼 돌린 도형입니다.

▶ 도형을 180°만큼 돌리는 것은 같은 방향으로 90°만큼 2번 돌리는 것과 같아.

20 정사각형 모양을 완성하려면 가, 나 조각을 어떻게 돌려서 밀어야 할지 써 보세요.

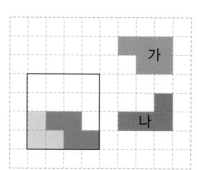

가 조각: 시계 방향으로 ☐ °

나 조각: 시계 반대 방향으로 ☐ °

▶ 정사각형 모양의 비어 있는 부분에 가, 나 조각을 채워 넣으려면 어느 방향으로 얼마만큼 돌려야 할지 생각해.

21 직소 퍼즐을 완성하기 위해 가 부분에 들어갈 조각을 찾아 기호를 써 보세요.

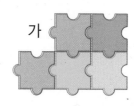 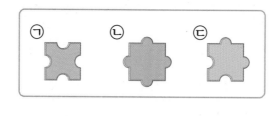

( )

▶ 직소 퍼즐은 그림을 조각낸 다음 다시 원래대로 완성하는 퍼즐이야.

22 어떤 도형을 시계 방향으로 90°만큼 돌린 도형입니다. 처음 도형을 그려 보세요.

▶ 돌린 방향을 거꾸로 생각해.

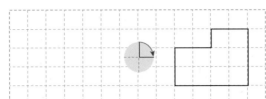

23 도형을 위쪽으로 뒤집고 시계 반대 방향으로 90°만큼 돌렸을 때의 도형을 그려 보세요.

▶ 먼저 위쪽으로 뒤집은 도형을 그려 봐.

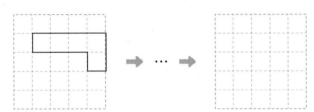

😊 내가 만드는 문제

24 □ 안에 자유롭게 수를 써넣고 도형을 돌렸을 때의 도형을 그려 보세요.

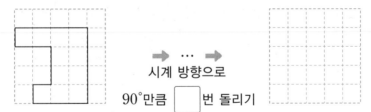

도형을 시계 방향으로 90°만큼 10번 돌린 도형은?

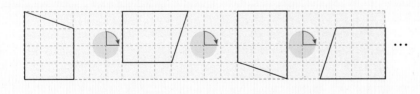

설마 10번 다 돌릴 거야?
🌀 4번은 처음 도형과
같음을 이용해.

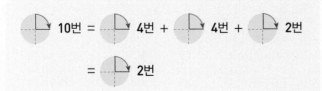

4. 평면도형의 이동 109

25 모양으로 주어진 방법을 이용하여 무늬를 만들어 보세요.

 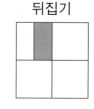 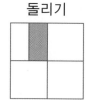

26 보기 에서 알맞은 것을 골라 □ 안에 써넣고 무늬를 만든 방법을 설명해 보세요.

▶ 두 가지 방법을 이용했어.

보기
위, 아래, 왼, 오른,
밀기, 뒤집기

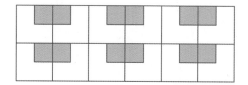

 모양을 □ 쪽으로 □ 를 반복하여 모양을 만들고,

그 모양을 □ 쪽으로 □ 를 하여 무늬를 만들었습니다.

27 뒤집기를 이용하여 만들 수 있는 무늬를 찾아 기호를 써 보세요.

▶ 오른쪽, 아래쪽으로 뒤집어서 만든 무늬를 찾아봐.

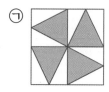 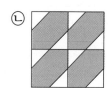 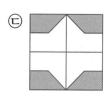

( )

🔗 탄탄북

28 주어진 무늬를 만들기 위해 이용한 모양을 골라 □ 안에 기호를 써넣고 어떻게 돌린 것인지 ⊕ 에 화살표로 표시해 보세요.

▶ 주어진 모양들을 각각 돌리기 하여 무늬를 만들 수 있는 모양을 찾아봐.

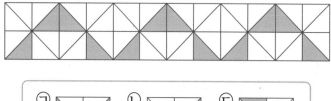

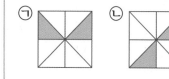

□ 모양을 ⊕ 만큼 돌려서 모양을 만들고,

그 모양을 오른쪽으로 밀어서 무늬를 만들었습니다.

29 보기 의 모양으로 규칙적인 무늬를 만들고 만든 방법을 설명해 보세요.

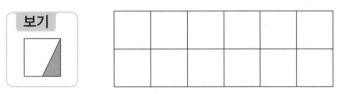

▶ 밀기, 뒤집기, 돌리기 중 선택해서 무늬를 만들어 봐.

설명 ....

....

😊 내가 만드는 문제

30 보기 에서 조각을 여러 개 골라 밀기, 뒤집기, 돌리기를 하여 오른쪽 모눈을 빈칸없이 덮어 보세요. (단, 한 조각을 여러 번 사용할 수 있습니다.)

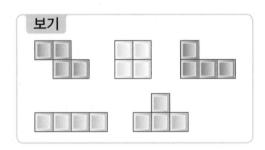

4

 테트리스 퍼즐에서 조각을 맞추는 방법은?

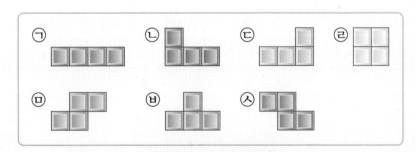

빈칸에 알맞은 조각을 먼저 찾아야지!

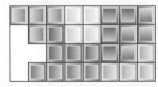

조각을 돌려서 넘으면 직사각형이 만들어져.

➡ ☐ 조각을 시계 방향으로 ☐ °만큼 돌리면 됩니다.

문제 풀이

1 어떻게 돌렸는지 알아보기

1 준비

도형을 시계 반대 방향으로 270°만큼 돌렸을 때의 도형을 그려 보세요.

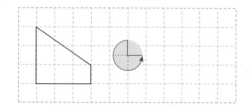

2 확인

왼쪽 도형을 돌렸더니 오른쪽 도형과 같았습니다. 어떻게 돌린 것인지 ⊕ 에 화살표로 표시해 보세요.

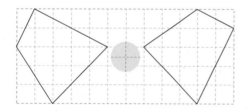

3 완성

왼쪽 도형을 돌렸더니 오른쪽 도형과 같았습니다. 어떻게 돌린 것인지 ⊕ 에 화살표로 표시해 보세요.

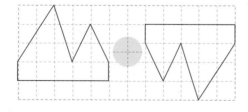

2 글자 움직이기

4 준비

글자 '나'를 왼쪽으로 뒤집고 시계 반대 방향으로 90°만큼 돌렸을 때 나오는 글자를 써 보세요.

(   )

5 확인

글자 '고'를 시계 반대 방향으로 90°만큼 돌리고 위쪽으로 뒤집었을 때 나오는 글자를 써 보세요.

(   )

6 완성

글자 '문'을 오른쪽으로 뒤집고 아래쪽으로 뒤집었을 때 나오는 글자를 써 보세요.

(   )

3 수 카드 움직이기

7
준비

두 자리 수가 적힌 카드를 시계 방향으로 180°만큼 돌렸을 때 만들어지는 수를 각각 써 보세요.

92   **86**

(   )   (   )

8
확인

주어진 식을 시계 방향으로 180°만큼 돌렸을 때 만들어지는 식을 계산해 보세요.

82+69

(   )

9
완성

두 자리 수가 적힌 두 카드를 시계 방향으로 각각 180°만큼 돌렸을 때 만들어지는 수의 차를 구해 보세요.

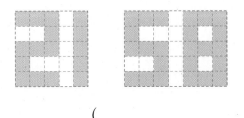

(   )

4 처음 도형 그리기

10
준비

어떤 도형을 오른쪽으로 뒤집은 도형입니다. 처음 도형을 그려 보세요.

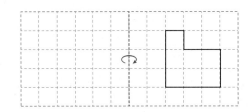

11
확인

어떤 도형을 시계 방향으로 270°만큼 돌린 도형입니다. 처음 도형을 그려 보세요.

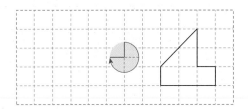

12
완성

어떤 도형을 오른쪽으로 뒤집고 시계 방향으로 90°만큼 돌린 도형입니다. 처음 도형을 그려 보세요.

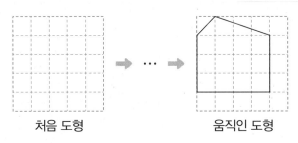

처음 도형   움직인 도형

5 처음 모양과 같은 글자(숫자) 찾기

13
준비

아래쪽으로 뒤집었을 때 처음 모양과 같은 숫자를 모두 찾아 써 보세요.

1 2 3 5 6 8

(   )

14
확인

시계 방향으로 180°만큼 돌렸을 때 처음 모양과 같은 글자는 모두 몇 개일까요?

ㄱ ㄹ ㅁ ㅂ ㅌ ㅍ

(   )

15
완성

오른쪽으로 뒤집고 시계 방향으로 180°만큼 돌렸을 때 처음 모양과 같은 글자를 모두 찾아 써 보세요.

A B Y E H S

(   )

6 도형을 움직인 방법 설명하기

16
준비

도형을 어느 방향으로 돌린 것인지 찾아 기호를 써 보세요.

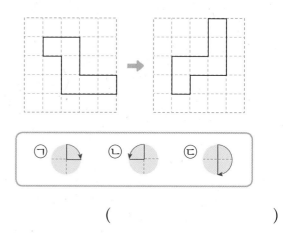

(   )

17
확인

도형을 뒤집은 방법을 설명해 보세요.

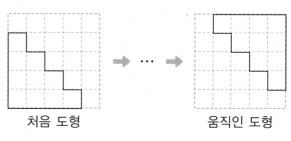

처음 도형   움직인 도형

방법 ....

....

18
완성

도형의 이동 방법을 2가지로 설명해 보세요.

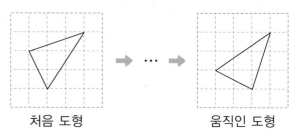

처음 도형   움직인 도형

방법 1 ....

....

방법 2 ....

....

단원 평가

점수 | 확인

1 점 ㄱ을 위쪽으로 2 cm, 오른쪽으로 1 cm 이동했을 때의 위치에 점 ㄴ으로 표시한 것에 ○표 하세요.

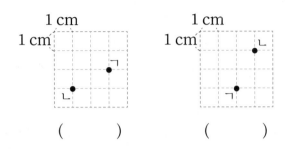

(   )   (   )

2 도형을 오른쪽으로 밀었을 때의 도형을 그려 보세요.

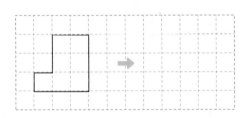

3 도형을 아래쪽으로 뒤집었을 때의 도형을 그려 보세요.

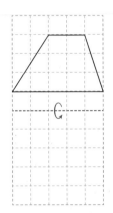

4 도형을 시계 반대 방향으로 90°만큼 돌렸을 때의 도형을 그려 보세요.

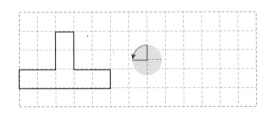

[5~6] 도형을 보고 물음에 답하세요.

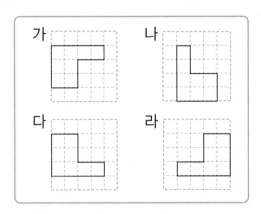

5 가 도형을 위쪽으로 뒤집었을 때의 도형을 찾아 기호를 써 보세요.

(   )

6 나 도형을 시계 반대 방향으로 270°만큼 돌렸을 때의 도형을 찾아 기호를 써 보세요.

(   )

7 도형을 오른쪽으로 6 cm 밀고 위쪽으로 2 cm 밀었을 때의 도형을 그려 보세요.

8 도형을 왼쪽으로 뒤집은 도형과 오른쪽으로 뒤집은 도형을 각각 그려 보세요.

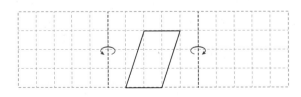

단원 평가

9 위쪽으로 뒤집었을 때의 도형이 처음 도형과 같은 것을 찾아 기호를 써 보세요.

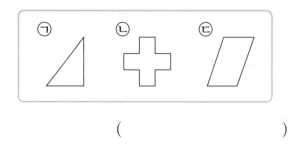

(   )

10 모양 조각을 어느 방향으로 얼마만큼 돌렸는지 ☐ 안에 알맞게 써 보세요.

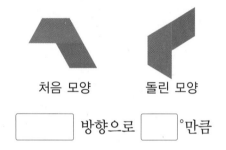

처음 모양   돌린 모양

☐ 방향으로 ☐°만큼

11 ☐ 안에 알맞은 수를 써넣어 도형이 움직인 방법을 설명해 보세요.

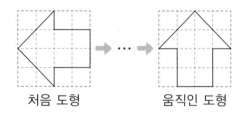

처음 도형   움직인 도형

도형을 오른쪽으로 뒤집고 시계 방향으로 ☐°만큼 돌렸습니다.

12 ◤ 모양으로 뒤집기를 이용하여 규칙적인 무늬를 만들어 보세요.

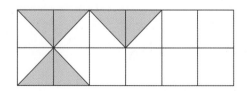

13 점 ㄱ을 점 ㄴ의 위치로 이동하려고 합니다. 다른 점을 지나지 않으면서 이동할 수 있도록 **보기** 에서 필요한 것을 모두 찾아 순서대로 빈칸에 기호를 써넣으세요.

보기
ㄱ 오른쪽으로 1칸 이동하기
ㄴ 아래쪽으로 3칸 이동하기
ㄷ 왼쪽으로 4칸 이동하기
ㄹ 아래쪽으로 2칸 이동하기

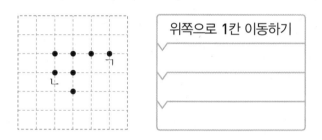

위쪽으로 1칸 이동하기

14 ◠ 모양으로 만들 수 없는 무늬를 찾아 기호를 써 보세요.

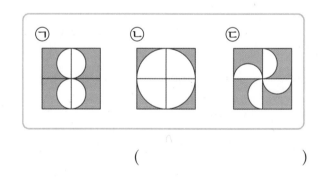

(   )

15 돌렸을 때 오른쪽 퍼즐의 빈칸에 들어갈 수 있는 조각을 찾아 ○ 표 하세요.

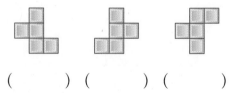

(   ) (   ) (   )

16 도형을 오른쪽으로 뒤집고 아래쪽으로 뒤집었더니 다음과 같은 도형이 되었습니다. 알맞은 도형을 각각 그려 보세요.

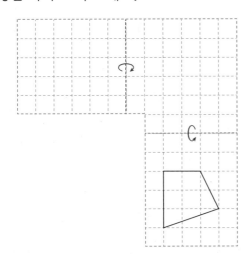

17 도형을 위쪽으로 2번 뒤집고 시계 반대 방향으로 90°만큼 4번 돌렸을 때의 도형을 그려 보세요.

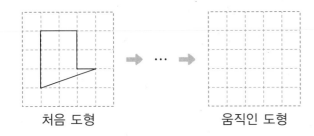

처음 도형   움직인 도형

18 시계 방향으로 180°만큼 돌렸을 때 처음 모양과 같은 글자는 모두 몇 개일까요?

B D H M P X Z

(   )

19 두 자리 수가 적힌 카드를 오른쪽으로 뒤집었을 때 만들어지는 수를 구하려고 합니다. 풀이 과정을 쓰고 답을 구해 보세요.

풀이 _____

_____

_____

_____

답 _____

20 도형을 뒤집은 방법을 설명해 보세요.

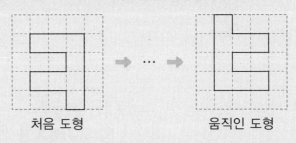

처음 도형   움직인 도형

설명 _____

_____

_____

_____

5 막대그래프

분류한 것을 막대그래프로 나타낼 수 있어!

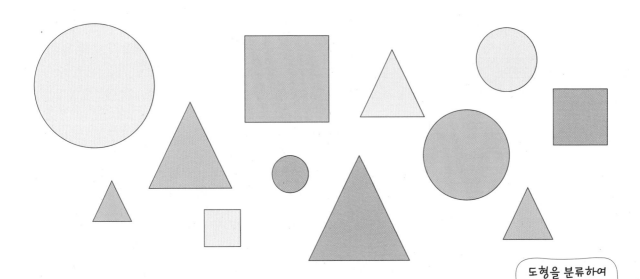

도형을 분류하여
표로 나타냈어.

● 표로 나타내기

도형	삼각형	사각형	원	합계
도형의 수(개)	5	3	4	12

● 막대그래프로 나타내기

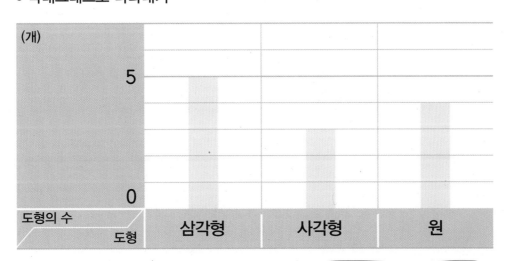

막대그래프의 가로에는 도형,
세로에는 도형의 수를 나타냈어.

① 막대그래프는 막대의 길이로 수량을 나타내.

● **막대그래프**: 조사한 자료의 수량을 막대 모양으로 나타낸 그래프

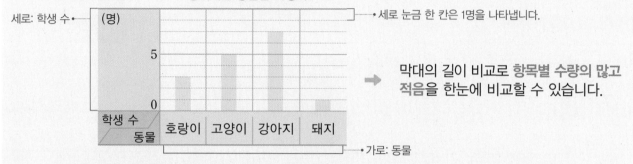

좋아하는 동물별 학생 수

동물	호랑이	고양이	강아지	돼지	합계
학생 수(명)	3	5	7	1	16

→ 조사한 항목별 자료의 수, 전체 자료의 수를 알기 쉽습니다.

좋아하는 동물별 학생 수

세로: 학생 수 •
(명)

• 세로 눈금 한 칸은 1명을 나타냅니다.

→ 막대의 길이 비교로 항목별 수량의 많고 적음을 한눈에 비교할 수 있습니다.

학생 수 / 동물: 호랑이 고양이 강아지 돼지

• 가로: 동물

• 가장 많은 학생들이 좋아하는 동물은 강아지입니다. ···· 막대의 길이가 가장 긴 동물은 강아지입니다.

• 가장 적은 학생들이 좋아하는 동물은 돼지입니다. ···· 막대의 길이가 가장 짧은 동물은 돼지입니다.

---

1 올림픽 일부 경기 종목의 금메달 수를 조사하여 나타낸 막대그래프입니다. □ 안에 알맞은 말이나 수를 써넣으세요.

종목별 금메달 수

(개)
10
5
0
금메달 수 / 종목: 양궁 테니스 역도 탁구

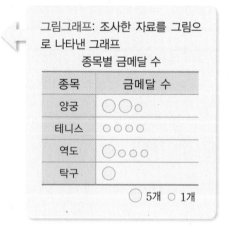

그림그래프: 조사한 자료를 그림으로 나타낸 그래프

종목별 금메달 수

종목	금메달 수
양궁	◯◯◯
테니스	◯◯◯◯
역도	◯◯◯◯
탁구	◯

◯ 5개 ◯ 1개

(1) 막대그래프에서 가로는 [   ], 세로는 [   ]을/를 나타냅니다.

(2) 막대의 길이는 종목별 [   ]을/를 나타냅니다.

(3) 세로 눈금 한 칸은 금메달 [ ]개를 나타냅니다.

(4) 테니스의 금메달 수는 [ ]개입니다.

2 다연이네 마을에서 일주일 동안 배출된 재활용 쓰레기의 양을 조사하여 나타낸 막대그래프입니다. 물음에 답하세요.

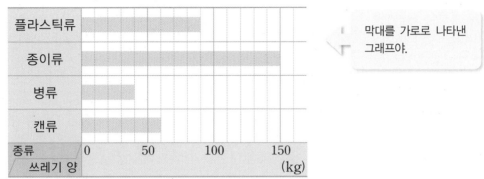

종류별 재활용 쓰레기의 양

막대를 가로로 나타낸 그래프야.

(1) 막대그래프의 가로와 세로는 각각 무엇을 나타낼까요?

가로 (   ), 세로 (   )

(2) 가로 눈금 한 칸은 몇 kg을 나타낼까요?   (   )

(3) 배출된 플라스틱류는 몇 kg일까요?   (   )

(4) 가장 많이 배출된 재활용 쓰레기는 무엇일까요?   (   )

(5) 가장 적게 배출된 재활용 쓰레기는 무엇일까요?   (   )

5

3 승주네 반 학생들이 좋아하는 과목을 조사하여 나타낸 표와 막대그래프입니다. 물음에 답하세요.

좋아하는 과목별 학생 수

과목	국어	수학	과학	체육	합계
학생 수(명)	5	9	7	3	24

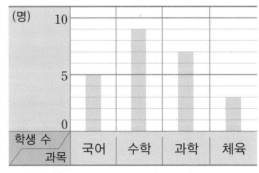

좋아하는 과목별 학생 수

(1) 전체 학생 수를 알아보려면 어느 자료가 더 편리한지 ○표 하세요.

(표 , 막대그래프)

(2) 가장 많은 학생들이 좋아하는 과목을 한눈에 알아보려면 어느 자료가 더 편리한지 ○표 하세요.

(표 , 막대그래프)

2 막대그래프 방향에 따라 가로, 세로가 달라져.

● **막대그래프 그리는 방법**

❶ 가로와 세로에 나타낼 것 정하기	❷ 눈금 한 칸의 크기와 가장 큰 수를 나타낼 수 있도록 눈금의 수 정하기	❸ 조사한 수에 맞도록 막대 그리기	❹ 알맞은 제목 쓰기

•그래프의 제목을 가장 먼저 써도 됩니다.

가지고 있는 종류별 책 수

종류	동화책	위인전	과학책	만화책	합계
책 수(권)	6	8	5	3	22

•표의 가장 큰 수가 8이므로 8칸까지는 나타낼 수 있어야 합니다.

• **가로에 종류, 세로에 책 수를 나타내는 경우**

❹ 가지고 있는 종류별 책 수• ──── 제목을 가장 먼저 써도 됩니다. ────

❷ 눈금 1칸 ➡ 1권

(권) / 5 / 0 / ❸ / ❶ 책 수 / 종류 / 동화책 / 위인전 / 과학책 / 만화책

• **가로에 책 수, 세로에 종류를 나타내는 경우**

❹ 가지고 있는 종류별 책 수

❷ 눈금 1칸 ➡ 1권

동화책 / 위인전 / 과학책 / 만화책 / ❸ / ❶ 종류 / 책 수 / 0 / 5 / 10 / (권)

① 수아네 반 학생들이 즐겨 보는 TV 프로그램을 조사하여 나타낸 표를 보고 막대그래프를 완성하려고 합니다. 물음에 답하세요.

즐겨 보는 TV 프로그램별 학생 수

프로그램	드라마	예능	영화	만화	합계
학생 수(명)	7	6	3	9	25

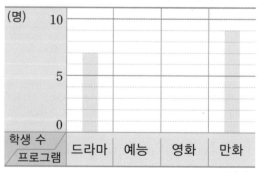

즐겨 보는 TV 프로그램별 학생 수

(1) ☐ 안에 알맞은 수를 써넣으세요.

　　세로 눈금 한 칸이 1명을 나타내므로 예능은 ☐칸, 영화는 ☐칸인 막대를 그립니다.

(2) 표를 보고 위의 막대그래프를 완성해 보세요.

2 진이네 반 학생들이 좋아하는 음식을 조사하여 나타낸 표를 보고 막대그래프로 나타내려고 합니다. 물음에 답하세요.

좋아하는 음식별 학생 수

음식	떡볶이	김밥	치킨	합계
학생 수(명)	8	6	12	26

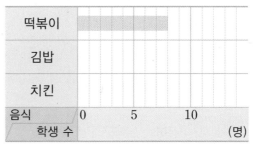

좋아하는 음식별 학생 수

(1) 표를 보고 위의 막대그래프를 완성해 보세요.

(2) 가로 눈금 한 칸이 2명을 나타내도록 다시 그래프를 그린다면 떡볶이는 몇 칸으로 나타내야 할까요?

( )

(3) 막대그래프의 세로에 학생 수를 나타낸다면 가로에는 무엇을 나타내야 할까요?

( )

3 지완이네 반 학생들이 여행하고 싶어 하는 나라를 조사하여 나타낸 표를 보고 막대그래프로 나타내려고 합니다. 물음에 답하세요.

여행하고 싶어 하는 나라별 학생 수

나라	호주	미국	영국	독일	합계
학생 수(명)	3	7	5	6	21

(1) 막대그래프의 가로에 여행하고 싶어 하는 나라를 나타낸다면 세로에는 무엇을 나타내야 할까요?

( )

(2) 세로 눈금 한 칸이 1명을 나타내도록 하면 세로 눈금은 적어도 몇 칸까지 있어야 할까요?

( )

(3) 표를 보고 막대그래프로 나타내 보세요.

여행하고 싶어 하는 나라별 학생 수

③ 막대그래프를 보고 예상할 수 있어.

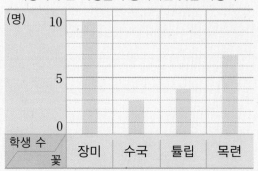

시영이네 반 학생들이 좋아하는 꽃별 학생 수

- 수국을 좋아하는 학생은 3명입니다.
- 장미를 좋아하는 학생은 튤립을 좋아하는 학생보다 6명 더 많습니다. → 10−4=6(명)
- 가장 많은 학생들이 좋아하는 꽃부터 차례로 쓰면 장미, 목련, 튤립, 수국입니다.
- 시영이네 반 학생들에게 한 가지 꽃을 정하여 선물한 다면 장미를 선물하는 것이 좋겠습니다.
  └ 그래프에 나타나지 않은 정보를 예상할 수 있습니다.

---

1 진수네 반 학생들이 좋아하는 주스를 조사하여 나타낸 막대그래프입니다. 막대그래프에 나타난 내용을 바르게 설명한 것에 ○표, 잘못 설명한 것에 ×표 하세요.

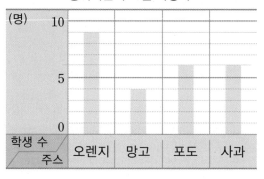

좋아하는 주스별 학생 수

(1) 가장 많은 학생들이 좋아하는 주스는 오렌지주스입니다. ( )

(2) 포도주스와 사과주스를 좋아하는 학생 수는 같습니다. ( )

(3) 사과주스를 좋아하는 학생 수는 망고주스를 좋아하는 학생 수의 2배입니다. ( )

(4) 진수네 반 학생들에게 한 가지 주스를 준다면 망고주스를 주는 것이 좋겠습니다. ( )

---

2 민재네 모둠의 윗몸일으키기 횟수를 조사하여 나타낸 막대그래프입니다. ☐ 안에 알맞은 말이나 수를 써넣으세요.

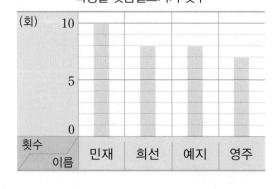

학생별 윗몸일으키기 횟수

(1) 윗몸일으키기를 민재는 ☐회, 예지는 ☐회 했으므로 민재는 예지보다 ☐회 더 많이 했습니다.

(2) 민재네 모둠에서 윗몸일으키기 대표 선수를 뽑는다면 ☐을/를 뽑는 것이 좋겠습니다.

3 학교 체육 대회에서 현동이네 반 학생들이 입고 싶어 하는 반 티셔츠의 색깔을 조사하였습니다. 물음에 답하세요.

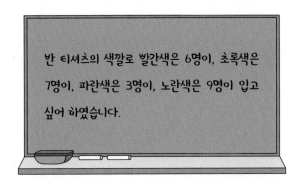

입고 싶어 하는 반 티셔츠 색깔별 학생 수

(1) 조사한 내용을 보고 위의 막대그래프를 완성해 보세요.

(2) 현동이네 반 학생 수는 몇 명일까요? (   )

(3) 막대를 가로로 하여 막대그래프를 완성해 보세요.

입고 싶어 하는 반 티셔츠 색깔별 학생 수

(4) 현동이네 반 티셔츠의 색으로 무슨 색깔을 정하면 좋을까요? (   )

4 어느 마을의 연도별 초등학교 4학년 학생 수를 조사하여 나타낸 막대그래프입니다. 알맞은 말에 ○표 하세요.

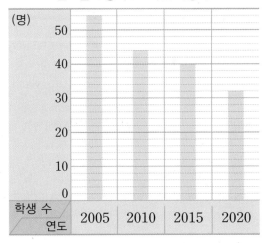

연도별 초등학교 4학년 학생 수

(1) 2005년부터 2020년까지 초등학교 4학년 학생 수는 점점 (늘어났습니다, 줄어들었습니다).

(2) 2025년의 초등학교 4학년 학생 수는 (늘어날, 줄어들) 것으로 예상됩니다.

1 막대그래프 알아보기

탄탄북

1 희수네 반 학생들이 현장 체험 학습으로 가고 싶어 하는 장소를 조사하여 나타낸 막대그래프입니다. 가장 많은 학생들이 가고 싶어 하는 장소와 가장 적은 학생들이 가고 싶어 하는 장소를 차례로 써 보세요.

▶ 학생 수를 세어 보지 않아도 막대의 길이로 한눈에 비교할 수 있어.

가고 싶어 하는 장소별 학생 수

(   ), (   )

2 어느 지역의 마을별 자전거 수를 조사하여 나타낸 그래프입니다. 그림그래프와 막대그래프의 다른 점을 써 보세요.

▶ 같은 자료이므로 항목별 수량은 같아.

마을별 자전거 수

다른 점

─────────────────────

─────────────────────

2➕ 하루 동안 준호네 교실의 온도를 조사하여 나타낸 꺾은선그래프입니다. ☐ 안에 알맞은 수를 써넣으세요.

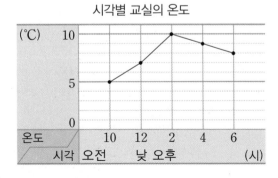

시각별 교실의 온도

오후 2시의 온도는 ☐ ℃,

오후 6시의 온도는 ☐ ℃입니다.

4학년 2학기 때 만나!

꺾은선그래프

· 꺾은선그래프: 수량을 점으로 표시하고, 그 점들을 선분으로 이어 그린 그래프
➡ 변화하는 모양과 정도를 알아보기 쉽고, 조사하지 않은 중간값을 예상할 수 있습니다.

[3~4] 아영이네 반 학생들이 배우고 싶어 하는 전통 악기를 조사하여 나타낸 표와 막대그래프입니다. 물음에 답하세요.

▶ 표에 나타낸 합계는 그래프에 나타내지 않아.

배우고 싶어 하는 전통 악기별 학생 수

전통 악기	꽹과리	징	북	장구	합계
학생 수(명)	6	5	4	7	22

배우고 싶어 하는 전통 악기별 학생 수

3 배우고 싶어 하는 학생 수가 많은 전통 악기부터 차례로 써 보세요.

(   )

▶ 항목별 자료의 수로 비교하거나 막대의 길이로 비교할 수 있어.

 내가 만드는 문제

4 위의 표와 막대그래프를 보고 알 수 있는 내용을 한 가지씩 써 보세요.

표 ....

막대그래프 ....

5

 표와 막대그래프의 편리한 점은 무엇일까?

좋아하는 과일별 학생 수

과일	귤	딸기	포도	합계
학생 수(명)	5	4	3	12

➡ 조사한 전체 학생 수: ☐ 명

귤을 좋아하는 학생 수: ☐ 명

조사한 항목별 자료의 수, 전체 자료의 수를 알기 쉬워.

좋아하는 과일별 학생 수

➡ 가장 많은 학생들이 좋아하는 과일: ☐

칸 수를 세지 않아도 막대의 길이로 수량의 많고 적음을 한눈에 비교하기 쉬워.

탄탄북

5 유선이네 반 학생들이 좋아하는 붕어빵의 종류를 조사하였습니다. 물음에 답하세요.

좋아하는 붕어빵의 종류			
치즈	팥	초코	슈크림

▶ 자료를 조사하는 여러 가지 방법
  • 한 사람씩 말하기
  • 항목별로 손 들기
  • 붙임딱지 붙이기
  • 인터넷 설문하기

(1) 조사한 자료를 표로 정리해 보세요.

종류	치즈	팥	초코	슈크림	합계
학생 수(명)					

▶ ○, ∨ 표시를 하면서 빠뜨리거나 중복되지 않게 세어 봐.

(2) 표를 보고 막대그래프로 나타내 보세요.

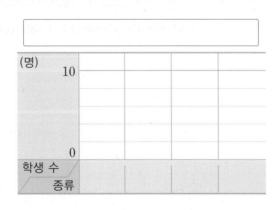

(3) 세로 눈금 한 칸을 2명으로 하여 막대그래프로 나타내 보세요.

▶ 같은 수량이라도 눈금 한 칸의 크기에 따라 막대의 길이가 달라져.

내가 만드는 문제

6 학생들이 받고 싶어 하는 선물 중 휴대전화를 받고 싶어 하는 학생이 가장 많을 때 자유롭게 표를 완성하고 두 가지 막대그래프로 나타내 보세요.

▶ 가로와 세로에 무엇을 나타낸 것인지 살펴보고 그려야 해.

받고 싶어 하는 선물별 학생 수

선물	휴대전화	게임기	가방	블록	합계
학생 수(명)	10		1		

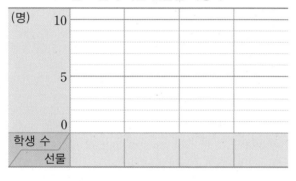

받고 싶어 하는 선물별 학생 수

▶ 가로 눈금 한 칸의 크기를 정하는 것도 잊지 마.

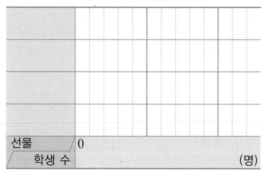

받고 싶어 하는 선물별 학생 수

 표를 보고 막대그래프로 나타내는 다른 방법은?

학생별 가지고 있는 구슬 수

학생	종민	나정	윤서	합계
구슬 수(개)	3	5	2	10

학생별 가지고 있는 구슬 수

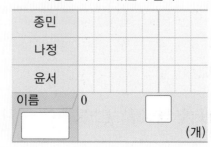

학생별 가지고 있는 구슬 수

가로와 세로에 나타내는 것에 따라 두 가지 방법의 그래프로 나타낼 수 있어.

탄탄북

7 태원이네 반 학생들이 좋아하는 음악을 조사하여 나타낸 막대그래프입니다. 막대그래프에 나타난 내용을 바르게 설명한 것을 모두 찾아 기호를 써 보세요.

▶ 막대의 길이를 비교해 봐.

좋아하는 음악별 학생 수

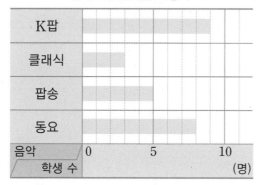

> ㉠ 동요를 좋아하는 학생 수가 가장 적습니다.
>
> ㉡ 좋아하는 학생 수가 팝송보다 많은 음악은 K팝과 동요입니다.
>
> ㉢ 점심 시간에 음악을 듣는다면 K팝을 듣는 것이 좋겠습니다.
>
> ㉣ 동요를 좋아하는 학생은 팝송을 좋아하는 학생보다 2명 더 많습니다.
>
> ㉤ K팝을 좋아하는 학생 수는 클래식을 좋아하는 학생 수의 3배입니다.

( )

탄탄북

8 가영이네 마을에 있는 나무를 조사하여 나타낸 표와 막대그래프입니다. 소나무는 몇 그루일까요?

▶ 표와 그래프로 알 수 있는 나무 수를 각각 구해 봐.

마을에 있는 종류별 나무 수

나무	소나무	단풍나무	밤나무	은행나무	합계
나무 수(그루)		16		10	56

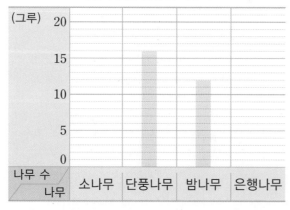

마을에 있는 종류별 나무 수

( )

[9~11] 재호네 지역의 월별 평균 기온과 이 지역 어느 가게의 물 판매량을 조사하여 나타낸 막대그래프입니다. 물음에 답하세요.

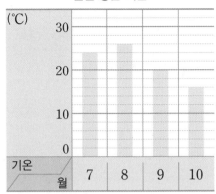

월별 평균 기온

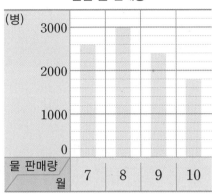

월별 물 판매량

9 7월과 8월의 물 판매량의 차는 몇 병일까요?

(   )

10 기온과 물 판매량 사이에 어떤 관계가 있는지 써 보세요.

▶ 같은 월의 기온과 물 판매량을 나타내는 막대를 비교해.

....

☺ 내가 만드는 문제

⑪ 10월 이후의 월을 정하여 기온과 물 판매량이 어떻게 변할지 예상해 보세요.

....

....

5

🎓 막대그래프를 보고 앞으로의 변화를 어떻게 예상할까?

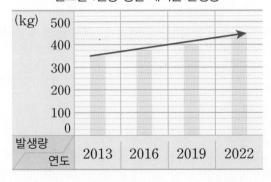

연도별 1인당 생활 폐기물 발생량

2013년부터 2022년까지의 막대를 비교하면 막대의 길이는 (길어지고 , 짧아지고) 있습니다.

⬇

2025년의 1인당 생활 폐기물 발생량은 (늘어날 , 줄어들) 것으로 예상할 수 있습니다.

💬 가전, 옷 등 생활에서 발생한 폐기물을 생활 폐기물이라고 해.

1 표를 보고 막대그래프로 나타내기

[1~3] 모둠별 모은 붙임딱지 수를 조사하여 나타낸 표를 보고 막대그래프로 나타내려고 합니다. 물음에 답하세요.

모둠별 모은 붙임딱지 수

모둠	가	나	다	라	합계
붙임딱지 수(장)		4	6	10	32

1
준비

네 모둠에서 모은 붙임딱지는 모두 몇 장일까요?

( )

2
확인

가 모둠에서 모은 붙임딱지는 몇 장일까요?

( )

3
완성

표를 보고 막대그래프로 나타내 보세요.

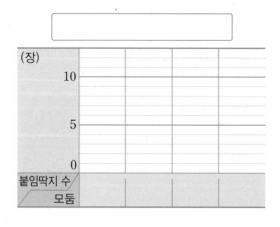

2 막대그래프를 보고 표 완성하기

[4~6] 농장별 기르는 돼지 수를 조사하여 나타낸 막대그래프를 보고 표로 나타내려고 합니다. 물음에 답하세요.

농장별 기르는 돼지 수

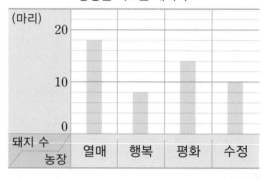

4
준비

세로 눈금 한 칸은 몇 마리를 나타낼까요?

( )

5
확인

열매 농장에서 기르는 돼지는 몇 마리일까요?

( )

6
완성

막대그래프를 보고 표로 나타내 보세요.

농장	열매	행복	평화	수정	합계
돼지 수(마리)					

③ 막대그래프에서 알 수 있는 것 알아보기

[7~9] 주영이네 반 학생들이 좋아하는 민속놀이를 조사하여 나타낸 막대그래프입니다. 물음에 답하세요.

좋아하는 민속놀이별 학생 수

민속놀이 \ 학생 수	0	5	10 (명)
윷놀이			
제기차기			
줄다리기			
팽이치기			

7
준비

가장 적은 학생들이 좋아하는 민속놀이는 무엇일까요?

( )

8
확인

좋아하는 학생 수가 5명보다 많은 민속놀이를 모두 써 보세요.

( )

9
완성

주영이네 반 학생들이 민속놀이를 하려고 합니다. 어떤 민속놀이를 하면 좋을지 쓰고 그 까닭을 써 보세요.

( )

까닭 ....

....

④ 표와 막대그래프 완성하기

[10~11] 도시별 도서관 수를 조사하여 나타낸 표와 막대그래프입니다. 물음에 답하세요.

도시별 도서관 수

도시	가	나	다	라	합계
도서관 수(개)		7		3	22

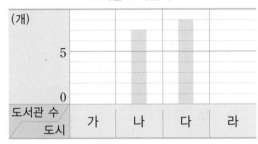

도시별 도서관 수

10
준비

가 도시에 있는 도서관은 몇 개일까요?

( )

11
확인

표와 막대그래프를 완성해 보세요.

12
완성

농장별 기르는 소의 수를 조사하여 나타낸 표와 막대그래프를 완성해 보세요.

농장별 기르는 소의 수

농장	가	나	다	라	합계
소의 수(마리)	7	9			26

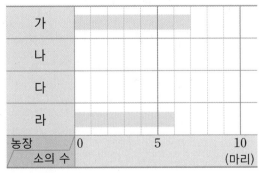

농장별 기르는 소의 수

5

5 막대그래프에서 잘린 부분 알아보기

[13~15] 예진이네 학교 학생 30명의 혈액형을 조사하여 나타낸 막대그래프의 일부분이 찢어졌습니다. B형인 학생이 O형인 학생보다 2명 더 많다고 합니다. 물음에 답하세요.

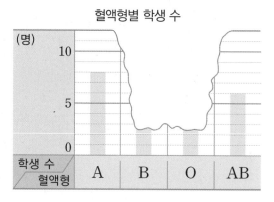

혈액형별 학생 수

13
준비
A형과 AB형인 학생은 모두 몇 명일까요?

( )

14
확인
B형과 O형인 학생은 각각 몇 명일까요?

B형 ( )

O형 ( )

15
완성
혈액형끼리는 다음과 같이 혈액을 주고받을 수 있습니다. 예진이네 반 학생들 중 A형에게 혈액을 줄 수 있는 학생은 모두 몇 명일까요?

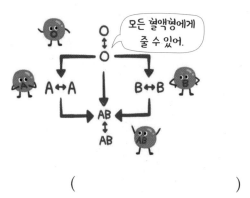

( )

6 막대그래프에서 두 자료를 비교하기

[16~18] 동우네 학교 4학년 학생들 중 캠프에 참가하는 남녀 학생 수를 조사하여 나타낸 막대그래프입니다. 물음에 답하세요.

반별 캠프에 참가하는 남녀 학생 수

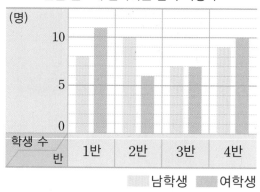

16
준비
1반에서 캠프에 참가하는 학생은 모두 몇 명일까요?

( )

17
확인
캠프에 참가하는 남학생 수와 여학생 수의 차가 가장 큰 반은 몇 반일까요?

( )

18
완성
캠프에 참가하는 여학생은 모두 몇 명일까요?

( )

단원 평가

| 점수 | 확인 |

[1~4] 도현이네 반 학생들이 좋아하는 음료수를 조사하여 나타낸 막대그래프입니다. 물음에 답하세요.

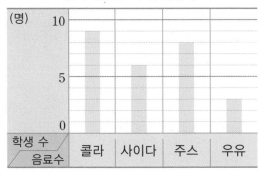

좋아하는 음료수별 학생 수

1 막대그래프에서 가로와 세로는 각각 무엇을 나타낼까요?

가로 (   )

세로 (   )

2 사이다를 좋아하는 학생은 몇 명일까요?

(   )

3 가장 많은 학생들이 좋아하는 음료수는 무엇일까요?

(   )

4 주스를 좋아하는 학생은 우유를 좋아하는 학생보다 몇 명 더 많을까요?

(   )

[5~7] 예은이네 학교 4학년 학생들이 환경 보호를 위해 실천할 수 있는 활동을 조사하여 나타낸 표입니다. 물음에 답하세요.

실천할 수 있는 활동별 학생 수

활동	샤워 시간 줄이기	일회용품 사용 줄이기	전기 아껴 쓰기	음식물 쓰레기 줄이기	합계
학생 수 (명)	8	4	6	4	22

5 표를 보고 막대그래프로 나타내 보세요.

6 표를 보고 막대가 가로로 된 막대그래프로 나타내 보세요.

7 가장 많은 학생들이 실천할 수 있는 활동과 가장 적은 학생들이 실천할 수 있는 활동을 알아보려면 표와 막대그래프 중 어느 것이 더 편리할까요?

(   )

[8~11] 지현이네 반 학생들의 취미를 조사하여 나타낸 막대그래프입니다. 물음에 답하세요.

취미별 학생 수

8 그래프에서 가로와 세로는 각각 무엇을 나타낼까요?

가로 ( )

세로 ( )

9 운동이 취미인 학생은 몇 명일까요?

( )

10 학생 수가 독서보다 더 많은 취미를 모두 찾아 써 보세요.

( )

11 이 그래프에서 알 수 있는 사실을 2가지 써 보세요.

....

....

[12~15] 소정이네 학교 4학년 학생들이 좋아하는 운동을 조사하여 나타낸 표입니다. 물음에 답하세요.

좋아하는 운동별 학생 수

운동	줄넘기	배구	축구	피구	합계
학생 수(명)	20	8		14	70

12 축구를 좋아하는 학생은 몇 명일까요?

( )

13 표를 막대그래프로 나타낼 때 세로 눈금 한 칸이 2명을 나타내도록 하면 세로 눈금은 적어도 몇 칸까지 있어야 할까요?

( )

14 표를 보고 막대그래프로 나타내 보세요.

15 소정이네 학교 4학년 학생들이 다 같이 운동을 한다면 어떤 운동을 하는 것이 좋을까요?

( )

16 리원이네 모둠 학생들의 팔굽혀펴기 기록을 조사하여 나타낸 표와 막대그래프입니다. 표와 막대그래프를 완성해 보세요.

학생별 팔굽혀펴기 기록

이름	리원	가영	하은	승현	합계
기록(회)		6	9		

학생별 팔굽혀펴기 기록

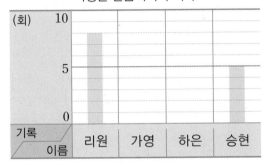

[17~18] 재호네 학교 4학년의 반별 안경을 쓴 학생 수와 안경을 쓰지 않은 학생 수를 조사하여 나타낸 막대그래프입니다. 물음에 답하세요.

반별 안경을 쓴 학생 수와 쓰지 않은 학생 수

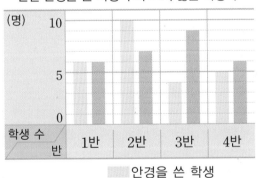

안경을 쓴 학생
안경을 쓰지 않은 학생

17 2반 학생은 모두 몇 명일까요?

(   )

18 안경을 쓴 학생 수와 안경을 쓰지 않은 학생 수의 차가 가장 큰 반은 몇 반일까요?

(   )

19 현주네 반 학생 30명의 등교 방법을 조사하여 나타낸 막대그래프입니다. 버스로 등교하는 학생은 몇 명인지 풀이 과정을 쓰고 답을 구해 보세요.

등교 방법별 학생 수

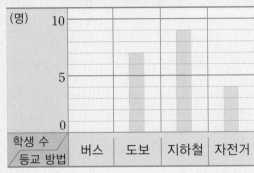

풀이

답

20 성재네 반 학생들이 학교 텃밭에 기르고 싶어 하는 채소를 조사하여 나타낸 막대그래프입니다. 좋아하는 학생 수가 오이의 2배인 채소는 무엇인지 풀이 과정을 쓰고 답을 구해 보세요.

기르고 싶어 하는 채소별 학생 수

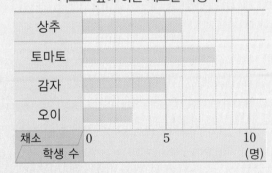

풀이

답

6 규칙 찾기

규칙을 찾으면 다음을 알 수 있어!

첫째	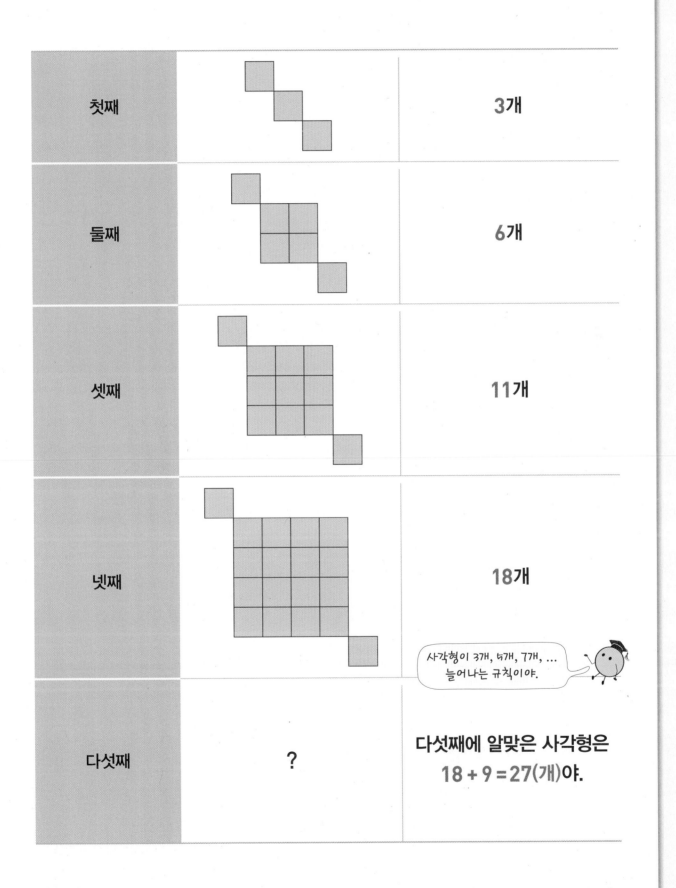	3개
둘째		6개
셋째		11개
넷째		18개
다섯째	?	다섯째에 알맞은 사각형은 18 + 9 = 27(개)야.

사각형이 3개, 4개, 7개, ...
늘어나는 규칙이야.

❶ 수의 배열은 방향에 따라 규칙이 달라.

개념 강의

● 수의 배열에서 규칙 찾기(1)

105	115	125	135	145
205	215	225	235	245
305	315	325	335	345
405	415	425	435	445
505	515	525	535	545

규칙
- 오른쪽으로 10씩 커집니다.
- 아래쪽으로 100씩 커집니다.
- 105부터 시작하여 ↘ 방향으로 110씩 커집니다.
- 505부터 시작하여 ↗ 방향으로 90씩 작아집니다.

● 수의 배열에서 규칙 찾기(2)

2	6	18	54	162
4	12	36	108	324
8	24	72	216	648
16	48	144	432	1296
32	96	288	864	2592

가로 규칙 오른쪽으로 3씩 곱합니다.

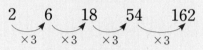

세로 규칙 아래쪽으로 2씩 곱합니다.

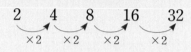

---

1 수 배열표를 보고 □ 안에 알맞은 수를 써넣으세요.

101	201	301	401	501	601
102	202	302	402	502	602
103	203	303	403	503	603
104	204	304	404	504	604
105	205	305	405	505	605
106	206	306	406	506	606

수 배열표에서는 가로, 세로, ↘, ↗, ↘, ↗ 등의 방향에서 여러 가지 규칙을 찾을 수 있어.

(1) 오른쪽으로 □씩 커지는 규칙입니다.

(2) 아래쪽으로 □씩 커지는 규칙입니다.

(3) 101부터 시작하여 ↘ 방향으로 □씩 커지는 규칙입니다.

(4) 601부터 시작하여 ↗ 방향으로 □씩 작아지는 규칙입니다.

2 수 배열표를 보고 물음에 답하세요.

32	16	8	4	2
160	80	40	20	10
800	400	200	100	50
4000	2000	1000	500	250

135	45	15	5
270	90	30	10
540	180	60	20

• 가로 규칙 오른쪽으로 3씩 나누어.
• 세로 규칙 아래쪽으로 2씩 곱해.

(1) ☐ 안에 알맞은 수를 써넣으세요.

> 16은 32를 ☐(으)로 나눈 몫이고, 10은 2의 ☐배입니다.

(2) 수 배열표에서 규칙을 찾아 쓴 것입니다. ☐ 안에 알맞은 수를 써넣으세요.

가로 규칙 오른쪽으로 ☐씩 나눕니다.

세로 규칙 아래쪽으로 ☐씩 곱합니다.

3 수 배열표를 보고 빈칸에 알맞은 수를 써넣고 색칠된 칸의 규칙을 찾아 ○표 하세요.

602	612	622	632	642	652
502	512	522	532		552
402		422	432	442	452
302	312	322	332		
202	212	222		242	252

색칠된 칸은 642부터 시작하여 ↗ 방향으로 작아지는 규칙이기도 해.

규칙 색칠된 칸은 202부터 시작하여 ↗ 방향으로 (100 , 110)씩 커집니다.

4 수의 배열에서 규칙을 찾아 빈칸에 알맞은 수를 써넣으세요.

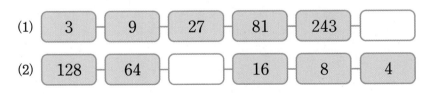

(1) 3 9 27 81 243 ☐

(2) 128 64 ☐ 16 8 4

② 어느 쪽으로 몇 개씩 늘어나는지 살펴봐.

● 모양의 배열에서 규칙 찾기 (1)

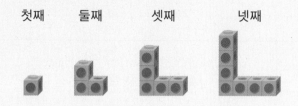

첫째　　둘째　　셋째　　넷째

규칙 • 모형이 1개에서 시작하여 오른쪽과 위쪽으로 각각 1개씩 늘어납니다.
• 모형이 2개씩 늘어납니다.

순서	첫째	둘째	셋째	넷째
식	1	1+2	1+2+2	1+2+2+2
수	1	3	5	7

➡ 다섯째에서 모형(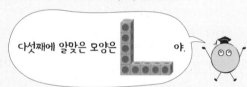)은
1+2+2+2+2 = 9(개)입니다.

다섯째에 알맞은 모양은 ⌐ 야.

● 모양의 배열에서 규칙 찾기 (2)

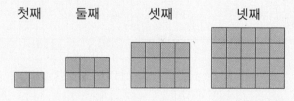

첫째　　둘째　　셋째　　넷째

규칙 가로 2줄, 세로 1줄에서 시작하여 직사각형 모양으로 가로와 세로에 각각 1줄씩 늘어납니다.

순서	첫째	둘째	셋째	넷째
식	2×1	3×2	4×3	5×4
수	2	6	12	20

➡ 다섯째에서 사각형(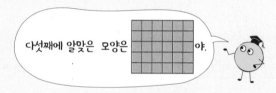)은
6×5 = 30(개)입니다.

다섯째에 알맞은 모양은 ▦ 야.

---

① 모양의 배열을 보고 물음에 답하세요.

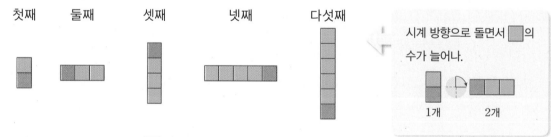

첫째　　둘째　　셋째　　넷째　　다섯째

시계 방향으로 돌면서 ■의 수가 늘어나.

(1) 모양의 배열에서 규칙을 찾아 □ 안에 알맞은 수를 써넣으세요.

규칙 사각형 ■을 중심으로 시계 방향으로 90°씩 돌면서 사각형 ■이 □개씩 늘어납니다.

(2) 여섯째에 알맞은 모양에서 사각형은 몇 개일까요?

(　　　　　　　　)

2 모양의 배열을 보고 물음에 답하세요.

첫째   둘째   셋째   넷째   다섯째

(1) 모양의 배열에서 규칙을 찾아 ☐ 안에 알맞은 수를 써넣으세요.

> 규칙을 찾아 모형의 수를 식으로 나타내면 첫째는 1, 둘째는 1+2, 셋째는 1+2+☐, 넷째는 1+2+☐+☐입니다.

어느 방향으로 몇 개씩 늘어나는지 알아봐.

(2) 모형 을 ▨와 같이 간단히 나타내 규칙에 따라 다섯째에 알맞은 모양을 그리고, 모형이 몇 개인지 구해 보세요.

(   )

3 단추의 배열을 보고 물음에 답하세요.

순서	첫째	둘째	셋째	넷째
배열	⬤	⬤⬤ ⬤⬤	⬤⬤⬤ ⬤⬤⬤ ⬤⬤⬤	⬤⬤⬤⬤ ⬤⬤⬤⬤ ⬤⬤⬤⬤ ⬤⬤⬤⬤
식	1	2×2	3×3	
수	1			

이런 규칙으로 볼 수도 있어.

1   3   5

(1) 단추의 배열에서 규칙을 찾아 위 표의 빈칸에 알맞은 식과 수를 써넣으세요.

(2) 찾은 규칙에 따라 다섯째에 알맞은 단추는 몇 개인지 식으로 나타내고 구해 보세요.

식 .... 답 ....

4 규칙에 따라 다섯째에 알맞은 모양을 그려 보고 사각형은 몇 개인지 구해 보세요.

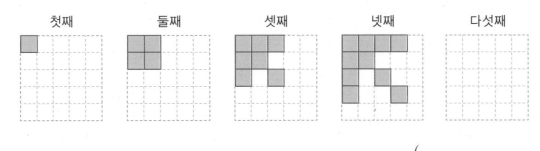

첫째   둘째   셋째   넷째   다섯째

(   )

③ 규칙적인 계산식의 배열에서 계산 결과를 추측할 수 있어.

● 덧셈식과 뺄셈식의 배열에서 규칙 찾기

순서	덧셈식
첫째	$102 + 215 = 317$
둘째	$112 + 225 = 337$
셋째	$122 + 235 = 357$
넷째	$132 + 245 = 377$

규칙 각각 10씩 커지는 두 수의 합은 20씩 커집니다.

➡ 다섯째 덧셈식은 $142 + 255 = 397$입니다.

순서	뺄셈식
첫째	$830 - 620 = 210$
둘째	$730 - 520 = 210$
셋째	$630 - 420 = 210$
넷째	$530 - 320 = 210$

규칙 각각 100씩 작아지는 두 수의 차는 항상 같습니다.

➡ 다섯째 뺄셈식은 $430 - 220 = 210$입니다.

● 곱셈식과 나눗셈식의 배열에서 규칙 찾기

순서	곱셈식
첫째	$10 \times 20 = 200$
둘째	$10 \times 30 = 300$
셋째	$10 \times 40 = 400$
넷째	$10 \times 50 = 500$

규칙 10에 10씩 커지는 수를 곱하면 계산 결과는 100씩 커집니다.

➡ 다섯째 곱셈식은 $10 \times 60 = 600$입니다.

순서	나눗셈식
첫째	$200 \div 10 = 20$
둘째	$300 \div 10 = 30$
셋째	$400 \div 10 = 40$
넷째	$500 \div 10 = 50$

규칙 100씩 커지는 수를 10으로 나누면 계산 결과는 10씩 커집니다.

➡ 다섯째 나눗셈식은 $600 \div 10 = 60$입니다.

---

1 설명에 맞는 계산식을 찾아 기호를 써 보세요.

가
$$105 + 114 = 219$$
$$205 + 214 = 419$$
$$305 + 314 = 619$$
$$405 + 414 = 819$$

나
$$680 - 150 = 530$$
$$780 - 250 = 530$$
$$880 - 350 = 530$$
$$980 - 450 = 530$$

다
$$10 \times 11 = 110$$
$$20 \times 11 = 220$$
$$30 \times 11 = 330$$
$$40 \times 11 = 440$$

라
$$60 \div 10 = 6$$
$$70 \div 10 = 7$$
$$80 \div 10 = 8$$
$$90 \div 10 = 9$$

(1) 백의 자리 수가 각각 1씩 커지는 두 수의 합은 200씩 커집니다.　　(　　　　)

(2) 10씩 커지는 수에 11을 곱하면 계산 결과는 110씩 커집니다.　　(　　　　)

(3) 같은 자리의 수가 똑같이 커지는 두 수의 차는 항상 같습니다.　　(　　　　)

2 덧셈식의 배열을 보고 물음에 답하세요.

순서	덧셈식
첫째	$8000 + 3000 = 11000$
둘째	$8000 + 13000 = 21000$
셋째	$8000 + 23000 = 31000$
넷째	$8000 + 33000 = 41000$

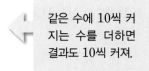

같은 수에 10씩 커지는 수를 더하면 결과도 10씩 커져.

(1) 덧셈식의 배열에서 규칙을 찾아 ☐ 안에 알맞은 수를 써넣으세요.

규칙   8000에 ☐ 씩 커지는 수를 더하면 계산 결과는 ☐ 씩 커집니다.

(2) 다섯째 덧셈식을 써 보세요.

덧셈식 ....

3 뺄셈식의 배열에서 규칙을 찾아 쓰고, 빈칸에 알맞은 뺄셈식을 써 보세요.

순서	뺄셈식
첫째	$900 - 101 = 799$
둘째	$800 - 101 = 699$
셋째	$700 - 101 = 599$
넷째	$600 - 101 = 499$
다섯째	

규칙 ....

4 나눗셈식의 배열에서 규칙을 찾아 계산 결과가 6006이 되는 나눗셈식을 써 보세요.

순서	나눗셈식
첫째	$111111 \div 111 = 1001$
둘째	$222222 \div 111 = 2002$
셋째	$333333 \div 111 = 3003$
넷째	$444444 \div 111 = 4004$

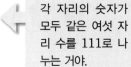

각 자리의 숫자가 모두 같은 여섯 자리 수를 111로 나누는 거야.

나눗셈식 ....

4 같습니다는 '=(등호)'로 나타내.

● 등호(=)를 사용하여 크기가 같은 두 양을 식으로 나타내기

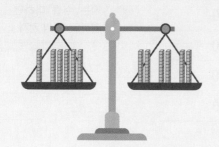

$$10 + 50 = 60$$
$$20 + 20 + 20 = 60$$
10+50과 20+20+20의 크기는 같습니다.

➡ $10 + 50 = 20 + 20 + 20$

> =도 >, < 처럼 두 양의 크기를 비교하는 기호야.

크기가 같은 두 양을 등호 ' = '를 사용하여 하나의 식으로 나타낼 수 있습니다.

---

1 연결 모형을 보고 물음에 답하세요.

(1) 연결 모형의 수가 몇 개인지 덧셈식으로 나타내 보세요.

 $1 + \boxed{} + \boxed{} = \boxed{}$

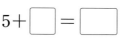 $5 + \boxed{} = \boxed{}$

> 계산 결과가 13인 두 식을 등호(=)의 양쪽에 써.

(2) 계산 결과가 같은 두 식을 등호(=)를 사용하여 하나의 식으로 나타내 보세요.

식 ....

---

2 두 곱의 크기를 비교하여 식으로 나타내려고 합니다. 물음에 답하세요.

(1) 그림을 보고 곱셈으로 나타내 보세요.

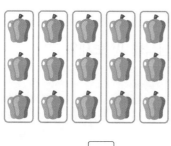   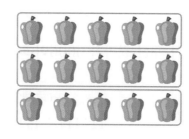

$3 \times \boxed{}$ $5 \times \boxed{}$

(2) 등호(=)를 사용하여 두 식을 하나의 식으로 나타내 보세요.

식 ....

5 '＝'가 있는 식은 '＝'의 양쪽이 같아.

● 계산하지 않고 옳은 식인지 알아보기

등호 양쪽의 수가 얼마만큼 커지고 작아졌는지 비교하여 옳은 식인지 판단합니다.

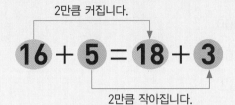

2만큼 커집니다.

16 ＋ 5 ＝ 18 ＋ 3

2만큼 작아집니다.

➡ 두 양이 같으므로 옳은 식입니다.

커진 만큼 작아지면 합이 같아.

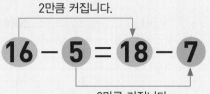

2만큼 커집니다.

16 － 5 ＝ 18 － 7

2만큼 커집니다.

➡ 두 양이 같으므로 옳은 식입니다.

같은 수만큼씩 커지면 차가 같아.

---

1 □ 안에 알맞은 수를 써넣고, 알맞은 말에 ○표 하세요.

(1) □만큼 (커집니다 , 작아집니다).

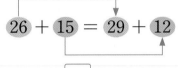

$26 ＋ 15 ＝ 29 ＋ 12$

□만큼 (커집니다 , 작아집니다).

(2) □만큼 (커집니다 , 작아집니다).

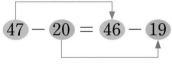

$47 － 20 ＝ 46 － 19$

□만큼 (커집니다 , 작아집니다).

---

2 $80 ÷ 40 ＝ 8 ÷ 4$가 옳은 식인지 확인하려고 합니다. □ 안에 알맞은 수를 써넣고, 알맞은 말에 ○표 하세요.

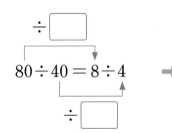

$÷ □$

$80 ÷ 40 ＝ 8 ÷ 4$

$÷ □$

➡ $80 ÷ 40 ＝ 8 ÷ 4$는 (옳은 , 옳지 않은) 식입니다.

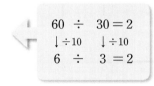

$60 ÷ 30 ＝ 2$
$↓ ÷10 \quad ↓ ÷10$
$6 ÷ 3 ＝ 2$

---

3 □ 안에 알맞은 수를 써넣어 옳은 식을 만들어 보세요.

(1) $11 ＝ □$

(2) $28 ＝ 28 － □$

(3) $6 ＋ 37 ＝ 37 ＋ □$

(4) $13 × 5 ＝ □ × 13$

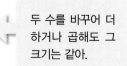

두 수를 바꾸어 더하거나 곱해도 그 크기는 같아.

─ **1** 수의 배열에서 규칙 찾기 ──────────

1 수 배열표를 보고 빈칸에 알맞은 수를 써넣고, 규칙을 써 보세요.

▶ 수가 오른쪽으로는 커지고, 아래쪽으로는 작아져.

1250	2500	5000	10000	20000
250	500	1000	2000	4000
50		200	400	800
10	20	40		160
	4	8	16	32

가로 규칙 오른쪽으로 ☐씩 곱합니다.

세로 규칙 아래쪽으로 ☐씩 나눕니다.

2 수 배열표의 일부입니다. ㉠과 ㉡에 알맞은 수를 각각 구해 보세요.

▶ 오른쪽과 아래쪽으로 각각 어느 자리의 수가 커지고 있는지 찾아봐.

3014	4014	5014	6014		
		5114	㉠	7114	8114
	4214	5214	6214	㉡	

㉠ (　　　　　　　　), ㉡ (　　　　　　　　)

3 수 배열표를 보고 물음에 답하세요.

▶ 11 × 201은 201 × 11로 바꾸어 계산할 수 있어.

	201	202	203	204	205	206	207	208	209
11	1	2	3	4	5	6	7	8	9
12	2	4	6	8	0	2	4	6	
13	3	6	9	■	5	8			
14	4	8	2	6	0				●

(1) 수 배열표를 보고 규칙을 찾아 ☐ 안에 알맞은 말을 써넣으세요.

규칙 두 수의 곱셈 결과에서 ☐의 자리 숫자를 씁니다.

(2) ■와 ●에 알맞은 수를 각각 구해 보세요.

■ (　　　　　　　　), ● (　　　　　　　　)

📎탄탄북

4 수 배열표를 보고 물음에 답하세요.

■				
4752	4753	4754	4755	4756
5752	5753	5754	5755	5756
6752	6753	6754	6755	6756
7752	7753	7754	7755	7756
8752	8753	8754	8755	8756

(1) 규칙에 알맞은 수 배열을 찾아 색칠해 보세요.

규칙   8756부터 시작하여 1001씩 작아집니다.

(2) 수 배열의 규칙에 맞게 ■에 알맞은 수를 구해 보세요.

(   )

▶ 가장 큰 수인 8756을 찾은 후 규칙에 따라 위쪽 또는 왼쪽 또는 ╲ 방향으로 색칠해.

☺ 내가 만드는 문제

5 규칙을 정하여 수를 배열하고 배열한 규칙을 써 보세요.

64 — ▢ — ▢ — ▢ — ▢

규칙 ....

▶ 수가 커지거나 작아지는 규칙을 생각해.

6

🎓 **회전하는 수 배열에서 찾을 수 있는 규칙은 무엇일까?**

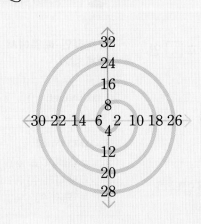

규칙

• 2부터 시작하여 ◎ 방향으로 ▢ 씩 커집니다.

• 6부터 시작하여 ← 방향으로 ▢ 씩 커집니다.

• 8부터 시작하여 ↑ 방향으로 ▢ 씩 커집니다.

→ 방향, ↓ 방향의 규칙도 생각해 봐.

6 모양의 배열을 보고 물음에 답하세요.

첫째　　둘째　　셋째　　넷째　　다섯째

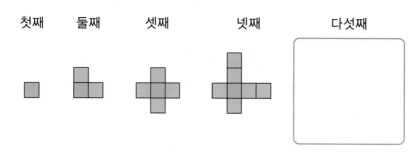

앞의 모양과 다음 모양의 달라진 부분을 비교하면 규칙을 쉽게 알 수 있어.

첫째　　둘째　　셋째

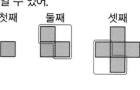

(1) 모양의 배열에서 사각형이 몇 개씩 늘어날까요?

(　　　　　　　)

(2) 다섯째에 알맞은 모양을 위의 빈칸에 그리고, 사각형은 몇 개인지 구해 보세요.

(　　　　　　　)

7 모양의 배열을 보고 물음에 답하세요.

(1) 모양의 배열에서 규칙을 찾아 셋째와 넷째에 알맞은 식과 수를 써넣으세요.

모형을 묶어 봐.

첫째　　둘째　　셋째

순서	첫째	둘째	셋째	넷째
배열				
식	1×4	2×4	3×4	
수	4	8		

(2) 규칙에 따라 다섯째에 알맞은 모양에서 모형은 몇 개인지 구해 보세요.

(　　　　　　　)

7➕ 식탁 수와 의자 수 사이의 대응 관계를 나타낸 것입니다. 표를 완성하고 □ 안에 알맞은 수를 써넣으세요.

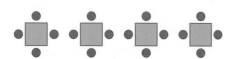

식탁 수(개)	1	2	3	4
의자 수(개)	4			

➡ 의자 수는 식탁 수의 □배입니다.

5학년 1학기 때 만나!

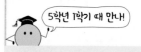

규칙적인 배열에서 대응 관계 찾기

돼지 수(마리)	1	2	3
돼지 다리 수(개)	4	8	12

➡ (돼지 수)×4
＝(돼지 다리 수),
(돼지 다리 수)÷4
＝(돼지 수)

8 규칙을 찾아 빈칸에 알맞은 모양을 그리고 ☐ 안에 알맞은 수를 써넣으세요.

▶ 사각형이 왼쪽, 위쪽, 오른쪽으로 각각 1개씩 늘어나고 있어.

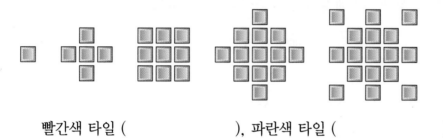

1   4   7   10

🔗 탄탄북

9 두 가지 색의 타일을 규칙적으로 붙여 나갈 때, 다음에 이어질 모양에서 빨간색 타일과 파란색 타일은 각각 몇 개인지 구해 보세요.

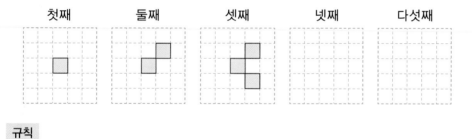

빨간색 타일 (   ), 파란색 타일 (   )

😊 내가 만드는 문제

10 규칙을 정하여 모양을 배열하고 배열한 규칙을 써 보세요.

▶ 자유롭게 모양을 배열하지만 규칙이 꼭 있어야 해.

첫째   둘째   셋째   넷째   다섯째

규칙 ....

6

🎓 **모양의 배열을 식으로 나타낼 수 있을까?**

삼각형 모양에 있는 수				사각형 모양에 있는 수			
첫째	둘째	셋째	넷째	첫째	둘째	셋째	넷째

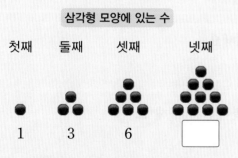

1   3   6   ☐

➡ 바둑돌의 수를 식으로 나타내면
1, 1＋2, 1＋2＋3, 1＋2＋3＋4입니다.

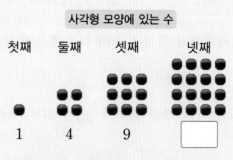

1   4   9   ☐

➡ 바둑돌의 수를 식으로 나타내면
1×1, 2×2, 3×3, 4×4입니다.

💬 바둑돌의 수가 일정하게 늘어나므로 덧셈식 또는 곱셈식으로 나타낼 수 있어.

11 계산식의 배열에서 규칙을 찾아 빈칸에 알맞은 식을 써넣으세요.

(1)

$$505 \div 5 = 101$$
$$5005 \div 5 = 1001$$
$$50005 \div 5 = 10001$$
$$\boxed{} = 100001$$

(2)

$$21 \times 9 = 189$$
$$321 \times 9 = 2889$$
$$4321 \times 9 = 38889$$
$$\boxed{} = 488889$$

▶ 변하는 부분과 변하지 않는 부분을 확인하면 규칙을 쉽게 찾을 수 있어.

12 뺄셈식의 배열에서 규칙을 찾아 빈칸에 알맞은 뺄셈식을 써넣으세요.

순서	뺄셈식
첫째	$9 - 1 = 8$
둘째	$99 - 12 = 87$
셋째	$999 - 123 = 876$
넷째	$9999 - 1234 = 8765$
다섯째	

13 덧셈식의 배열을 보고 물음에 답하세요.

순서	덧셈식
첫째	$1 + 3 + 5 + 7 + 9 = 25$
둘째	$3 + 5 + 7 + 9 + 11 = 35$
셋째	$5 + 7 + 9 + 11 + 13 = 45$
넷째	$7 + 9 + 11 + 13 + 15 = 55$

▶ 2씩 커지는 수 5개를 더하는 것이므로 계산 결과는 2를 5번 더한 수만큼씩 커져.

(1) 덧셈식의 배열에서 규칙을 찾아 다섯째 덧셈식을 써 보세요.

> 덧셈식 ....

(2) 찾은 규칙에 따라 계산 결과가 85가 되는 덧셈식은 몇째인지 구해 보세요.

(   )

탄탄북

14 곱셈식의 배열에서 규칙을 찾아 계산 결과가 12345676543210 되는 곱셈식을 써 보세요.

순서	곱셈식
첫째	$1 \times 1 = 1$
둘째	$11 \times 11 = 121$
셋째	$111 \times 111 = 12321$
넷째	$1111 \times 1111 = 1234321$

곱셈식 _____

▶ $\underset{\text{1이 1개}}{1} \times \underset{\text{1이 1개}}{1} = 1$

$\underset{\text{1이 2개}}{11} \times \underset{\text{1이 2개}}{11} = 121$

⋮

😊 내가 만드는 문제

15 보기 와 같이 규칙적인 나눗셈식을 만들어 보세요.

보기

$1515 \div 3 = 505$

$15015 \div 3 = 5005$

$150015 \div 3 = 50005$

$1500015 \div 3 = 500005$

| ☐ ÷ 6 = ☐ |
| ☐ ÷ 6 = ☐ |
| ☐ ÷ 6 = ☐ |
| ☐ ÷ 6 = ☐ |

▶ $15 = 3 \times 5$이므로
1515는 3으로 나누어져.
$18 = 6 \times 3$이므로
1818은 6으로 나누어질 거야.

🎓 계산 결과만 보고 계산식을 찾을 수 있을까?

순서	뺄셈식
첫째	$990 - 311 = 679$
둘째	$980 - 322 = 658$
셋째	$970 - 333 = 637$
넷째	$960 - 344 = 616$
다섯째	$950 - 355 = 595$

규칙 10씩 작아지는 수에서 11씩 커지는 수를 빼면 계산 결과는 ☐씩 작아집니다.

➡ 계산 결과가 553이 되는 뺄셈식은 (여섯째 , 일곱째)입니다.

☐ − ☐ = 553

식을 하나하나 계산할 건 아니지?

6. 규칙 찾기 **153**

4 등호(＝)가 있는 식 알아보기(1)

16 보기 에서 크기가 같은 두 양을 찾아 등호(＝)를 사용하여 하나의 식으로 나타내 보세요.

▶ 어떤 수에 1을 곱하거나 1로 나누면 계산 결과는 어떤 수야.

보기
| 9＋1 | 9－1 | 9×1 | 9÷1 |

식 ....

17 크기가 같은 양을 등호(＝)를 사용하여 식으로 나타내려고 합니다. 물음에 답하세요.

(1) 30을 두 수로 가르기하고 식으로 나타내 보세요.

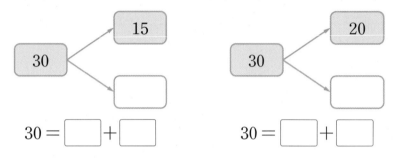

30 ＝ ☐ ＋ ☐   30 ＝ ☐ ＋ ☐

(2) 등호(＝)를 사용하여 (1)에서 만든 두 식을 하나의 식으로 나타내 보세요.

▶ 크기가 같은 두 양을 등호(＝)의 양쪽에 써.

식 ....

18 크기가 같은 양끼리 이어 보고, 등호(＝)를 사용하여 하나의 식으로 각각 나타내 보세요.

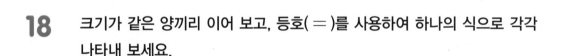

50	●		●	20＋20	식 ....
22＋13	●		●	75－25	식 ....
10×4	●		●	20＋15	식 ....

19 계산 결과가 18이 되는 식을 모두 찾아 ○표 하고, 등호(＝)를 사용하여 하나의 식으로 나타내 보세요.

▶ 4개의 식을 각각 계산해 봐.

| 10＋10－2 | 30－22 | 6×3 | 40÷5 |

식 ....

20 주어진 카드를 사용하여 식을 완성해 보세요. (단, 카드를 여러 번 사용할 수 있습니다.)

▶ 수, 기호 카드를 두 번씩 사용해도 돼.

식 ☐ ☐ ☐ = ☐ ☐ ☐

식 ☐ ☐ ☐ = ☐ ☐ ☐

☺ 내가 만드는 문제

21 계산 결과가 25가 되는 서로 다른 식을 빈칸에 쓰고 등호(=)를 사용하여 두 식을 하나의 식으로 나타내 보세요.

▶ +, −, ×, ÷를 사용하여 식을 써.

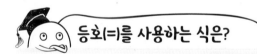

25   20+5   ☐

☐   ☐

☐   ☐

식 _____ , 식 _____

식 _____ , 식 _____

6

등호(=)를 사용하는 식은?

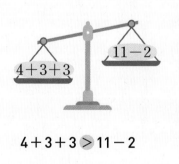

4+3+3 〉 11−2

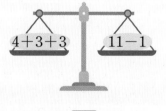

4+3+3 ☐ 11−1

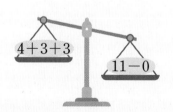

4+3+3 〈 11−0

두 양의 크기가 다르면 〉 또는 〈를, 두 양의 크기가 같으면 =를 사용해.

22 12 ＝ 6＋6은 옳은 식입니다. 다음 식이 옳은 식인지 옳지 않은 식인지 ○표 하세요.

▶ 등호 양쪽에서 각각 2를 뺐어.

$$12-2 = 6+6-2$$

(옳은 , 옳지 않은) 식입니다.

23 29＋55 ＝ 19＋45에 대해 바르게 말한 사람은 누구일까요?

▶ 덧셈에서는 커진 만큼 작아지면 합이 같아.

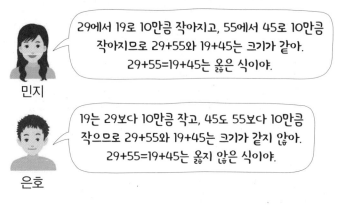

민지: 29에서 19로 10만큼 작아지고, 55에서 45로 10만큼 작아지므로 29+55와 19+45는 크기가 같아. 29+55=19+45는 옳은 식이야.

은호: 19는 29보다 10만큼 작고, 45도 55보다 10만큼 작으므로 29+55와 19+45는 크기가 같지 않아. 29+55=19+45는 옳지 않은 식이야.

(   )

🔗 탄탄북

24 옳은 식을 모두 찾고 함께 쓰인 글자로 단어를 만들어 보세요.

▶ 등호(＝) 왼쪽과 오른쪽에 있는 식을 잘 살펴봐.

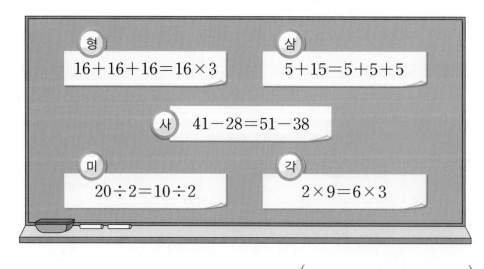

형 $16+16+16 = 16×3$

삼 $5+15 = 5+5+5$

사 $41-28 = 51-38$

미 $20÷2 = 10÷2$

각 $2×9 = 6×3$

(   )

25 ☐ 안에 알맞은 수를 구하려고 합니다. 바르게 구한 것을 찾아 기호를 써 보세요.

$$43-18=☐-15$$

> ㉠ $43-18=25$이므로 ☐ 안에 알맞은 수는 25입니다.
>
> ㉡ 15는 18보다 3만큼 더 작은 수이므로 ☐ 안에 알맞은 수는 43보다 3만큼 더 큰 수인 46입니다.
>
> ㉢ 15는 18보다 3만큼 더 작은 수이므로 ☐ 안에 알맞은 수는 43보다 3만큼 더 작은 수인 40입니다.

(   )

▶ 같은 수만큼씩 작아지면 차가 같아.

26 옳은 식이 되도록 ☐ 안에 알맞은 수를 써넣으세요.

(1) $24+9=☐+4+9$

(2) $17×7=7×☐$

(3) $40-☐=30-21$

(4) $18+18=8+☐$

▶ 계산하지 않고 등호(=) 양쪽의 수를 비교해서 알 수 있어.

 내가 만드는 문제

27 다음 식에서 수 하나를 고쳐 옳은 식을 2가지 만들어 보세요.

$$20÷5=60÷10$$

옳은 식 _____ , _____

▶ 나누어지는 수와 나누는 수 사이의 관계를 생각해.

6

 등호(=)를 사용하여 옳은 식을 만드는 방법은?

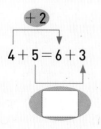

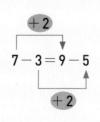

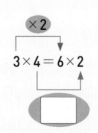

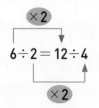

덧셈식과 곱셈식에서는 기호가 반대로 바뀌어.

① 수의 배열에서 다음에 올 수 구하기

1
준비

수의 배열에서 규칙을 찾아 ☐ 안에 알맞은 수를 써넣으세요.

6 — 12 — 18 — 24 — 30

규칙 ☐ 부터 시작하여 오른쪽으로 ☐ 씩 커집니다.

2
확인

수의 배열에서 규칙을 찾아 쓰고 다음에 올 수를 구해 보세요.

1	2	5	10	17	26

규칙 ....

....

(   )

3
완성

규칙에 따라 수를 배열하였습니다. 다음에 올 수를 구해 보세요.

1	1	2	3	5	8	13	21

(   )

② 다음에 올 수의 배열 구하기

4
준비

수의 배열에서 규칙에 맞게 빈칸에 알맞은 수를 써넣으세요.

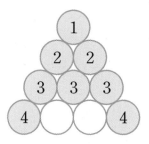

5
확인

수의 배열에서 규칙에 맞게 빈칸에 알맞은 수를 써넣으세요.

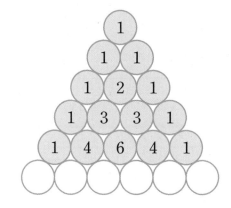

6
완성

수의 배열에서 규칙에 맞게 빈칸에 알맞은 수를 써넣으세요.

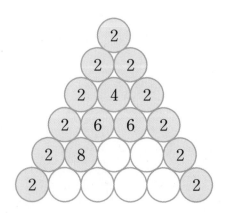

3 계산하지 않고 등호(＝)가 있는 식 완성하기

7
준비

□ 안에 알맞은 수를 써넣으세요.

$$15 \times 6 = 5 \times \boxed{}$$

8
확인

등호(＝)가 있는 식을 완성하려고 합니다. ■ 와 ▲에 알맞은 수의 합을 구해 보세요.

㉠ $51 \div 3 = 102 \div$ ■
㉡ $27 \times 14 = 54 \times$ ▲

( )

9
완성

감자와 고구마가 같은 수만큼 있습니다. 감자를 한 봉지에 8개씩 20봉지를 담았습니다. 고구마를 한 봉지에 16개씩 담는다면 봉지는 몇 개 필요할까요?

( )

4 모양의 배열에서 규칙 찾기

10
준비

규칙에 따라 사각형(■)을 배열하였습니다. 다섯째에 알맞은 모양에서 사각형은 몇 개일까요?

첫째　　둘째　　셋째　　넷째

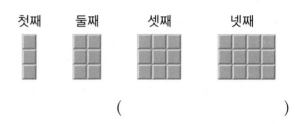

( )

11
확인

규칙에 따라 초록색 사각형(■)과 보라색 사각형(■)을 번갈아 배열하였습니다. 다음에 배열할 사각형은 무슨 색이고 몇 개일까요?

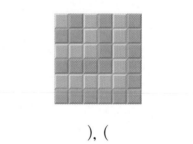

( ), ( )

12
완성

규칙에 따라 모양을 배열하였습니다. 여섯째에 알맞은 모양에서 파란색 사각형(■)과 노란색 사각형(■)은 각각 몇 개일까요?

첫째　　둘째　　셋째　　넷째

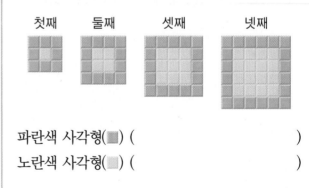

파란색 사각형(■) ( )
노란색 사각형(■) ( )

5 바둑돌의 배열에서 규칙 찾기

13 규칙에 따라 바둑돌을 배열하였습니다. 25개의 바둑돌을 배열한 모양은 몇째일까요?

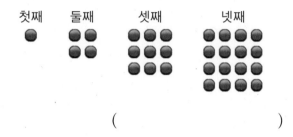

첫째　둘째　셋째　넷째

(　　　　　　)

14 규칙에 따라 바둑돌을 배열하였습니다. 16개의 바둑돌을 배열한 모양은 몇째일까요?

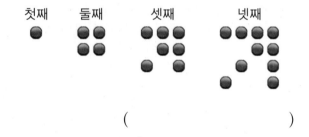

첫째　둘째　셋째　넷째

(　　　　　　)

15 규칙에 따라 바둑돌을 배열하였습니다. 흰색 바둑돌이 15개 놓이는 모양에서 검은색 바둑돌은 몇 개일까요?

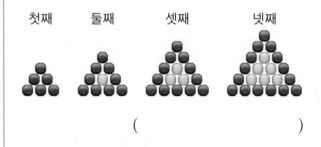

첫째　둘째　셋째　넷째

(　　　　　　)

6 규칙적인 계산식 구하기

16 곱셈식의 배열에서 규칙을 찾아 빈칸에 알맞은 곱셈식을 써넣으세요.

순서	곱셈식
첫째	$9 \times 9 = 81$
둘째	$99 \times 99 = 9801$
셋째	$999 \times 999 = 998001$
넷째	$9999 \times 9999 = 99980001$
다섯째	

17 나눗셈식의 배열에서 규칙을 찾아 계산 결과가 54가 되는 나눗셈식을 써 보세요.

순서	나눗셈식
첫째	$111111111 \div 12345679 = 9$
둘째	$222222222 \div 12345679 = 18$
셋째	$333333333 \div 12345679 = 27$
넷째	$444444444 \div 12345679 = 36$

나눗셈식 ....

18 계산식의 배열에서 규칙을 찾아 계산 결과가 9876543이 되는 계산식을 써 보세요.

순서	계산식
첫째	$1 \times 8 + 1 = 9$
둘째	$12 \times 8 + 2 = 98$
셋째	$123 \times 8 + 3 = 987$
넷째	$1234 \times 8 + 4 = 9876$

계산식 ....

7 생활에서 규칙적인 계산식 찾기

19
준비

공연장 좌석 번호를 보고 규칙적인 계산식을 찾아 ☐ 안에 알맞은 수를 써넣으세요.

무대

1	2	3	4	5	6	7	8	9	10
11	12	13	14	15	16	17	18	19	20
21	22	23	24	25	26	27	28	29	30

$12-2 = 14-\boxed{}$

$21-11 = \boxed{}-18$

$30-\boxed{} = 26-6$

20
확인

승강기 버튼의 수 배열에서 규칙적인 계산식을 찾아 ☐ 안에 알맞은 수를 써넣으세요.

$2+18 = 10\times\boxed{}$

$7+23 = 15\times\boxed{}$

$4+\boxed{} = 12\times 2$

$6+22 = \boxed{}\times 2$

8	16	24
7	15	23
6	14	22
5	13	21
4	12	20
3	11	19	🔔
2	10	18	▶◀
1	9	17	◀▶

6

21
완성

계산기 버튼의 수 배열에서 보기 와 같이 규칙적인 계산식을 찾아 써 보세요.

보기
1, 2, 3
→ $1+2+3 = 2\times 3$

$\boxed{}$, $\boxed{}$, $\boxed{}$

→ ....

단원 평가

점수 | 확인

[1~2] 수 배열표를 보고 물음에 답하세요.

1005	1105	1205	1305	1405
2005	2105	2205	2305	2405
3005	3105	3205	3305	3405
4005	4105	4205	4305	4405
5005	5105	5205	5305	5405

1 ▢에서 규칙을 찾아 ▢ 안에 알맞은 수를 써넣으세요.

규칙 1005부터 시작하여 오른쪽으로 ▢씩 커집니다.

2 색칠된 칸에서 규칙을 찾아 ▢ 안에 알맞은 수를 써넣으세요.

규칙 1005부터 시작하여 ↘ 방향으로 ▢씩 커집니다.

3 옳은 식을 모두 찾아 ○표 하세요.

$20 = 20$	$11 + 22 = 15 + 26$
$50 \div 5 = 64 \div 8$	$6 \times 12 = 18 \times 4$
$26 + 2 + 7 = 28 + 7$	$40 - 10 = 35 - 15$

4 수 배열표의 일부입니다. ◆와 ★에 알맞은 수를 각각 구해 보세요.

886	876	◆	856	846
		766	756	746	★

◆ (   )

★ (   )

5 덧셈식의 배열에서 규칙에 따라 ▢ 안에 알맞은 수를 써넣으세요.

$$400 + 500 = 900$$
$$500 + 600 = \boxed{}$$
$$600 + \boxed{} = 1300$$
$$\boxed{} + 800 = \boxed{}$$

6 $10 = 2 \times 5$는 옳은 식입니다. 다음 식이 옳은 식인지 옳지 않은 식인지 ○표 하세요.

$$10 \times 3 = 2 \times 5 \times 3$$

(옳은 , 옳지 않은) 식입니다.

7 수의 배열에서 규칙을 찾아 빈칸에 알맞은 수를 써넣으세요.

240 — 120 — 60 — ▢ — 15

8 수 배열표에서 규칙을 찾아 빈칸에 알맞은 수를 써넣으세요.

	1	3	5	7
30	30	90	150	
40	40		200	280
50		150	250	350
60	60	180		420

[9~10] 모양의 배열을 보고 물음에 답하세요.

첫째 　둘째 　　셋째 　　　　넷째

9 모양의 배열에서 규칙을 찾아 □ 안에 알맞은 수를 써넣으세요.

> 규칙을 찾아 사각형(■)의 수를 식으로 나타내면 첫째는 1, 둘째는 1＋3, 셋째는 1＋3＋□, 넷째는 1＋3＋□＋□입니다.

10 다섯째에 알맞은 모양을 그려 보세요.

[11~12] 곱셈식의 배열을 보고 물음에 답하세요.

순서	곱셈식
첫째	$1 \times 12 = 12$
둘째	$11 \times 12 = 132$
셋째	$111 \times 12 = 1332$
넷째	$1111 \times 12 = 13332$

11 곱셈식의 배열에서 규칙을 찾아 써 보세요.

규칙

12 다섯째 곱셈식을 써 보세요.

곱셈식

13 규칙을 찾아 빈칸에 알맞은 모양을 그리고, □ 안에 알맞은 수를 써넣으세요.

첫째 　둘째 　　셋째 　　　　넷째

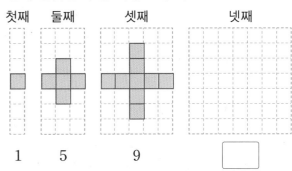

1　　　5　　　9　　　　□

14 계산 결과가 같은 식을 모두 찾아 등호(＝)를 사용하여 하나의 식으로 나타내 보세요.

$60 \div 2$	$20 + 3$	$15 + 5$
$40 - 0$	$10 + 10 + 10$	$30 - 10 + 3$

식 _____

식 _____

15 나눗셈식의 배열에서 규칙을 찾아 □ 안에 알맞은 수를 써넣으세요.

$$636 \div 6 = 106$$
$$6036 \div 6 = 1006$$
$$60036 \div 6 = 10006$$
$$600036 \div 6 = 100006$$
$$\boxed{} \div \boxed{} = 1000006$$

16 　 안의 수를 바르게 고쳐 옳은 식을 만들어 보세요.

(1) $27 + 35 =$ 30 $+ 38$

옳은 식 _____

(2) $46 -$ 20 $= 40 - 13$

옳은 식 _____

(3) $9 \times 11 = 3 \times$ 22

옳은 식 _____

17 승강기 버튼의 수 배열에서 규칙적인 계산식을 찾아 써 보세요.

계산식 _____

_____

18 계산식의 배열에서 규칙을 찾아 계산 결과가 $11111111 - 8$이 되는 계산식을 써 보세요.

순서	계산식
첫째	$1 \times 9 = 11 - 2$
둘째	$12 \times 9 = 111 - 3$
셋째	$123 \times 9 = 1111 - 4$
넷째	$1234 \times 9 = 11111 - 5$

계산식 _____

19 수 배열표의 일부가 찢어졌습니다. 수 배열에서 규칙을 찾아 ▲에 알맞은 수를 구하려고 합니다. 풀이 과정을 쓰고 답을 구해 보세요.

2	12	32	62	102
102	112	132	162	202
302	312	332	362	402
602	612	632	662	▲
1002				

풀이 _____

_____

_____

답 _____

20 바둑돌의 배열을 보고 규칙을 찾아 다섯째에 놓일 검은색 바둑돌과 흰색 바둑돌은 각각 몇 개인지 풀이 과정을 쓰고 답을 구해 보세요.

풀이 _____

_____

_____

_____

답 검은색: _____ , 흰색: _____

사고력이 반짝

※ 수아와 하영이가 말하는 것은 항상 옳은 정보입니다.
동균이가 말하는 것은 항상 거짓 정보입니다.

● 누가 과자를 먹었을까요?

나는 먹지
않았어.

수아

동균이는
먹지 않았어.

하영

수아가
먹었어.

동균

● 누구의 키가 가장 큽니까?

동균이가 가장
큰 건 아니야.

수아

내가 가장
큰 건 아니야.

하영

내가
가장 커.

동균

계산이 아닌   개념을 깨우치는

수학을 품은 연산

디딤돌
연산
수학

1~6학년(학기용)

수학 공부의 새로운 패러다임

차례

수학 좀 한다면

초등수학

기본탄탄북

$$\frac{4}{1}$$

- **개념 적용 복습** | 진도책의 개념 적용에서 틀리기 쉽거나 중요한 문제들을 다시
  한번 풀어 보세요.

- **서술형 문제** | 쓰기 쉬운 서술형 문제로 수학적 의사표현 능력을 키워 보세요.

- **수행 평가** | 수시평가를 대비하여 꼭 한번 풀어 보세요.
  시험에 대한 자신감이 생길 거예요.

- **총괄 평가** | 최종적으로 모든 단원의 문제를 풀어 보면서 실력을 점검해 보세요.

➕ 개념 적용

1

진도책 19쪽
20번 문제

백억의 자리 숫자가 가장 큰 수를 찾아 기호를 써 보세요.

> ㉠ 15704328500 ㉡ 억이 260개인 수
> ㉢ 643107491000 ㉣ 억이 3016개, 만이 1800개인 수

🎓 **어떻게 풀었니?**

수로 나타낸 각 수의 백억의 자리 숫자를 알아보자!

㉠ 157│0432│8500에서 백억의 자리 숫자는 □(이)야.
　　억　　만

㉡ 억이 260개인 수는 □□□억이니까 □│□│□에서
　　　　　　　　　　　　　　　　　　억　　만
백억의 자리 숫자는 □(이)야.

㉢ 6431│0749│1000에서 백억의 자리 숫자는 □(이)야.
　　억　　만

㉣ 억이 3016개, 만이 1800개인 수는 □억 □만이니까

□│□│□에서 백억의 자리 숫자는 □(이)야.
억　　만

아~ 백억의 자리 숫자가 가장 큰 수는 □이구나!

2

십억의 자리 숫자가 가장 큰 수를 찾아 기호를 써 보세요.

> ㉠ 억이 867개인 수 ㉡ 7362408159
> ㉢ 63920815473 ㉣ 억이 4051개, 만이 9365개인 수

(　　　　　　　)

3

숫자 8이 나타내는 값이 가장 큰 수를 찾아 기호를 써 보세요.

> ㉠ 8635742094 ㉡ 754876109552
> ㉢ 380527649315 ㉣ 874930652

(　　　　　　　)

4

진도책 21쪽
27번 문제

다음 수를 10배 한 수에서 숫자 6이 나타내는 값은 얼마일까요?

18조 1065억

어떻게 풀었니?

주어진 수를 10배 한 수를 알아보자!

어떤 수를 10배 한 수를 구하려면 어떤 수 뒤에 0을 한 개 붙이면 돼.

18조 1065억을 수로 쓰면 [   ](이)니까

10배 한 수는 [   ](이)야.

이 수를 일의 자리부터 네 자리씩 끊어 표시해 보면

[ ]	[ ]	[ ]	[ ]
조	억	만	

(이)니까 숫자 6은 [   ]의 자리 숫자라는 걸 알 수 있지.

아~ 주어진 수를 10배 한 수에서 숫자 6이 나타내는 값은 [   ](이)구나!

5 다음 수를 100배 한 수에서 숫자 3이 나타내는 값은 얼마일까요?

9조 317억

(   )

6 다음 수를 10배 한 수에서 숫자 7이 나타내는 값은 얼마일까요?

조가 132개, 억이 796개인 수

(   )

7

진도책 25쪽
5번 문제

㉠에서 1000억씩 뛰어 세기를 3번 하였더니 다음과 같았습니다. ㉠에 알맞은 수를 구해 보세요.

| ㉠ | | | 8조 6240억 |

😊 어떻게 풀었니?

거꾸로 뛰어 세기를 해 보자!

㉠에서 1000억씩 뛰어 세기를 3번 하여 8조 6240억이 되었으니까

㉠은 8조 6240억에서 1000억씩 거꾸로 3번 뛰어 센 수야.

1000억씩 거꾸로 뛰어 세면 [ ]의 자리 수가 1씩 작아져.

| 8조 6240억 | | | |
| | (1번) | (2번) | (3번) |

아~ ㉠에 알맞은 수는 [   ]이구나!

---

8 ㉠에서 10조씩 뛰어 세기를 3번 하였더니 다음과 같았습니다. ㉠에 알맞은 수를 구해 보세요.

| ㉠ | | | 327조 4500억 |

(   )

---

9 어떤 수에서 20억씩 거꾸로 뛰어 세기를 3번 한 수가 1850억이었습니다. 어떤 수를 구해 보세요.

(   )

---

10 어떤 수에서 100억씩 뛰어 세기를 4번 한 수가 12조 890억이었습니다. 어떤 수에서 10억씩 뛰어 세기를 3번 한 수는 얼마인지 구해 보세요.

(   )

11

진도책 27쪽
11번 문제

큰 수부터 차례로 기호를 써 보세요.

> ㉠ 42조 8600억 ㉡ 428000000000
> ㉢ 사십조 구천오백사십팔억 ㉣ 사조 구백구십억

어떻게 풀었니?

수로 나타내 자리 수를 비교해 보자!

㉠ 42조 8600억 ➡ [   ] ([ ] 자리 수)

㉡ 4280 0000 0000(12자리 수)

㉢ 사십조 구천오백사십팔억 ➡ [   ] ([ ] 자리 수)

㉣ 사조 구백구십억 ➡ [   ] ([ ] 자리 수)

자리 수가 다르면 자리 수가 많을수록 큰 수이므로 [ ]이 가장 작고, [ ]이 둘째로 작아.

[ ]과 [ ]은 자리 수가 같고, 십조의 자리 수가 같으므로 조의 자리 수를 비교하면

[ ] > [ ] (이)니까 [ ]이 더 커.

아~ 큰 수부터 차례로 기호를 쓰면 [ ], [ ], [ ], [ ]이구나!

12

큰 수부터 차례로 기호를 써 보세요.

> ㉠ 오조 구천구백구십구억 ㉡ 513조 6900억
> ㉢ 513970000000000 ㉣ 오십칠조 구천팔백삼억

(   )

13

더 큰 수의 기호를 써 보세요.

> ㉠ 이십팔조 삼백오억을 10배 한 수
> ㉡ 2조 8040억을 100배 한 수

(   )

쓰기 쉬운 서술형

1 수로 나타냈을 때 0의 개수 구하기

억이 15개, 만이 207개, 일이 540개인 수를 10자리 수로 나타냈을 때 0은 모두 몇 개인지 풀이 과정을 쓰고 답을 구해 보세요.

주어진 수를 10자리 수로 나타내면?

읽지 않은 자리에는 0을 써!

무엇을 쓸까?
1. 억이 15개, 만이 207개, 일이 540개인 수를 10자리 수로 나타내기
2. 0의 개수 구하기

풀이 예 억이 15개, 만이 207개, 일이 540개인 수는 (   )억 (   )만 (   )

이므로 10자리 수로 나타내면 (   )입니다. --- ❶

따라서 10자리 수로 나타냈을 때 0은 모두 (   )개입니다. --- ❷

답

1-1

다음을 11자리 수로 나타냈을 때 0은 모두 몇 개인지 풀이 과정을 쓰고 답을 구해 보세요.

억이 630개, 만이 19개, 일이 28개인 수

무엇을 쓸까?
1. 억이 630개, 만이 19개, 일이 28개인 수를 11자리 수로 나타내기
2. 0의 개수 구하기

풀이

답

2 숫자가 나타내는 값 알아보기

㉠이 나타내는 값은 ㉡이 나타내는 값의 몇 배인지 풀이 과정을 쓰고 답을 구해 보세요.

157863459206	6397820514
㉠	㉡

㉠과 ㉡은 각각 어떤 자리 숫자?

> 같은 숫자라도 자리에 따라
> 나타내는 값이 달라!

무엇을 쓸까? ❶ ㉠과 ㉡이 나타내는 값 각각 구하기

❷ ㉠이 나타내는 값은 ㉡이 나타내는 값의 몇 배인지 구하기

풀이 예 ㉠은 (   )의 자리 숫자이므로 (   )을 나타내고,

㉡은 (   )의 자리 숫자이므로 (   )을 나타냅니다. ⋯ ❶

따라서 ㉠이 나타내는 값은 ㉡이 나타내는 값의 (   )배입니다. ⋯ ❷

답 _____

2-1

㉡이 나타내는 값은 ㉠이 나타내는 값의 몇 배인지 풀이 과정을 쓰고 답을 구해 보세요.

736451289	463107569280
㉠	㉡

무엇을 쓸까? ❶ ㉠과 ㉡이 나타내는 값 각각 구하기

❷ ㉡이 나타내는 값은 ㉠이 나타내는 값의 몇 배인지 구하기

풀이 _____

_____

_____

답 _____

3 수 카드로 수 만들기

수 카드 3 , 8 , 5 , 2 , 4 , 1 을 모두 한 번씩만 사용하여 만들 수 있는 여섯 자리 수 중에서 만의 자리 숫자가 3인 가장 큰 수는 얼마인지 풀이 과정을 쓰고 답을 구해 보세요.

여섯 자리 수 □□□□□□에서
만의 자리는?

가장 큰 수를 만들려면
높은 자리부터 큰 수를 놓아야 해!

무엇을 쓸까? ❶ 만의 자리 숫자가 3인 여섯 자리 수 쓰기

❷ 만들 수 있는 가장 큰 수 구하기

→ 만의 자리에 3을 써넣고,
나머지는 빈칸으로 둡니다.

풀이 예 만의 자리 숫자가 3인 여섯 자리 수는 □□□□□□입니다. ⋯ ❶

가장 큰 수는 나머지 빈칸에 높은 자리부터 큰 수를 차례로 써넣으면 되므로 만의 자리 숫자가

3인 가장 큰 수는 ( )입니다. ⋯ ❷

답

3-1

수 카드를 모두 한 번씩만 사용하여 만들 수 있는 여덟 자리 수 중에서 십만의 자리 숫자가 2인 가장 큰 수는 얼마인지 풀이 과정을 쓰고 답을 구해 보세요.

무엇을 쓸까? ❶ 십만의 자리 숫자가 2인 여덟 자리 수 쓰기

❷ 만들 수 있는 가장 큰 수 구하기

풀이

답

3-2 수 카드를 모두 한 번씩만 사용하여 만들 수 있는 일곱 자리 수 중에서 만의 자리 숫자가 8인 가장 작은 수는 얼마인지 풀이 과정을 쓰고 답을 구해 보세요.

| 4 | 3 | 6 | 8 | 5 | 7 | 2 |

✍ **무엇을 쓸까?** ❶ 만의 자리 숫자가 8인 일곱 자리 수 쓰기

❷ 만들 수 있는 가장 작은 수 구하기

풀이

답

3-3 수 카드를 모두 한 번씩만 사용하여 만들 수 있는 9자리 수 중에서 백만의 자리 숫자가 5인 가장 작은 수는 얼마인지 풀이 과정을 쓰고 답을 구해 보세요.

| 1 | 7 | 4 | 2 | 9 | 5 | 6 | 3 | 0 |

✍ **무엇을 쓸까?** ❶ 백만의 자리 숫자가 5인 9자리 수 쓰기

❷ 만들 수 있는 가장 작은 수 구하기

풀이

답

4 □ 안에 들어갈 수 있는 수 구하기

0부터 9까지의 수 중에서 □ 안에 들어갈 수 있는 수를 모두 구하려고 합니다. 풀이 과정을 쓰고 답을 구해 보세요.

$$645\boxed{}7307 > 64586512$$

높은 자리 수부터 차례로 비교하면?

□ 바로 아래 자리 수도 꼭 비교해야 해!

✏ **무엇을 쓸까?** ❶ □의 범위 구하기
❷ □ 안에 들어갈 수 있는 수 구하기

풀이 (예) 천만, 백만, 십만의 자리 수가 각각 같고, 천의 자리 수가 7 > 6이므로

□는 (8과 같거나 큽니다 , 8보다 큽니다). ··· ❶

따라서 □ 안에 들어갈 수 있는 수는 (　　　), (　　　)입니다. ··· ❷

답 ＿＿＿＿＿＿＿＿＿＿＿

4-1

0부터 9까지의 수 중에서 □ 안에 들어갈 수 있는 수를 모두 구하려고 합니다. 풀이 과정을 쓰고 답을 구해 보세요.

$$5\boxed{}48617 > 5693042$$

✏ **무엇을 쓸까?** ❶ □의 범위 구하기
❷ □ 안에 들어갈 수 있는 수 구하기

풀이

답 ＿＿＿＿＿＿＿＿＿＿＿

4-2

0부터 9까지의 수 중에서 □ 안에 들어갈 수 있는 수는 모두 몇 개인지 풀이 과정을 쓰고 답을 구해 보세요.

$$34615082 > 3\boxed{}529716$$

무엇을 쓸까?
 ❶ □의 범위 구하기
 ❷ □ 안에 들어갈 수 있는 수의 개수 구하기

풀이

답

1

4-3

0부터 9까지의 수 중에서 □ 안에 공통으로 들어갈 수 있는 수는 모두 몇 개인지 풀이 과정을 쓰고 답을 구해 보세요.

$$2\boxed{}3084 > 245716$$
$$17728301 > 17\boxed{}64395$$

무엇을 쓸까?
 ❶ □ 안에 들어갈 수 있는 수 각각 구하기
 ❷ □ 안에 공통으로 들어갈 수 있는 수의 개수 구하기

풀이

답

수행 평가

1 설명하는 수가 다른 하나는 어느 것일까요?

( )

① 1000이 10개인 수

② 9999보다 1만큼 더 큰 수

③ 100이 100개인 수

④ 9000보다 100만큼 더 큰 수

⑤ 9990보다 10만큼 더 큰 수

2 보기 와 같이 나타내 보세요.

보기
$$71093 = 70000 + 1000 + 90 + 3$$

$$20460 = \boxed{} + \boxed{} + \boxed{}$$

3 지연이는 만 원짜리 지폐 3장, 천 원짜리 지폐 6장, 백 원짜리 동전 7개, 십 원짜리 동전 4개를 가지고 있습니다. 지연이가 가지고 있는 돈은 모두 얼마일까요?

( )

4 설명하는 수를 써 보세요.

만이 2100개, 일이 649개인 수

( )

5 백만의 자리 숫자가 가장 큰 수는 어느 것일까요? ( )

① 87943106 ② 5987243

③ 6493052 ④ 98327415

⑤ 249307581

6 다음을 11자리 수로 나타낼 때 0을 몇 개 써야 하는지 구해 보세요.

> 오백칠억 육천구십이만 팔백오

( )

7 두 수의 크기를 비교하여 ◯ 안에 >, =, < 중 알맞은 것을 써넣으세요.

875423690000 ◯ 875438170000

8 7조 8900억에서 100억씩 3번 뛰어 세면 얼마일까요?

( )

9 ㉠이 나타내는 값은 ㉡이 나타내는 값의 몇 배 인지 구해 보세요.

> 425237169
> $\underline{}\;\;\underline{}$
> ㉠ ㉡

( )

서술형 문제

10 수 카드를 모두 한 번씩만 사용하여 만들 수 있는 여섯 자리 수 중에서 십만의 자리 숫자가 4인 가장 큰 수는 얼마인지 풀이 과정을 쓰고 답을 구해 보세요.

7 2 4 5 9 3

풀이 _____

_____

_____

_____

답 _____

1. 큰 수 **13**

1

진도책 43쪽
11번 문제

도형에서 둔각은 모두 몇 개인지 써 보세요.

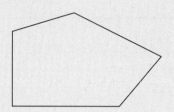

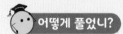 어떻게 풀었니?

예각, 직각, 둔각에 대해 알아보자!

3학년 때 종이를 반듯하게 2번 접었을 때 생기는 각이 직각이라고 배웠지?
직각은 90°인 각이야.

0°보다 크고 직각보다 작은 각을 ☐ , 직각보다 크고 180°보다 작은 각을 ☐ 이라고 해.

주어진 도형에는 5개의 각이 있는데 예각, 직각, 둔각 중 무엇인지 써
보면 오른쪽과 같아.
아~ 도형에서 둔각은 모두 ☐ 개구나!

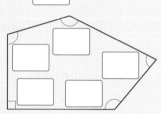

2 도형에서 예각은 모두 몇 개인지 써 보세요.

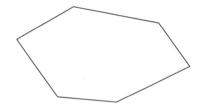

(   )

3 도형에서 예각과 둔각의 수의 차는 몇 개인지 구해 보세요.

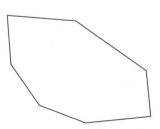

(   )

4

진도책 50쪽
4번 문제

피자 2판을 두 가지 방법으로 똑같이 나누어 먹고 각각 한 조각씩 남았습니다. 남은 두 피자 조각에 표시한 각도의 합을 구해 보세요.

 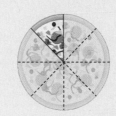

어떻게 풀었니?

두 피자 조각의 각도를 각각 구해 보자!

한 직선이 이루는 각도는 180°이니까 의 각도는 360°라는 걸 알았니?

왼쪽 피자 조각은 6등분하였으니까 피자 한 조각에 표시한 각도는 360°÷6 = ☐°이고,

오른쪽 피자 조각은 8등분하였으니까 피자 한 조각에 표시한 각도는 360°÷8 = ☐°야.

각도의 합은 자연수의 덧셈과 같은 방법으로 더하면 되니까 두 각도를 더하면

☐° + ☐° = ☐°야.

아~ 남은 두 피자 조각에 표시한 각도의 합은 ☐°구나!

5

오른쪽과 같이 케이크 2개를 두 가지 방법으로 똑같이 나누어 먹고 한 조각씩 남았습니다. 남은 두 케이크 조각에 표시한 각도의 합을 구해 보세요.

(   )

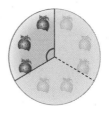 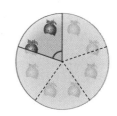

6

오른쪽과 같이 파이 2개를 두 가지 방법으로 똑같이 나누어 먹고 한 조각씩 남았습니다. 남은 두 파이 조각에 표시한 각도의 차를 구해 보세요.

(   )

 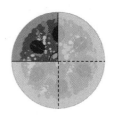

7

진도책 52쪽
10번 문제

㉠의 각도를 구해 보세요.

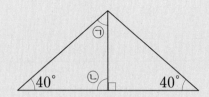

🎓 어떻게 풀었니?

삼각형의 세 각의 크기의 합은 180°이니까 ㉠, 40°, ㉡을 모두 더하면 180°가 된다는 걸 알았니?

먼저 ㉡의 각도를 구해 보자!

한 직선이 이루는 각도는 180°이니까 ㉡+90°=180° ➡ ㉡=180°-90°= ☐ °야.

그럼, ㉠+40°+㉡=180°에서

㉠+40°+ ☐ °=180° ➡ ㉠=180°-40°- ☐ °= ☐ °가 되지.

아~ ㉠의 각도는 ☐ °구나!

8 ㉠의 각도를 구해 보세요.

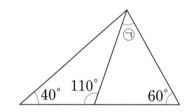

(   )

9 ㉠의 각도를 구해 보세요.

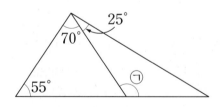

(   )

10

진도책 54쪽
16번 문제

도형에서 ㉠의 각도를 구해 보세요.

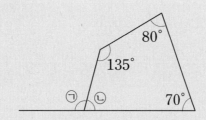

🎓 **어떻게 풀었니?**

먼저 ㉡의 각도를 구해 보자!

사각형의 네 각의 크기의 합은 ☐°이니까

㉡＋70°＋80°＋135°＝☐° ➡ ㉡＝☐°－70°－80°－135°＝☐°야.

한 직선이 이루는 각도는 180°이니까

㉠＋㉡＝180°에서 ㉠＋☐°＝180° ➡ ㉠＝180°－☐°＝☐°가 되지.

아~ ㉠의 각도는 ☐°구나!

11

☐ 안에 알맞은 수를 써넣으세요.

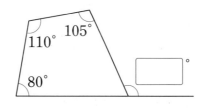

12

㉠과 ㉡의 각도의 차를 구해 보세요.

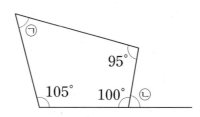

(   )

1

시계에서 예각, 둔각 알아보기

시계에 2시 30분을 나타내고, 시계에서 긴바늘과 짧은바늘이 이루는 작은 쪽의 각이 예각과 둔각 중 어느 것인지 풀이 과정을 쓰고 답을 구해 보세요.

> 긴바늘과 짧은바늘이 이루는 작은 쪽의
> 각이 90°보다 큰지, 작은지 알아보면?

시계에서 숫자 눈금 한 칸이
이루는 각도는 30°야!

🖊 무엇을 쓸까? ❶ 시계에 시각 나타내기

❷ 긴바늘과 짧은바늘이 이루는 작은 쪽의 각이 예각과 둔각 중 어느 것인지 구하기

풀이 예 2시 30분에 맞게 긴바늘과 짧은바늘을 그려 보면 위와 같습니다. ⋯ ❶

따라서 시계의 긴바늘과 짧은바늘이 이루는 작은 쪽의 각이 90°보다 (크므로 , 작으므로)

(   )입니다. ⋯ ❷

답

1-1

시계에 7시 25분을 나타내고, 시계에서 긴바늘과 짧은바늘이 이루는 작은 쪽의 각이 예각과 둔각 중 어느 것인지 풀이 과정을 쓰고 답을 구해 보세요.

🖊 무엇을 쓸까? ❶ 시계에 시각 나타내기

❷ 긴바늘과 짧은바늘이 이루는 작은 쪽의 각이 예각과 둔각 중 어느 것인지 구하기

풀이

답

2 직선으로 이루어진 도형에서 각도 구하기

도형에서 ㉠의 각도는 몇 도인지 풀이 과정을 쓰고 답을 구해
보세요.

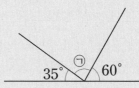

**180°에서 나머지 두 각의 크기를
빼면?**

한 직선이 이루는
각도는 180°야!

무엇을 쓸까? ❶ ㉠의 각도를 구하는 과정 쓰기

❷ ㉠의 각도 구하기

풀이 예 한 직선이 이루는 각도는 180°이므로

(   )° + ㉠ + (   )° = 180°입니다. … ❶

따라서 ㉠ = 180° − (   )° − (   )° = (   )°입니다. … ❷

답

2-1

도형에서 ㉠의 각도는 몇 도인지 풀이 과정을 쓰고 답을 구해
보세요.

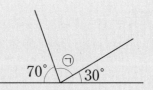

무엇을 쓸까? ❶ ㉠의 각도를 구하는 과정 쓰기

❷ ㉠의 각도 구하기

풀이

답

3 삼각형에서 각도 구하기

삼각형에서 ㉠의 각도는 몇 도인지 풀이 과정을 쓰고 답을 구해 보세요.

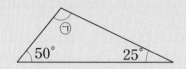

삼각형의 세 각의 크기의 합에서
나머지 두 각의 크기를 빼면?

삼각형의 세 각의
크기의 합은 180°야!

✎ 무엇을 쓸까? ❶ ㉠의 각도를 구하는 과정 쓰기

❷ ㉠의 각도 구하기

풀이 ⑩ 삼각형의 세 각의 크기의 합은 180°이므로

㉠+(   )°+(   )° = 180°입니다. ··· ❶

따라서 ㉠ = 180°−(   )°−(   )° = (   )°입니다. ··· ❷

답 _____

3-1

두 각의 크기가 각각 45°, 40°인 삼각형의 나머지 한 각의 크기는 몇 도인지 풀이 과정을 쓰고
답을 구해 보세요.

✎ 무엇을 쓸까? ❶ 나머지 한 각의 크기를 구하는 과정 쓰기

❷ 나머지 한 각의 크기 구하기

풀이 _____

_____

_____

답 _____

3-2

삼각형에서 ㉠과 ㉡의 각도의 합은 몇 도인지 풀이 과정을 쓰고 답을 구해 보세요.

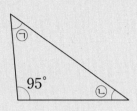

🖊 **무엇을 쓸까?** ❶ ㉠과 ㉡의 각도의 합을 구하는 과정 쓰기

❷ ㉠과 ㉡의 각도의 합 구하기

풀이 _____

_____

_____

답 _____

2

3-3

도형에서 각 ㄱㄷㄹ의 크기는 몇 도인지 풀이 과정을 쓰고 답을 구해 보세요.

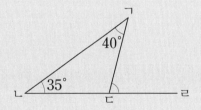

🖊 **무엇을 쓸까?** ❶ 각 ㄱㄷㄴ의 크기 구하기

❷ 각 ㄱㄷㄹ의 크기 구하기

풀이 _____

_____

_____

답 _____

4 사각형에서 각도 구하기

사각형에서 ㉠의 각도는 몇 도인지 풀이 과정을 쓰고 답을 구해 보세요.

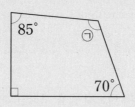

사각형의 네 각의 크기의 합에서
나머지 세 각의 크기를 빼면?

사각형의 네 각의
크기의 합은 360°야!

✏️ **무엇을 쓸까?** ❶ ㉠의 각도를 구하는 과정 쓰기

❷ ㉠의 각도 구하기

풀이 ㉔ 사각형의 네 각의 크기의 합은 360°이므로

㉠ + (   )° + (   )° + (   )° = 360°입니다. ··· ❶

따라서 ㉠ = 360° − (   )° − (   )° − (   )° = (   )°입니다. ··· ❷

답

4-1

사각형의 네 각 중 세 각의 크기가 오른쪽과 같을 때, 나머지 한 각의 크기는 몇 도인지 풀이 과정을 쓰고 답을 구해 보세요.

| 120° | 40° | 60° |

✏️ **무엇을 쓸까?** ❶ 나머지 한 각의 크기를 구하는 과정 쓰기

❷ 나머지 한 각의 크기 구하기

풀이

답

4-2

사각형에서 ㉠과 ㉡의 각도의 합은 몇 도인지 풀이 과정을 쓰고 답을 구해 보세요.

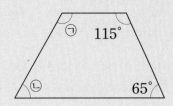

🖊 **무엇을 쓸까?**　❶ ㉠과 ㉡의 각도의 합을 구하는 과정 쓰기

❷ ㉠과 ㉡의 각도의 합 구하기

풀이

답

2

4-3

도형에서 각 ㄱㄹㄷ의 크기는 몇 도인지 풀이 과정을 쓰고 답을 구해 보세요.

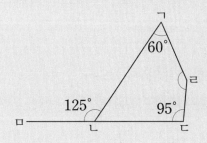

🖊 **무엇을 쓸까?**　❶ 각 ㄱㄴㄷ의 크기 구하기

❷ 각 ㄱㄹㄷ의 크기 구하기

풀이

답

수행 평가

1 가장 큰 각을 찾아 기호를 써 보세요.

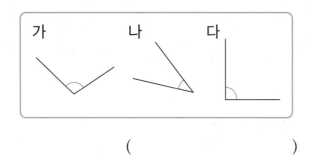

( )

2 각도기를 이용하여 각도를 재어 보세요.

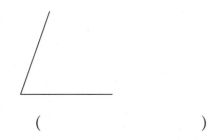

( )

3 크기가 같은 각 3개로 이루어진 도형입니다. 도형에서 찾을 수 있는 크고 작은 예각은 모두 몇 개일까요?

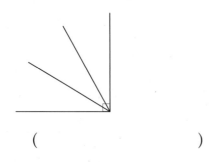

( )

4 예각은 모두 몇 개일까요?

72°	95°	26°
114°	33°	88°

( )

5 두 각도의 합과 차를 구해 보세요.

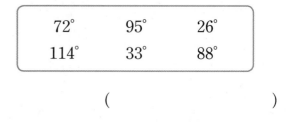

합 ( )

차 ( )

6 시계의 긴바늘과 짧은바늘이 이루는 작은 쪽의 각이 둔각인 시각은 어느 것일까요? (　　　)

① 1시　　　　② 3시

③ 3시 30분　　④ 7시 30분

⑤ 9시 30분

7 ☐ 안에 알맞은 수를 써넣으세요.

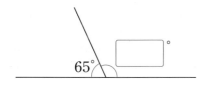

8 ☐ 안에 알맞은 수를 써넣으세요.

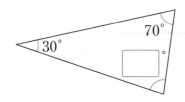

9 도형에서 ㉠의 각도를 구해 보세요.

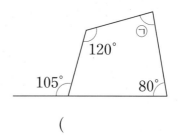

(　　　　　　　　　　)

서술형 문제
10 삼각형에서 ㉠과 ㉡의 각도의 합은 몇 도인지 풀이 과정을 쓰고 답을 구해 보세요.

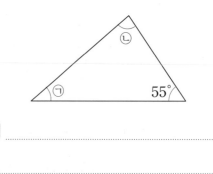

풀이 ....

....

....

....

....

답 ....

1

진도책 69쪽
6번 문제

수빈이네 학교 4학년 학생 30명이 과학관으로 현장 체험 학습을 가려고 합니다. 30명이 우주인 체험도 하고 로켓 만들기도 하려면 모두 얼마를 내야 할까요?

우주인 체험 (1명)	
어른	900원
학생	700원

로켓 만들기 (1명)	
어른	800원
학생	550원

🎓 어떻게 풀었니?

체험별로 학생 30명이 얼마를 내야 하는지 각각 알아보자!

학생 한 명당 우주인 체험이 [　　] 원이므로 학생 30명이 우주인 체험을 하려면

[　　] × 30 = [　　] (원)을 내야 해.

또 학생 한 명당 로켓 만들기가 [　　] 원이므로 학생 30명이 로켓 만들기를 하려면

[　　] × 30 = [　　] (원)을 내야 하지.

즉, 학생 30명이 우주인 체험과 로켓 만들기를 하려면

[　　] + [　　] = [　　] (원)을 내야 해.

아~ 내야 하는 돈은 모두 [　　] 원이구나!

2

구슬이 다음과 같이 들어 있을 때, 구슬은 모두 몇 개인지 구해 보세요.

한 상자에 들어 있는 구슬 수	300개	150개	80개
상자 수	25상자	40상자	115상자

(　　　　　　　　)

3

진도책 71쪽
12번 문제

□ 안에 알맞은 수를 써넣으세요.

$$550 \times 25 = 550 \times 24 + \boxed{}$$

어떻게 풀었니?

왼쪽 식과 오른쪽 식을 비교해 보자!

곱셈은 같은 수를 여러 번 더한 것이란 걸 알고 있니?

550×25는 550을 $\boxed{}$ 번 더한 것과 같고, 550×24는 550을 $\boxed{}$ 번 더한 것과 같아.

$$550 \times 25 = 550 \times 24 + \square$$

$\downarrow$

$$\underbrace{550 + 550 + 550 + \cdots + 550 + 550}_{\boxed{} \text{번}} = \underbrace{550 + 550 + 550 + \cdots + 550 + 550}_{\boxed{} \text{번}} + \square$$

그럼, 왼쪽 식과 오른쪽 식이 같아지려면 오른쪽에 $\boxed{}$ 을/를 한 번 더 더해야겠지?

아~ □ 안에 알맞은 수는 $\boxed{}$ (이)구나!

3

4

□ 안에 알맞은 수를 써넣으세요.

$$762 \times 56 = 762 \times 55 + \boxed{}$$

5

□ 안에 알맞은 수를 써넣으세요.

$$428 \times 37 = 428 \times 36 + \boxed{}$$

6

□ 안에 알맞은 수를 써넣으세요.

$$894 \times 49 = 894 \times 50 - \boxed{}$$

7

진도책 79쪽
13번 문제

나눗셈의 나머지가 없을 때 ☐ 안에 알맞은 수를 써넣으세요.

$$34 \overline{\smash{)}}\ \overset{7}{}$$

👨‍🎓 **어떻게 풀었니?**

나누는 수와 몫을 알 때, 나누어지는 수를 구해 보자!

☐를 34로 나누었더니 몫이 7이 되었으니까 ☐ ÷ 34 = ☐ (이)야.

곱셈과 나눗셈의 관계를 이용하면

$$☐ \div 34 = ☐$$
$$34 \times ☐ = ☐$$

나누는 수와 몫을 곱하면 나누어지는 수가 되지.

아~ ☐ 안에 알맞은 수는 ☐ (이)구나!

8 나눗셈이 나머지가 없을 때 ☐ 안에 알맞은 수를 써넣으세요.

$$53 \overline{\smash{)}}\ \overset{6}{}$$

9 어떤 수를 74로 나누었더니 몫이 3이고 나머지가 없었습니다. 어떤 수를 구해 보세요.

(   )

10 어떤 수를 26으로 나누었더니 몫이 9이고 나머지가 없었습니다. 어떤 수를 39로 나눈 몫을 구해 보세요.

(   )

11

진도책 83쪽
27번 문제

유리는 288쪽인 동화책을 매일 25쪽씩 읽으려고 합니다. 동화책을 다 읽는 데는 며칠이 걸릴까요?

🍪 **어떻게 풀었니?**

동화책을 읽는 데 걸리는 날수를 구하는 식을 세워 보자!

288쪽짜리 동화책을 매일 25쪽씩 읽는다고 했으니까 $288 \div 25$를 계산해 보면 돼.

$$288 \div 25 = \boxed{} \cdots \boxed{}$$

이때 몫이 $\boxed{}$, 나머지가 $\boxed{}$이므로 동화책을 25쪽씩 $\boxed{}$일 동안 읽으면 $\boxed{}$쪽이 남는다는 걸 알 수 있어.

남은 $\boxed{}$쪽도 읽어야 하니까 하루가 더 걸리겠지?

아~ 동화책을 다 읽는 데는 $\boxed{}$일이 걸리는구나!

12 윤아는 색종이로 종이꽃 256송이를 접으려고 합니다. 매일 21송이씩 접는다면 종이꽃을 다 접는 데는 며칠이 걸릴까요?

(   )

13 야구공을 32개까지 담을 수 있는 상자가 있습니다. 야구공 522개를 모두 담으려면 상자는 적어도 몇 개가 필요할까요?

(   )

14 연필 270자루를 학생 35명에게 똑같이 나누어 주려고 하였더니 몇 자루가 부족했습니다. 연필을 남김없이 똑같이 나누어 주려면 연필은 적어도 몇 자루가 더 필요할까요?

(   )

🔘 쓰기 쉬운 서술형

1

곱셈/나눗셈의 활용

준서는 줄넘기를 하루에 180번씩 넘습니다. 준서가 20일 동안 하루도 빠짐없이 줄넘기를 했다면 줄넘기를 모두 몇 번 넘었는지 풀이 과정을 쓰고 답을 구해 보세요.

하루에 넘는 줄넘기 수에
날수를 곱하면?

계산 결과의 0의
개수에 주의해!

✏️ **무엇을 쓸까?** ❶ 20일 동안 넘은 줄넘기 수를 구하는 과정 쓰기

❷ 20일 동안 넘은 줄넘기 수 구하기

풀이 예 (20일 동안 넘은 줄넘기 수) = (   ) × (   ) ··· ❶

= (   )(번)

따라서 20일 동안 줄넘기를 모두 (   )번 넘었습니다. ··· ❷

답

1-1

어느 공장에서 인형을 하루에 460개씩 매일 생산합니다. 이 공장에서 8월 한 달 동안 생산한 인형은 모두 몇 개인지 풀이 과정을 쓰고 답을 구해 보세요.

✏️ **무엇을 쓸까?** ❶ 8월 한 달 동안 생산한 인형의 수를 구하는 과정 쓰기

❷ 8월 한 달 동안 생산한 인형의 수 구하기

풀이

답

1-2

리본 한 개를 만드는 데 끈이 34 cm 필요합니다. 끈 195 cm로는 리본을 몇 개까지 만들 수 있는지 풀이 과정을 쓰고 답을 구해 보세요.

무엇을 쓸까? ❶ 만들 수 있는 리본의 수를 구하는 과정 쓰기

❷ 만들 수 있는 리본의 수 구하기

풀이

답

3

1-3

과수원에 사과가 396개 있습니다. 이것을 한 상자에 20개씩 나누어 담는다면 상자 21개는 사과를 모두 담는 데 충분할지 어림하여 구하려고 합니다. ☐ 안에 알맞은 수를 구하고, 상자가 사과를 담는 데 충분할지, 부족할지 설명해 보세요.

어림하기 약 ☐ ÷ 20 = ☐

무엇을 쓸까? ❶ ☐ 안에 알맞은 수 구하기

❷ 상자가 사과를 모두 담는 데 충분할지, 부족할지 설명하기

설명

답

2 수 카드로 곱셈식 만들어 계산하기

수 카드 2 , 7 , 4 , 3 , 6 을 한 번씩만 사용하여 만들 수 있는 가장 큰 세 자리 수
와 가장 작은 두 자리 수의 곱을 구하려고 합니다. 풀이 과정을 쓰고 답을 구해 보세요.

> 가장 큰 세 자리 수와 가장 작은
> 두 자리 수를 구하면?

①>②>③일 때
가장 큰 수: ①②③
가장 작은 수: ③②①

🖊 무엇을 쓸까? ❶ 만들 수 있는 가장 큰 세 자리 수와 가장 작은 두 자리 수 각각 구하기
❷ 만들 수 있는 가장 큰 세 자리 수와 가장 작은 두 자리 수의 곱 구하기

풀이 ⑩ 수 카드의 수의 크기를 비교하면 (   )>(   )>(   )>(   )>(   )

이므로 만들 수 있는 가장 큰 세 자리 수는 (   )이고, 가장 작은 두 자리 수는 (   )

입니다. ··· ❶

따라서 만들 수 있는 가장 큰 세 자리 수와 가장 작은 두 자리 수의 곱은

(   )×(   )＝(   )입니다. ··· ❷

답

2-1

수 카드 8 , 5 , 1 , 9 , 4 를 한 번씩만 사용하여 만들 수 있는 가장 작은 세 자리
수와 가장 큰 두 자리 수의 곱을 구하려고 합니다. 풀이 과정을 쓰고 답을 구해 보세요.

🖊 무엇을 쓸까? ❶ 만들 수 있는 가장 작은 세 자리 수와 가장 큰 두 자리 수 각각 구하기
❷ 만들 수 있는 가장 작은 세 자리 수와 가장 큰 두 자리 수의 곱 구하기

풀이

답

3 나누어지는 수 구하기

나눗셈에서 나머지가 가장 큰 자연수일 때 ㉠은 얼마인지 풀이 과정을 쓰고 답을 구해 보세요.

$$㉠ \div 23 = 17 \cdots \square$$

23으로 나누었을 때,
나머지가 될 수 있는 가장 큰 자연수는?

(나머지) < (나누는 수)

무엇을 쓸까? ❶ 나머지가 가장 큰 자연수일 때 나머지 구하기

❷ ㉠의 값 구하기

풀이 예 나머지는 나누는 수보다 항상 작으므로 23으로 나누었을 때 나머지가 될 수 있는 가

장 큰 자연수는 (   )입니다. ··· ❶

따라서 $23 \times 17 = 391$, $391 + ($ $) = ($ $)$이므로 ㉠ $= ($ $)$입니다. ··· ❷

답

3

3-1

나눗셈에서 나머지가 가장 큰 자연수일 때 ㉠은 얼마인지 풀이 과정을 쓰고 답을 구해 보세요.

$$㉠ \div 36 = 14 \cdots \square$$

무엇을 쓸까? ❶ 나머지가 가장 큰 자연수일 때 나머지 구하기

❷ ㉠의 값 구하기

풀이

답

4 바르게 계산한 값 구하기

어떤 수에 26을 곱해야 할 것을 잘못하여 나누었더니 몫이 34이고 나머지가 7이었습니다. 바르게 계산하면 얼마인지 풀이 과정을 쓰고 답을 구해 보세요.

먼저 어떤 수를 구하면?

어떤 수를 ▢라고 하여 잘못 계산한 식을 써 봐!

무엇을 쓸까?
❶ 어떤 수 구하기
❷ 바르게 계산한 값 구하기

풀이 ㉠ 어떤 수를 ▢라 하면 ▢ ÷ 26 = (   )⋯(   )입니다.

➡ 26 × (   ) = (   ), (   ) + 7 = (   )이므로

▢ = (   )입니다. ⋯ ❶

따라서 바르게 계산하면 (   ) × 26 = (   )입니다. ⋯ ❷

답

4-1

어떤 수에 19를 곱해야 할 것을 잘못하여 나누었더니 몫이 28이고 나머지가 11이었습니다. 바르게 계산하면 얼마인지 풀이 과정을 쓰고 답을 구해 보세요.

무엇을 쓸까?
❶ 어떤 수 구하기
❷ 바르게 계산한 값 구하기

풀이

답

4-2

어떤 수에 34를 곱해야 할 것을 잘못하여 43을 곱하였더니 946이 되었습니다. 바르게 계산하면 얼마인지 풀이 과정을 쓰고 답을 구해 보세요.

🖊 **무엇을 쓸까?** ❶ 어떤 수 구하기

❷ 바르게 계산한 값 구하기

풀이

답

3

4-3

어떤 수를 23으로 나누어야 할 것을 잘못하여 32로 나누었더니 몫이 8이고 나머지가 16이었습니다. 바르게 계산했을 때의 몫과 나머지는 얼마인지 풀이 과정을 쓰고 답을 구해 보세요.

🖊 **무엇을 쓸까?** ❶ 어떤 수 구하기

❷ 바르게 계산했을 때의 몫과 나머지 구하기

풀이

답 몫: , 나머지:

수행 평가

1 계산해 보세요.

$$
\begin{array}{r}
5\,4\,6 \\
\times \quad 7\,0 \\
\hline
\end{array}
$$

2 잘못 계산한 부분을 찾아 바르게 계산해 보세요.

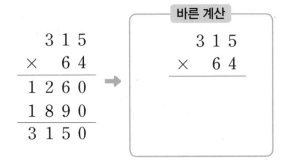

바른 계산

$$
\begin{array}{r}
3\,1\,5 \\
\times \quad 6\,4 \\
\hline
1\,2\,6\,0 \\
1\,8\,9\,0 \\
\hline
3\,1\,5\,0 \\
\end{array}
$$

$$
\begin{array}{r}
3\,1\,5 \\
\times \quad 6\,4 \\
\hline
\end{array}
$$

3 ☐ 안에 알맞은 수를 써넣으세요.

$428 \times 27 = 428 \times 20 + 428 \times$ ☐

$=$ ☐ $+$ ☐

$=$ ☐

4 색종이가 한 묶음에 275장씩 16묶음 있습니다. 색종이는 모두 몇 장일까요?

(   )

5 나눗셈을 하여 빈칸에 몫을 쓰고 ◯ 안에 나머지를 써넣으세요.

÷		
155	20	
413	30	

정답과 풀이 51쪽

6 계산을 하고 계산이 맞는지 확인해 보세요.

$$26 \overline{\smash{)}451}$$

확인 ....

7 몫의 크기를 비교하여 ○ 안에 >, =, < 중 알맞은 것을 써넣으세요.

$$258 \div 43 \bigcirc 496 \div 62$$

8 공책 384권을 한 상자에 15권씩 담으려고 합니다. 상자는 몇 개가 필요하고 남는 공책은 몇 권일까요?

(   ), (   )

9 어떤 수를 37로 나누었더니 몫이 21이고 나머지가 16이었습니다. 어떤 수를 구해 보세요.

(   )

서술형 문제

10 □ 안에 들어갈 수 있는 자연수 중에서 가장 큰 수는 얼마인지 풀이 과정을 쓰고 답을 구해 보세요.

$$\square \times 57 < 923$$

풀이 ....

....

....

....

답 ....

1

진도책 105쪽
10번 문제

정사각형 모양을 완성하려면 가, 나 조각을 어떻게 밀어야 할지 ☐ 안에 알맞은 말이나 수를 써 넣으세요.

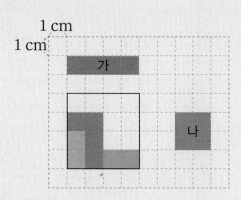

가 조각: ☐ 쪽으로 ☐ cm

나 조각: ☐ 쪽으로 ☐ cm

🎓 **어떻게 풀었니?**

가와 나 조각을 넣어야 하는 곳을 찾아보자!

먼저, 가 조각은 가로로 길게 네 칸으로 되어 있으니까 정사각형 모양에서 가 조각이 들어갈 수 있는 곳은 맨 윗줄뿐이야.

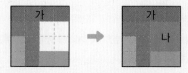

그리고 남은 곳에 나 조각을 넣으면 오른쪽과 같지.

모눈 한 칸은 1 cm이니까 두 칸 움직이려면 ☐ cm, 세 칸 움직이려면 ☐ cm 밀어야 해.

아~ 가 조각은 (위 , 아래)쪽으로 ☐ cm, 나 조각은 (왼 , 오른)쪽으로 ☐ cm 밀어야 하는구나!

2

정사각형 모양을 완성하려면 가, 나, 다 조각을 어떻게 밀어야 할지 ☐ 안에 알맞은 말이나 수를 써넣으세요.

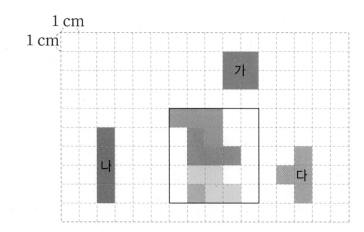

가 조각: ☐ 쪽으로 ☐ cm

나 조각: ☐ 쪽으로 ☐ cm

다 조각: ☐ 쪽으로 ☐ cm

3

진도책 107쪽
16번 문제

오른쪽으로 뒤집었을 때의 도형이 처음 도형과 같은 것을 찾아 기호를 써 보세요.

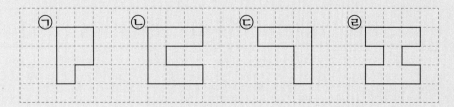

👨‍🎓 **어떻게 풀었니?**

각 도형을 오른쪽으로 뒤집었을 때의 도형을 그려 보자!

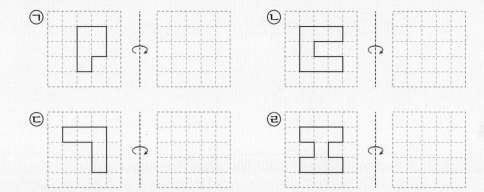

도형을 오른쪽으로 뒤집으면 도형의 왼쪽과 오른쪽이 서로 바뀌지?

그러니까 ☐ 처럼 도형의 왼쪽 부분과 오른쪽 부분이 같으면 오른쪽으로 뒤집기 전과 뒤집은 후

가 같아져.

아~ 오른쪽으로 뒤집었을 때의 도형이 처음 도형과 같은 것은 ☐ 이구나!

4 아래쪽으로 뒤집었을 때 처음 모양과 같은 알파벳을 모두 찾아 ◯표 하세요.

E F L N X A

5 왼쪽이나 위쪽 중 어느 쪽으로 뒤집어도 처음 모양과 같은 숫자는 모두 몇 개일까요?

1 8 3 2 0 6 5

( )

6

진도책 108쪽
19번 문제

알맞은 도형을 골라 ☐ 안에 기호를 써넣으세요.

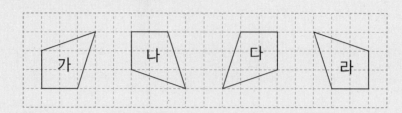

가 도형은 ☐ 도형을 시계 반대 방향으로 90°만큼 돌린 도형입니다.

🎓 어떻게 풀었니?

나, 다, 라 도형을 시계 반대 방향으로 90°만큼 돌렸을 때의 도형을 각각 그려 보자!

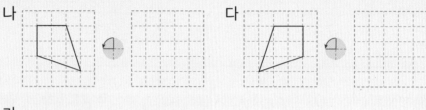

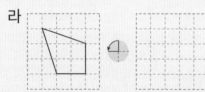

나 도형을 시계 반대 방향으로 90°만큼 돌리면 ☐ 도형이,

다 도형을 시계 반대 방향으로 90°만큼 돌리면 ☐ 도형이,

라 도형을 시계 반대 방향으로 90°만큼 돌리면 ☐ 도형이 돼.

아~ 가 도형은 ☐ 도형을 시계 반대 방향으로 90°만큼 돌린 도형이구나!

7

알맞은 도형을 골라 ☐ 안에 기호를 써넣으세요.

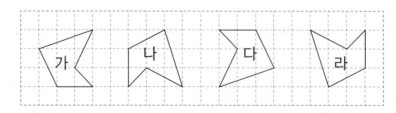

가 도형은 ☐ 도형을 시계 방향으로 180°만큼 돌린 도형입니다.

8

진도책 110쪽
28번 문제

주어진 무늬를 만들기 위해 이용한 모양을 골라 ☐ 안에 기호를 써넣고 어떻게 돌린 것인지 ⊕ 에 화살표로 표시해 보세요.

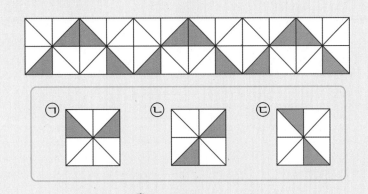

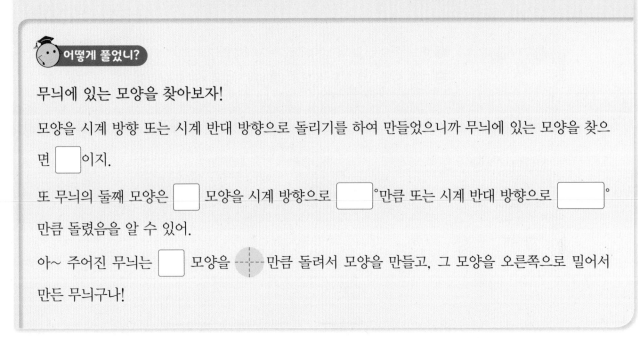

☐ 모양을 ⊕ 만큼 돌려서 모양을 만들고,

그 모양을 오른쪽으로 밀어서 무늬를 만들었습니다.

🎓 **어떻게 풀었니?**

무늬에 있는 모양을 찾아보자!

모양을 시계 방향 또는 시계 반대 방향으로 돌리기를 하여 만들었으니까 무늬에 있는 모양을 찾으면 ☐ 이지.

또 무늬의 둘째 모양은 ☐ 모양을 시계 방향으로 ☐°만큼 또는 시계 반대 방향으로 ☐° 만큼 돌렸음을 알 수 있어.

아~ 주어진 무늬는 ☐ 모양을 ⊕ 만큼 돌려서 모양을 만들고, 그 모양을 오른쪽으로 밀어서 만든 무늬구나!

9

주어진 무늬를 만들기 위해 이용한 모양을 골라 ☐ 안에 기호를 써넣고 어떻게 돌린 것인지 ⊕ 에 화살표로 표시해 보세요.

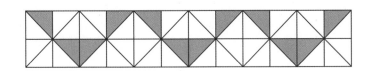

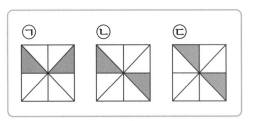

☐ 모양을 ⊕ 만큼 돌려서 모양을 만들고, 그 모양을 오른쪽으로 밀어서 무늬를 만들었습니다.

1 점의 이동

점 ㄱ을 점 ㄴ의 위치로 이동하려고 합니다. 어떻게 움직여야 하는지
2가지 방법으로 설명해 보세요.

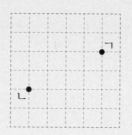

방향과 칸 수를 살펴보면?

점의 위치를
살펴봐!

🖋 무엇을 쓸까?   ❶ 어느 쪽으로 얼마만큼 이동하는지 설명하기

❷ 다른 방법으로 어느 쪽으로 얼마만큼 이동하는지 설명하기

방법 1   예 점 ㄱ을 왼쪽으로 (   )칸 이동한 다음, (아래쪽 , 위쪽)으로 (   )칸 이동합
니다. ⋯ ❶

방법 2   예 점 ㄱ을 아래쪽으로 (   )칸 이동한 다음 (왼쪽 , 오른쪽)으로 (   )칸 이동
합니다. ⋯ ❷

1-1

점 ㄱ을 점 ㄴ의 위치로 이동하려고 합니다. 어떻게 움직여야 하는
지 2가지 방법으로 설명해 보세요.

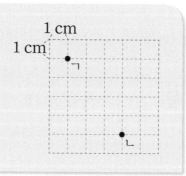

🖋 무엇을 쓸까?   ❶ 어느 쪽으로 얼마만큼 이동하는지 설명하기

❷ 다른 방법으로 어느 쪽으로 얼마만큼 이동하는지 설명하기

방법 1

방법 2

2 도형을 움직인 방법 설명하기

도형의 이동 방법을 설명해 보세요.

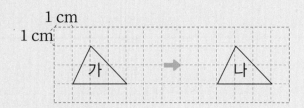

밀기, 뒤집기, 돌리기 중 도형을
움직인 방법은?

도형의 모양과
위치를 살펴봐!

무엇을 쓸까?　❶ 도형을 움직인 방법 알아보기

❷ 어느 쪽으로 얼마만큼 이동했는지 설명하기

설명　ᴇ 도형의 (모양 , 위치)은/는 변하지 않고, (모양 , 위치)만 바뀌었으므로

(밀기 , 뒤집기 , 돌리기)의 방법으로 이동한 것입니다. ⋯ ❶

따라서 나 도형은 가 도형을 (왼쪽 , 오른쪽)으로 (　　)cm만큼

(밀어서 , 뒤집어서 , 돌려서) 이동한 도형입니다. ⋯ ❷

4

2-1

도형의 이동 방법을 설명해 보세요.

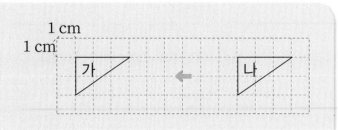

무엇을 쓸까?　❶ 도형을 움직인 방법 알아보기

❷ 어느 쪽으로 얼마만큼 이동했는지 설명하기

설명

3 움직이기 전의 도형 알아보기

어떤 도형을 위쪽으로 뒤집은 도형입니다. 처음 도형을 그리는 방법을 설명하고, 그려 보세요.

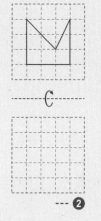

주어진 도형을 반대 방향으로
뒤집으면?

(위쪽으로 뒤집기 전)
=(아래쪽으로 뒤집기)

✏️ 무엇을 쓸까? ❶ 처음 도형을 그리는 방법 설명하기

❷ 처음 도형 그리기

설명 예 위쪽으로 뒤집기 전의 도형은 (오른쪽 , 아래쪽)으로 뒤집은 도형과 같으므로 주어진 도형을 (오른쪽 , 아래쪽)으로 뒤집기 합니다. ⋯ ❶

3-1

어떤 도형을 왼쪽으로 뒤집은 도형입니다. 처음 도형을 그리는 방법을 설명하고, 그려 보세요.

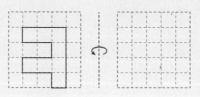

✏️ 무엇을 쓸까? ❶ 처음 도형을 그리는 방법 설명하기

❷ 처음 도형 그리기

설명

3-2

어떤 도형을 시계 방향으로 90°만큼 돌린 도형입니다. 처음 도형을 그리는 방법을 설명하고, 그려 보세요.

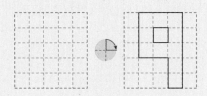

✏ **무엇을 쓸까?**   ❶ 처음 도형을 그리는 방법 설명하기
　　　　　　　　❷ 처음 도형 그리기

설명 _____

_____

_____

4

3-3

어떤 도형을 시계 반대 방향으로 180°만큼 돌린 도형입니다. 처음 도형을 그리는 방법을 설명하고, 그려 보세요.

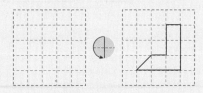

✏ **무엇을 쓸까?**   ❶ 처음 도형을 그리는 방법 설명하기
　　　　　　　　❷ 처음 도형 그리기

설명 _____

_____

_____

4 여러 번 뒤집거나 돌린 도형 알아보기

도형을 아래쪽으로 11번 뒤집었을 때의 도형을 그리려고 합니다. 그리는 방법을 설명하고, 그려 보세요.

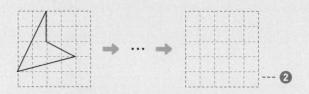

> (아래쪽으로 11번 뒤집은 도형)
> =(아래쪽으로 ?번 뒤집은 도형)

> 같은 방향으로 2번, 4번, 6번, …
> 뒤집은 도형은 처음 도형과 같아!

🖊 **무엇을 쓸까?** ❶ 움직인 도형을 그리는 방법 설명하기
❷ 움직인 도형 그리기

설명 예 아래쪽으로 11번 뒤집었을 때의 도형은 아래쪽으로 (　　　)번 뒤집었을 때의 도형

과 같으므로 도형을 아래쪽으로 (　　　)번 뒤집기 합니다. … ❶

4-1

도형을 시계 방향으로 90°만큼 9번 돌렸을 때의 도형을 그리려고 합니다. 그리는 방법을 설명하고, 그려 보세요.

🖊 **무엇을 쓸까?** ❶ 움직인 도형을 그리는 방법 설명하기
❷ 움직인 도형 그리기

설명

5 수 카드를 뒤집거나 돌리기

두 자리 수가 적힌 카드를 오른쪽으로 뒤집었습니다. 이때 만들어지는 수와 처음 수의 차는 얼마인지 풀이 과정을 쓰고 답을 구해 보세요.

82

오른쪽으로 뒤집었을 때
만들어지는 수는?

뒤집는 방향을 잘 봐!

무엇을 쓸까? ❶ 오른쪽으로 뒤집었을 때 만들어지는 수 구하기

❷ 만들어지는 수와 처음 수의 차 구하기

풀이 예 82가 적힌 카드를 오른쪽으로 뒤집으면 (   )이/가 됩니다. … ❶

따라서 만들어지는 수와 처음 수의 차는 82 − (   ) = (   )입니다. … ❷

답

4

5-1

두 자리 수가 적힌 카드를 시계 방향으로 180°만큼 돌렸습니다. 이때 만들어지는 수와 처음 수의 합은 얼마인지 풀이 과정을 쓰고 답을 구해 보세요.

61

무엇을 쓸까? ❶ 시계 방향으로 180°만큼 돌렸을 때 만들어지는 수 구하기

❷ 만들어지는 수와 처음 수의 합 구하기

풀이

답

수행 평가

1 점 ㄱ을 오른쪽으로 5 cm 이동한 다음 위쪽으로 3 cm 이동한 위치에 점 ㄴ으로 표시해 보세요.

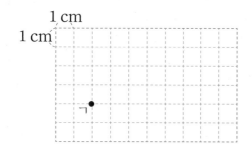

2 도형을 오른쪽으로 8 cm 민 다음 아래쪽으로 1 cm 밀었을 때의 도형을 그려 보세요.

3 도형을 위쪽으로 뒤집었을 때의 도형을 그려 보세요.

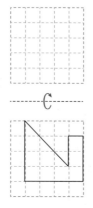

4 모양 조각을 시계 방향으로 180°만큼 돌렸습니다. 알맞은 것은 어느 것일까요? (   )

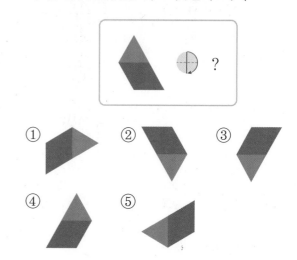

5 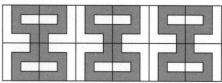 모양으로 아래와 같은 무늬를 만들었습니다. ☐ 안에 밀기, 뒤집기, 돌리기 중 무늬를 만든 방법으로 알맞은 것을 써넣으세요.

모양을 오른쪽으로 ☐ 를 반복해서 모양을 만들고, 그 모양을 아래쪽으로 ☐ 를 하여 무늬를 만들었습니다.

6 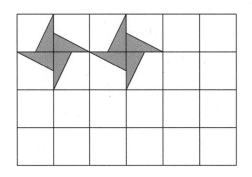 모양으로 돌리기와 밀기를 이용하여 규칙적인 무늬를 만들어 보세요.

9 세 자리 수가 적힌 카드를 왼쪽으로 뒤집었을 때 만들어지는 수와 처음 수의 차를 구해 보세요.

(   )

7 어떤 도형을 시계 방향으로 180°만큼 돌린 도형입니다. 처음 도형을 그려 보세요.

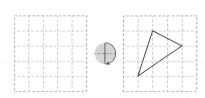

서술형 문제

10 왼쪽 도형을 한 번 돌렸더니 오른쪽 도형이 되었습니다. 어떻게 움직였는지 2가지 방법으로 설명해 보세요.

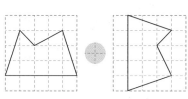

방법 1 _____

_____

방법 2 _____

_____

8 도형을 아래쪽으로 2번 뒤집고 시계 방향으로 90°만큼 4번 돌렸을 때의 도형을 그려 보세요.

1

진도책 126쪽
1번 문제

희수네 반 학생들이 현장 체험 학습으로 가고 싶어 하는 장소를 조사하여 나타낸 막대그래프입니다. 가장 많은 학생들이 가고 싶어 하는 장소와 가장 적은 학생들이 가고 싶어 하는 장소를 차례로 써 보세요.

가고 싶어 하는 장소별 학생 수

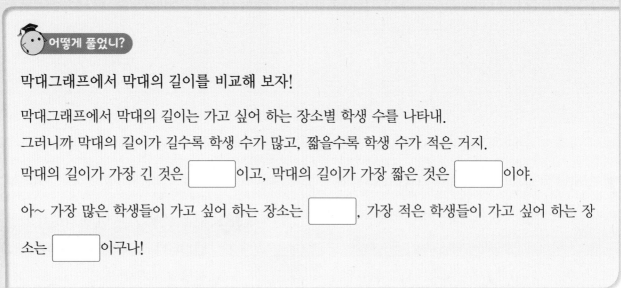

어떻게 풀었니?

막대그래프에서 막대의 길이를 비교해 보자!

막대그래프에서 막대의 길이는 가고 싶어 하는 장소별 학생 수를 나타내.

그러니까 막대의 길이가 길수록 학생 수가 많고, 짧을수록 학생 수가 적은 거지.

막대의 길이가 가장 긴 것은 [ ]이고, 막대의 길이가 가장 짧은 것은 [ ]이야.

아~ 가장 많은 학생들이 가고 싶어 하는 장소는 [ ], 가장 적은 학생들이 가고 싶어 하는 장소는 [ ]이구나!

2 상훈이네 학교 4학년 학생들이 배우고 싶어 하는 악기를 조사하여 나타낸 막대그래프입니다. 가장 많은 학생들이 배우고 싶어 하는 악기와 가장 적은 학생들이 배우고 싶어 하는 악기를 차례로 써 보세요.

배우고 싶어 하는 악기별 학생 수

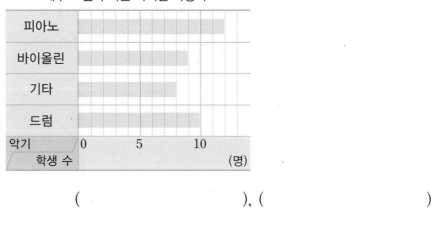

(   ), (   )

3

진도책 128쪽
5번 문제

유선이네 반 학생들이 좋아하는 붕어빵의 종류를 조사하였습니다. 세로 눈금 한 칸을 2명으로 하여 막대그래프로 나타내 보세요.

좋아하는 붕어빵의 종류			
치즈	팥	초코	슈크림
⭐⭐⭐⭐⭐⭐	⭐⭐⭐⭐⭐⭐⭐⭐⭐	⭐⭐⭐⭐⭐⭐⭐⭐	⭐⭐⭐⭐

🎓 **어떻게 풀었니?**

좋아하는 붕어빵 종류별 학생 수를 세어 막대그래프로 나타내 보자!

치즈붕어빵을 좋아하는 학생은 ☐명, 팥붕어빵을 좋아하는 학생은 ☐명, 초코붕어빵을 좋아하는 학생은 ☐명, 슈크림붕어빵을 좋아하는 학생은 ☐명이야.

아~ 세로 눈금 한 칸이 2명을 나타내니까 치즈는 ☐칸, 팥은 ☐칸, 초코는 ☐칸, 슈크림은 ☐칸인 막대를 그리면 되겠구나!

5

4

희진이네 반 학생들이 좋아하는 동물을 조사하였습니다. 가로 눈금 한 칸을 2명으로 하여 막대그래프로 나타내 보세요.

좋아하는 동물					
강아지	고양이	토끼	강아지	강아지	강아지
토끼	햄스터	강아지	토끼	고양이	강아지
강아지	강아지	고양이	강아지	고양이	토끼
고양이	강아지	강아지	강아지	햄스터	고양이

5

진도책 130쪽
7번 문제

태원이네 반 학생들이 좋아하는 음악을 조사하여 나타낸 막대그래프입니다. 막대그래프에 나타낸 내용을 바르게 설명한 것을 모두 찾아 기호를 써 보세요.

좋아하는 음악별 학생 수

음악	학생 수 (명)
K팝	
클래식	
팝송	
동요	

0   5   10

⊙ 동요를 좋아하는 학생 수가 가장 적습니다.

ⓛ 좋아하는 학생 수가 팝송보다 많은 음악은 K팝과 동요입니다.

ⓒ 점심 시간에 음악을 듣는다면 K팝을 듣는 것이 좋겠습니다.

ⓔ 동요를 좋아하는 학생은 팝송을 좋아하는 학생보다 2명 더 많습니다.

ⓜ K팝을 좋아하는 학생 수는 클래식을 좋아하는 학생 수의 3배입니다.

🎓 **어떻게 풀었니?**

막대그래프를 보고 알 수 있는 내용을 차례로 살펴보자!

⊙ ☐을/를 좋아하는 학생 수가 가장 적어. ⓒ 가장 많은 학생들이 좋아하는 음악인 ☐을/를 듣는 것이 좋아. ⓔ 동요는 팝송보다 막대가 ☐칸 더 길므로 ☐명 더 많아. ⓜ K팝은 ☐명, 클래식은 ☐명이니까 K팝을 좋아하는 학생 수는 클래식을 좋아하는 학생 수의 ☐÷☐=☐(배)야.

아~ 옳은 것을 모두 찾아 기호를 쓰면 ☐, ☐, ☐이구나!

6

민호가 가지고 있는 색종이 수를 조사하여 나타낸 막대그래프입니다. 옳은 것을 모두 찾아 기호를 써 보세요.

가지고 있는 색깔별 색종이 수

색깔	색종이 수 (장)
빨간색	
노란색	
파란색	
초록색	

0   50   100

⊙ 노란색 색종이는 30장입니다.

ⓛ 파란색 색종이가 가장 많습니다.

ⓒ 노란색 색종이 수는 초록색 색종이 수의 2배입니다.

ⓔ 빨간색 색종이는 초록색 색종이보다 10장 더 적습니다.

(   )

7

진도책 130쪽
8번 문제

가영이네 마을에 있는 나무를 조사하여 나타낸 표와 막대그래프입니다. 소나무는 몇 그루일까요?

마을에 있는 종류별 나무 수

나무	소나무	단풍나무	밤나무	은행나무	합계
나무 수 (그루)		16		10	56

마을에 있는 종류별 나무 수

🎓 어떻게 풀었니?

표와 막대그래프를 비교하여 모르는 나무의 수를 구해 보자!

표에서 단풍나무의 수는 16그루, 은행나무의 수는 10그루, 전체 나무의 수는 ☐ 그루이고,

막대그래프에서 밤나무의 수는 ☐ 그루야.

전체 나무의 수에서 단풍나무, 밤나무, 은행나무의 수를 빼면 소나무의 수를 알 수 있지.

(소나무의 수) = (전체 나무의 수) − (단풍나무의 수) − (밤나무의 수) − (은행나무의 수)

= ☐ − 16 − ☐ − 10

= ☐ (그루)

아~ 소나무는 ☐ 그루구나!

8

현주의 책장에 있는 책을 조사하여 나타낸 표와 막대그래프입니다. 과학책은 몇 권일까요?

책장에 있는 종류별 책 수

책	위인전	동화책	과학책	만화책	합계
책 수(권)	20			12	72

책장에 있는 종류별 책 수

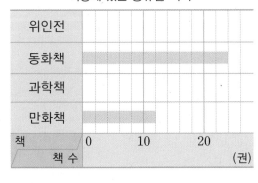

(   )

1

막대그래프에서 항목의 수량 비교하기

해인이네 학교 4학년 학생 중 오늘 도서관을 이용한 학생 수를 반별로 조사하여 나타낸 막대그래프입니다. 도서관을 이용한 학생 수가 3반보다 많은 반을 모두 구하려고 합니다. 풀이 과정을 쓰고 답을 구해 보세요.

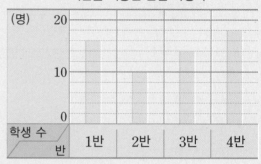

도서관을 이용한 반별 학생 수

막대의 길이가 3반보다 긴 반은?

💬 막대의 길이가 길수록
자료의 수가 많아!

🖊 **무엇을 쓸까?** ❶ 막대의 길이가 3반보다 긴 반 모두 찾기

❷ 도서관을 이용한 학생 수가 3반보다 많은 반 모두 구하기

풀이 **예** 막대의 길이가 길수록 도서관을 이용한 학생 수가 (많으므로 , 적으므로)

막대의 길이가 3반보다 긴 반을 모두 찾으면 (   )반, (   )반입니다. ··· ❶

따라서 도서관을 이용한 학생 수가 3반보다 많은 반은 (   )반, (   )반입니다. ··· ❷

답 _____

1-1

위 **1**의 그래프를 보고 도서관을 이용한 학생 수가 1반보다 적은 반을 모두 구하려고 합니다. 풀이 과정을 쓰고 답을 구해 보세요.

🖊 **무엇을 쓸까?** ❶ 막대의 길이가 1반보다 짧은 반 모두 찾기

❷ 도서관을 이용한 학생 수가 1반보다 적은 반 모두 구하기

풀이 _____

_____

답 _____

1-2

어느 지역에서 일주일 동안 발생한 쓰레기 양을 조사하여 나타낸 막대그래프입니다. 발생한 쓰레기 양이 나 마을보다 많은 마을을 모두 구하려고 합니다. 풀이 과정을 쓰고 답을 구해 보세요.

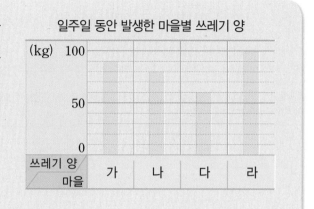

일주일 동안 발생한 마을별 쓰레기 양

🖐 **무엇을 쓸까?**　❶ 막대의 길이가 나 마을보다 긴 마을 모두 찾기

❷ 발생한 쓰레기 양이 나 마을보다 많은 마을 모두 구하기

풀이

답

1-3

진우네 집 꽃병에 꽂혀 있는 꽃을 조사하여 나타낸 막대그래프입니다. 꽃의 수가 튤립보다 적은 꽃을 모두 구하려고 합니다. 풀이 과정을 쓰고 답을 구해 보세요.

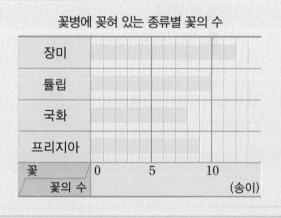

꽃병에 꽂혀 있는 종류별 꽃의 수

🖐 **무엇을 쓸까?**　❶ 막대의 길이가 튤립보다 짧은 꽃 모두 찾기

❷ 꽃의 수가 튤립보다 적은 꽃 모두 구하기

풀이

답

2 막대그래프의 내용 알아보기

푸른 농장에서 기르는 동물을 조사하여 나타낸 막대그래프입니다. 닭은 오리보다 몇 마리 더 많은지 풀이 과정을 쓰고 답을 구해 보세요.

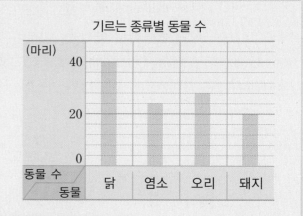

기르는 종류별 동물 수

> **닭 수와 오리 수의 차를 구하면?**

무엇을 쓸까?   ❶ 닭과 오리 수 각각 구하기

❷ 닭은 오리보다 몇 마리 더 많은지 구하기

세로 눈금 한 칸이 몇 마리를 나타내는지 알아봐!

풀이 예 세로 눈금 한 칸은 (   )마리를 나타내므로

닭은 (   )마리, 오리는 (   )마리입니다. ⋯ ❶

따라서 닭은 오리보다 (   )−(   )=(   )(마리) 더 많습니다. ⋯ ❷

답

2-1

위 **2**의 그래프를 보고 염소는 돼지보다 몇 마리 더 많은지 풀이 과정을 쓰고 답을 구해 보세요.

무엇을 쓸까?   ❶ 염소와 돼지 수 각각 구하기

❷ 염소는 돼지보다 몇 마리 더 많은지 구하기

풀이

답

2-2

지호네 학교 1반과 2반 학생들의 혈액형을 조사하여 나타낸 막대그래프입니다. B형과 O형 중 어느 혈액형인 학생이 몇 명 더 많은지 풀이 과정을 쓰고 답을 구해 보세요.

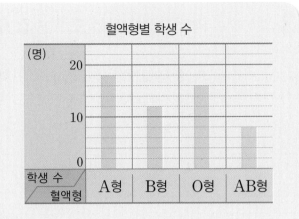

무엇을 쓸까? ❶ B형인 학생과 O형인 학생 수 각각 구하기

❷ B형인 학생과 O형인 학생 수를 비교하여 차 구하기

풀이

답 　　　　　　　,

2-3

유하네 학교 4학년 학생들이 좋아하는 운동을 조사하여 나타낸 막대그래프입니다. 좋아하는 학생이 가장 많은 운동과 가장 적은 운동의 학생 수의 차는 몇 명인지 풀이 과정을 쓰고 답을 구해 보세요.

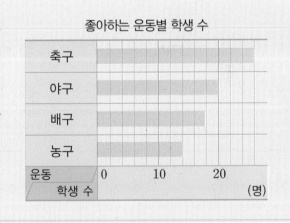

무엇을 쓸까? ❶ 좋아하는 학생이 가장 많은 운동과 가장 적은 운동의 학생 수 각각 구하기

❷ 좋아하는 학생이 가장 많은 운동과 가장 적은 운동의 학생 수의 차 구하기

풀이

답

3 막대그래프에서 모르는 값 구하기

민정이네 반 학생 22명이 좋아하는 과목을 조사하여 나타낸 막대그래프입니다. 수학을 좋아하는 학생은 몇 명인지 풀이 과정을 쓰고 답을 구해 보세요.

좋아하는 과목별 학생 수

전체 학생 수에서 국어, 사회, 과학을 좋아하는 학생 수를 빼면?

각 과목을 좋아하는 학생 수를 모두 더하면 전체 학생 수가 돼!

🖊 **무엇을 쓸까?**　❶ 국어, 사회, 과학을 좋아하는 학생 수 각각 구하기

　　　　　　　❷ 수학을 좋아하는 학생 수 구하기

풀이　예 세로 눈금 한 칸은 한 명을 나타내므로 과목별 좋아하는 학생 수를 알아보면

국어: (　　　)명, 사회: (　　　)명, 과학: (　　　)명입니다. --- ❶

따라서 수학을 좋아하는 학생은 22−(　　　)−(　　　)−(　　　)=(　　　)(명)입니다. --- ❷

답 ＿＿＿＿＿＿＿＿＿

3-1

민규네 학교 4학년 학생 48명이 좋아하는 곤충을 조사하여 나타낸 막대그래프입니다. 메뚜기를 좋아하는 학생은 몇 명인지 풀이 과정을 쓰고 답을 구해 보세요.

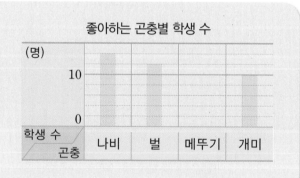

좋아하는 곤충별 학생 수

🖊 **무엇을 쓸까?**　❶ 나비, 벌, 개미를 좋아하는 학생 수 각각 구하기

　　　　　　　❷ 메뚜기를 좋아하는 학생 수 구하기

풀이 ＿＿＿＿＿＿＿＿＿＿＿＿＿＿＿＿＿＿＿

＿＿＿＿＿＿＿＿＿＿＿＿＿＿＿＿＿＿＿＿＿

답 ＿＿＿＿＿＿＿＿＿

3-2

어느 과일 가게에서 하루 동안 팔린 과일을 조사하여 나타낸 막대그래프입니다. 과일이 모두 180개 팔렸다면 복숭아는 몇 개 팔렸는지 풀이 과정을 쓰고 답을 구해 보세요.

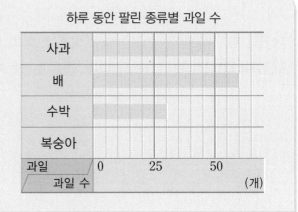

하루 동안 팔린 종류별 과일 수

🗲 **무엇을 쓸까?**　❶ 팔린 사과, 배, 수박의 수 각각 구하기

❷ 팔린 복숭아의 수 구하기

풀이

답

3-3

수요일부터 토요일까지 어느 식당에 방문한 손님 수를 조사하여 나타낸 막대그래프입니다. 목요일에 방문한 손님은 수요일에 방문한 손님보다 10명 더 많았고, 4일 동안 방문한 손님이 모두 350명이었습니다. 토요일에 방문한 손님은 몇 명인지 풀이 과정을 쓰고 답을 구해 보세요.

요일별 방문한 손님 수

🗲 **무엇을 쓸까?**　❶ 수요일, 목요일, 금요일에 방문한 손님 수 각각 구하기

❷ 토요일에 방문한 손님 수 구하기

풀이

답

수행 평가

[1~3] 현지네 반에서 모둠별로 모은 빈병의 수를 조사하여 나타낸 막대그래프입니다. 물음에 답하세요.

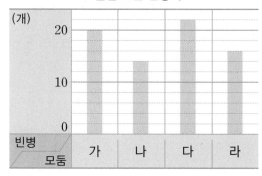

모둠별 모은 빈병 수

1 막대그래프에서 세로 눈금 한 칸은 몇 개를 나타낼까요?

( )

2 나 모둠에서 모은 빈병은 몇 개일까요?

( )

3 빈병을 많이 모은 모둠부터 차례로 써 보세요.

( )

[4~5] 정우네 반 학생들이 좋아하는 음식을 조사하여 나타낸 표입니다. 물음에 답하세요.

좋아하는 음식별 학생 수

음식	불고기	피자	짜장면	떡볶이	합계
학생 수(명)	9	6	8	7	30

4 표를 보고 막대그래프를 완성해 보세요.

5 알맞은 말에 ○표 하세요.

(1) 정우네 반에서 조사한 전체 학생 수를 알아보기에 편리한 것은 (표 , 막대그래프)입니다.

(2) 가장 많은 학생들이 좋아하는 음식을 한눈에 알아보기에 편리한 것은 (표 , 막대그래프)입니다.

[6~8] 은석이네 반 학생들의 취미를 조사하여 나타낸 막대그래프입니다. 물음에 답하세요.

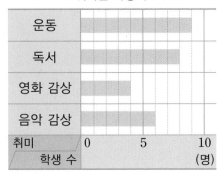

취미별 학생 수

6 학생 수가 음악 감상보다 많은 취미를 모두 써 보세요.

(   )

7 독서가 취미인 학생 수는 영화 감상이 취미인 학생 수의 몇 배일까요?

(   )

8 학생 수가 가장 많은 취미와 가장 적은 취미의 학생 수의 차는 몇 명일까요?

(   )

9 도시별 학교 수를 조사하여 나타낸 것입니다. 표와 막대그래프를 완성해 보세요.

도시별 학교 수

도시	가	나	다	라	합계
학교 수(개)	24		20	16	

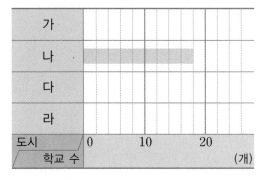

도시별 학교 수

서술형 문제

10 선아네 학교 4학년 반별 학생 수를 조사하여 나타낸 막대그래프입니다. 4학년 전체 학생 수가 114명일 때, 4반의 학생 수는 몇 명인지 풀이 과정을 쓰고 답을 구해 보세요.

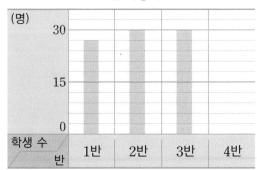

반별 학생 수

풀이

답

1

진도책 149쪽
4번 문제

수 배열표에서 규칙에 알맞은 수 배열을 찾아 색칠하고, 수 배열의 규칙에 맞게 ■에 알맞은 수를 구해 보세요.

■				
4752	4753	4754	4755	4756
5752	5753	5754	5755	5756
6752	6753	6754	6755	6756
7752	7753	7754	7755	7756
8752	8753	8754	8755	8756

규칙

8756부터 시작하여 1001씩 작아집니다.

> **어떻게 풀었니?**

수 배열표에서 규칙을 찾아보자!

수 배열표에서 가장 큰 수인 8756을 기준으로 살펴보면 왼쪽으로 [ ]씩 작아지고, 위쪽으로 [ ]씩 작아져.

즉, 8756부터 시작하여 (←, ↑, ↖) 방향으로 1001씩 작아지니까

8756부터 (←, ↑, ↖) 방향에 있는 칸들을 모두 색칠하면 돼.

■도 색칠된 칸에 포함되어 있으니까 ■는 [ ]보다 1001만큼 더 작은 수야.

아~ ■에 알맞은 수는 [ ](이)구나!

2

수 배열표를 보고 수 배열의 규칙에 맞게 ■에 알맞은 수를 구해 보세요.

20236	20246	20256	20266
21236	21246	21256	21266
22236	22246	22256	22266
23236	23246	23256	23266
			■

(   )

3

진도책 151쪽
9번 문제

두 가지 색의 타일을 규칙적으로 붙여 나갈 때, 다음에 이어질 모양에서 빨간색 타일과 파란색 타일은 각각 몇 개인지 구해 보세요.

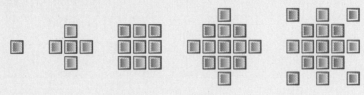

👨‍🎓 **어떻게 풀었니?**

규칙을 찾아 다음에 이어질 모양을 그려 보자!

빨간색과 파란색 타일이 번갈아 놓이고 있네.

파란색 타일은 왼쪽, 오른쪽, 위쪽, 아래쪽으로 각각 ☐개씩, 모두 ☐개씩 놓이고 있고,

빨간색 타일은 ＼, ／, ／, ＼ 방향으로 각각 ☐개씩, 모두 ☐개씩 놓이고 있어.

규칙에 맞게 다음에 이어질 모양을 그려 보자.

다음에 이어질 모양에서 빨간색 타일의 수는 그대로이니까 ☐개이고,

파란색 타일의 수는 8＋☐＝☐(개)야.

아~ 빨간색 타일은 ☐개, 파란색 타일은 ☐개구나!

6

4

규칙에 따라 바둑돌을 배열하였습니다. 여섯째 모양에서 검은색 바둑돌은 흰색 바둑돌보다 몇 개 더 많은지 구해 보세요.

(   )

5

진도책 153쪽
14번 문제

곱셈식의 배열에서 규칙을 찾아 계산 결과가 1234567654321이 되는 곱셈식을 써 보세요.

순서	곱셈식
첫째	$1 \times 1 = 1$
둘째	$11 \times 11 = 121$
셋째	$111 \times 111 = 12321$
넷째	$1111 \times 1111 = 1234321$

🎓 **어떻게 풀었니?**

곱셈식에서 규칙을 찾아보자!

첫째: 1이 1개인 수를 두 번 곱한 결과는 1

둘째: 1이 2개인 수를 두 번 곱한 결과는 121

셋째: 1이 3개인 수를 두 번 곱한 결과는 12321

넷째: 1이 ▢개인 수를 두 번 곱한 결과는 123▢321

1이 1개씩 늘어나는 수를 두 번 곱한 결과는 가운데를 중심으로 접으면 같은 수가 만나.

계산 결과가 1234567654321이 나오는 식은 ▢째 곱셈식이니까

1이 ▢개인 수를 두 번 곱한 식이 돼.

아~ 계산 결과가 1234567654321이 되는 곱셈식은

▢ × ▢ = ▢ (이)구나!

6

곱셈식의 배열에서 규칙을 찾아 계산 결과가 8888881111111이 나오는 곱셈식을 써 보세요.

순서	곱셈식
첫째	$9 \times 9 = 81$
둘째	$99 \times 89 = 8811$
셋째	$999 \times 889 = 888111$
넷째	$9999 \times 8889 = 88881111$

곱셈식 ....

7

진도책 156쪽
24번 문제

옳은 식을 모두 찾고 함께 쓰인 글자로 단어를 만들어 보세요.

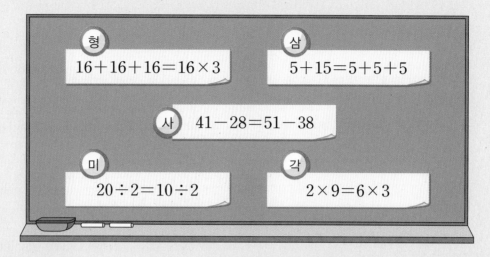

형 $16+16+16=16 \times 3$

삼 $5+15=5+5+5$

사 $41-28=51-38$

미 $20 \div 2=10 \div 2$

각 $2 \times 9=6 \times 3$

어떻게 풀었니?

등호(＝)의 왼쪽과 오른쪽을 살펴보자!

형: 16을 3번 더하는 것은 16에 3을 곱하는 것과 크기가 (같아 , 달라).

삼: $5+15=$ ☐ , $5+5+5=$ ☐ 이므로 $5+15$와 $5+5+5$는 크기가 (같아 , 달라).

사: 51은 41보다 ☐ 만큼 더 (크 , 작)고 38은 28보다 ☐ 만큼 더 (크 , 작)으므로

  $41-28$과 $51-38$은 크기가 (같아 , 달라).

미: $20 \div 2=$ ☐ , $10 \div 2=$ ☐ 이므로 $20 \div 2$와 $10 \div 2$는 크기가 (같아 , 달라).

각: ☐ 은 2를 3배 한 수이고 ☐ 은 9를 3으로 나눈 수이므로

  2×9와 6×3은 크기가 (같아 , 달라).

아~ 옳은 식으로 단어를 만들면 ☐ (이)구나!

8

옳은 식을 모두 찾고 함께 쓰인 글자로 단어를 만들어 보세요.

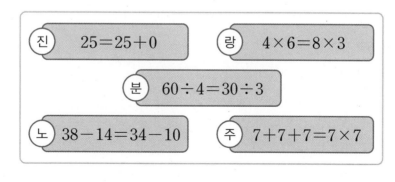

진 $25=25+0$

랑 $4 \times 6=8 \times 3$

분 $60 \div 4=30 \div 3$

노 $38-14=34-10$

주 $7+7+7=7 \times 7$

(   )

1

수의 배열에서 규칙 찾기

규칙적인 수의 배열에서 ●에 알맞은 수는 얼마인지 풀이 과정을 쓰고 답을 구해 보세요.

3005	3015	3025	3035	●	3055

오른쪽으로 몇씩 커지는 규칙인지
알아보면?

어느 자리 수가
얼마만큼씩 변하는지
알아봐!

🖊 **무엇을 쓸까?**　❶ 수의 배열에서 규칙 찾기

　　　　　　　　　❷ ●에 알맞은 수 구하기

풀이　예 3005부터 시작하여 오른쪽으로 (　　　)씩 커집니다. ··· ❶

따라서 ● = 3035 + (　　　) = (　　　　)입니다. ··· ❷

답　＿＿＿＿＿＿＿

1-1

규칙적인 수의 배열에서 ◆에 알맞은 수는 얼마인지 풀이 과정을 쓰고 답을 구해 보세요.

7603	7503	7403	7303	◆	7103

🖊 **무엇을 쓸까?**　❶ 수의 배열에서 규칙 찾기

　　　　　　　　　❷ ◆에 알맞은 수 구하기

풀이

답

1-2

규칙적인 수의 배열에서 ♥에 알맞은 수는 얼마인지 풀이 과정을 쓰고 답을 구해 보세요.

13054	14054	15054		♥	

🖍 **무엇을 쓸까?**
❶ 수의 배열에서 규칙 찾기
❷ ♥에 알맞은 수 구하기

풀이

답

1-3

규칙적인 수의 배열에서 ★에 알맞은 수는 얼마인지 풀이 과정을 쓰고 답을 구해 보세요.

729	243		27		★

🖍 **무엇을 쓸까?**
❶ 수의 배열에서 규칙 찾기
❷ ★에 알맞은 수 구하기

풀이

답

2 모양의 배열에서 규칙 찾기

규칙에 따라 모양을 배열하였습니다. 다섯째에 알맞은 모양에서 사각형(■)은 몇 개인지 풀이 과정을 쓰고 답을 구해 보세요.

첫째   둘째   셋째   넷째

> 사각형의 수가 몇 개씩 늘어나는지 알아보면?

바로 앞 단계의 사각형의 수와 비교해 봐!

✎ **무엇을 쓸까?**
❶ 모양의 배열에서 규칙 찾기
❷ 다섯째에 알맞은 모양에서 사각형의 수 구하기

풀이 예 사각형의 수가 1개부터 시작하여 (　　　)개씩 늘어납니다. … ❶

따라서 넷째 모양에서 사각형의 수는 (　　　)개이므로

다섯째에 알맞은 모양에서 사각형의 수는 (　　　)+(　　　)=(　　　)(개)입니다. … ❷

답

2-1

규칙에 따라 모양을 배열하였습니다. 다섯째에 알맞은 모양에서 사각형(■)은 몇 개인지 풀이 과정을 쓰고 답을 구해 보세요.

첫째   둘째   셋째   넷째

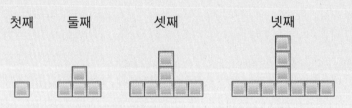

✎ **무엇을 쓸까?**
❶ 모양의 배열에서 규칙 찾기
❷ 다섯째에 알맞은 모양에서 사각형의 수 구하기

풀이

답

2-2

규칙에 따라 모양을 배열하였습니다. 일곱째에 알맞은 모양에서 사각형(■)은 몇 개인지 풀이 과정을 쓰고 답을 구해 보세요.

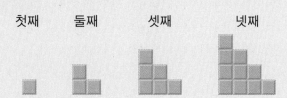

첫째　　둘째　　셋째　　넷째

무엇을 쓸까? ❶ 모양의 배열에서 규칙 찾기

❷ 일곱째에 알맞은 모양에서 사각형의 수 구하기

풀이

답

2-3

규칙에 따라 모양을 배열하였습니다. 64개의 사각형(■)을 배열한 모양은 몇째 모양인지 풀이 과정을 쓰고 답을 구해 보세요.

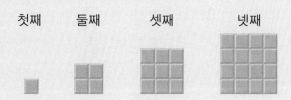

첫째　　둘째　　셋째　　넷째

무엇을 쓸까? ❶ 모양의 배열에서 규칙 찾기

❷ 64개의 사각형을 배열한 모양은 몇째 모양인지 구하기

풀이

답

3 계산식의 배열에서 규칙 찾기

덧셈식의 배열에서 규칙을 찾아
7777778＋2222223의 값을 구하려고 합니다.
풀이 과정을 쓰고 답을 구해 보세요.

$$78+23=101$$
$$778+223=1001$$
$$7778+2223=10001$$
$$77778+22223=100001$$

더해지는 수, 더하는 수에 따라
계산 결과는?

덧셈식에서 반복되는 숫자나 늘어나는 숫자를 찾아봐!

🖊 무엇을 쓸까? ❶ 덧셈식에서 규칙 찾기
❷ 7777778+2222223의 값 구하기

풀이 예 더해지는 수는 ( )이/가 1개씩 늘어나고, 더하는 수는 ( )이/가 1개씩 늘

어납니다. 계산 결과는 1 사이에 ( )이/가 1개씩 늘어납니다. ⋯ ❶

따라서 7777778＋2222223은 ( )째 덧셈식이므로 ( )입니다. ⋯ ❷

답 _____

3-1

곱셈식의 배열에서 규칙을 찾아
123456789×63의 값을 구하려고 합니다.
풀이 과정을 쓰고 답을 구해 보세요.

$$123456789\times\ 9=1111111101$$
$$123456789\times18=2222222202$$
$$123456789\times27=3333333303$$
$$123456789\times36=4444444404$$

🖊 무엇을 쓸까? ❶ 곱셈식에서 규칙 찾기
❷ 123456789×63의 값 구하기

풀이 _____

_____

_____

답 _____

4 계산하지 않고 옳은 식인지 알아보기

■ 안의 수를 바르게 고쳐 옳은 식을 만들려고 합니다. 풀이 과정을 쓰고 답을 구해 보세요.

$$67+18=70+\boxed{18}$$

등호(=) 양쪽의 수가
얼마만큼 커지고 작아졌을까?

더해지는 수가
커지면 더하는 수는
작아져야 해!

✍ **무엇을 쓸까?** ❶ 등호(=) 양쪽의 수가 얼마만큼 커지고 작아졌는지 비교하기

❷ ■ 안의 수를 바르게 고치기

풀이 예 더해지는 수가 67에서 70으로 (   )만큼 (커 , 작아)졌으므로 더하는 수가 18

에서 (   )(으)로 (   )만큼 (커 , 작아)져야 합니다. ┄ ❶

따라서 ■ 안의 수를 바르게 고치면 (   )입니다. ┄ ❷

답

4-1

■ 안의 수를 바르게 고쳐 옳은 식을 만들려고 합니다. 풀이 과정을 쓰고 답을 구해 보세요.

$$58-14=53-\boxed{14}$$

✍ **무엇을 쓸까?** ❶ 등호(=) 양쪽의 수가 얼마만큼 커지고 작아졌는지 비교하기

❷ ■ 안의 수를 바르게 고치기

풀이

답

수행 평가

1 수 배열표를 보고 색칠된 칸의 규칙을 찾아 빈 칸에 알맞은 수를 구해 보세요.

212	222	232	242	252
312	322	332	342	352
412	422	432	442	452
512	522	532		552

(   )

2 뺄셈식의 규칙에 따라 ☐ 안에 알맞은 수를 써넣으세요.

$$800 - 500 = 300$$
$$700 - \boxed{} = 300$$
$$\boxed{} - 300 = 300$$
$$500 - 200 = \boxed{}$$

3 수 배열의 규칙에 맞게 빈칸에 알맞은 수를 써넣으세요.

32 — 16 — 8 — ☐ — 2

4 모양의 배열을 보고 규칙을 찾아 다섯째에 알맞은 모양을 그려 보세요.

첫째   둘째   셋째   넷째

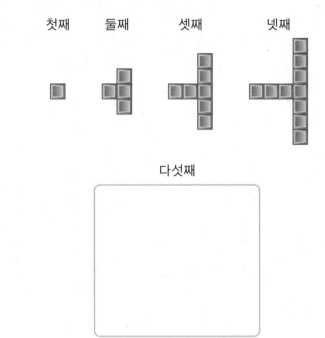

다섯째

5 규칙에 따라 사각형을 배열하였습니다. 다섯째에 알맞은 모양에서 빨간색 사각형(■)과 초록색 사각형(□)은 각각 몇 개인지 구해 보세요.

첫째   둘째   셋째   넷째

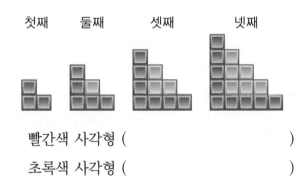

빨간색 사각형 (   )

초록색 사각형 (   )

6 곱셈식의 배열에서 규칙을 찾아 여섯째 곱셈식을 써 보세요.

순서	곱셈식
첫째	$12 \times 9 = 108$
둘째	$112 \times 9 = 1008$
셋째	$1112 \times 9 = 10008$
넷째	$11112 \times 9 = 100008$

곱셈식 ....

7 등호(=)를 사용하여 나타낼 수 있는 두 식을 찾아 ○표 하고, 등호(=)가 있는 식으로 나타내 보세요.

| $56 - 5$ |
| $19 + 33$ |

| $11 + 47$ |
| $60 - 2$ |

식 ....

8 주어진 카드를 사용하여 식을 완성해 보세요. (단, 카드를 여러 번 사용할 수 있습니다.)

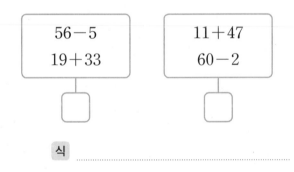

식 ☐ ☐ ☐ = ☐ ☐ ☐

9 달력의 색칠된 부분에 있는 수 배열에서 규칙을 찾아 빈칸에 알맞은 덧셈식을 써넣으세요.

일	월	화	수	목	금	토
		1	2	3	4	5
6	7	8	9	10	11	12
13	14	15	16	17	18	19
20	21	22	23	24	25	26
27	28	29	30	31		

$$2 + 10 = 3 + 9$$
$$9 + 17 = 10 + 16$$
$$16 + 24 = 17 + 23$$

| ☐ |

서술형 문제

10 나눗셈식의 배열에서 규칙을 찾아 $44444442222222 \div 6666666$의 값을 구하려고 합니다. 풀이 과정을 쓰고 답을 구해 보세요.

순서	나눗셈식
첫째	$4422 \div 66 = 67$
둘째	$444222 \div 666 = 667$
셋째	$44442222 \div 6666 = 6667$
넷째	$4444422222 \div 66666 = 66667$

풀이 ....

....

....

....

답 ....

총괄 평가

1 큰 각부터 차례로 써 보세요.

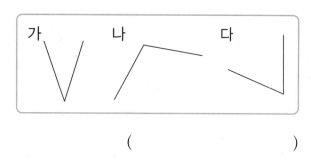

(   )

2 조가 135개, 억이 426개, 만이 2897개인 수를 써 보세요.

(   )

3 오른쪽 모양으로 만들 수 없는 무늬를 찾아 기호를 써 보세요.

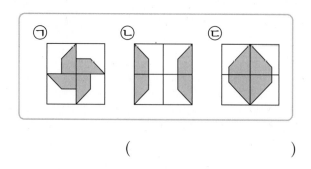

(   )

[4~5] 은아네 학교 4학년 학생들이 좋아하는 음료수를 조사하여 나타낸 막대그래프입니다. 물음에 답하세요.

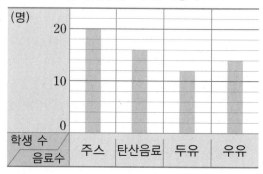

좋아하는 음료수별 학생 수

4 탄산음료를 좋아하는 학생과 두유를 좋아하는 학생 수의 차는 몇 명일까요?

(   )

5 많은 학생들이 좋아하는 음료수부터 차례로 써 보세요.

(   )

6 십억의 자리 숫자가 가장 큰 수는 어느 것일까요? (　　　)

① 375861240000　② 4293570830
③ 68415745301　④ 17430582640
⑤ 5934079625

9 수 배열표를 보고 ●에 알맞은 수를 구해 보세요.

	305	306	307	308
21	5	6	7	8
22	0	2	4	6
23	5	8	●	4
24	0	4	8	2

(　　　　　　　)

7 둔각은 예각보다 몇 개 더 많은지 구해 보세요.

124°	71°	16°	175°
90°	153°	89°	92°

(　　　　　　　)

10 시계 방향으로 180°만큼 돌렸을 때 처음 모양과 같은 알파벳을 찾아 써 보세요.

D N C J

(　　　　　　　)

8 곱의 크기를 비교하여 ○ 안에 >, =, < 중 알맞은 것을 써넣으세요.

⑴ 615×50 ○ 515×60

⑵ 345×21 ○ 543×12

11 규칙을 찾아 빈칸에 알맞은 모양을 그리고, ☐ 안에 알맞은 수를 써넣으세요.

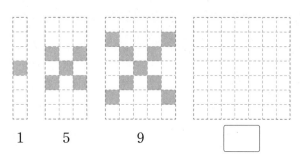

1   5   9   ☐

12 민우네 학교 학생 64명이 운동장에서 하고 있는 민속놀이를 조사하여 나타낸 막대그래프입니다. 팽이치기는 몇 명이 하고 있는지 구해 보세요.

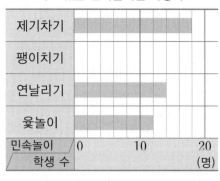

하고 있는 민속놀이별 학생 수

(   )

13 ☐ 안에 알맞은 수를 써넣으세요.

(1)
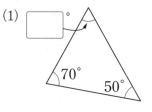

(2)
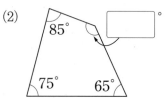

14 곱셈식의 배열에서 규칙을 찾아 37037×21 의 값을 구해 보세요.

순서	곱셈식
첫째	$37037 \times 3 = 111111$
둘째	$37037 \times 6 = 222222$
셋째	$37037 \times 9 = 333333$
넷째	$37037 \times 12 = 444444$

(   )

15 사과를 30개까지 담을 수 있는 상자가 있습니다. 이 상자에 사과 168개를 남김없이 모두 담으려면 상자는 적어도 몇 개가 필요할까요?

(   )

16 도형을 어느 방향으로 돌린 것인지 찾아 기호를 써 보세요.

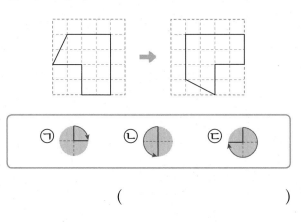

( )

17 어떤 수에서 300만씩 뛰어 세기를 4번 하였더니 1억 9600만이 되었습니다. 어떤 수는 얼마인지 구해 보세요.

( )

18 ☐ 안에 들어갈 수 있는 수 중에서 가장 큰 수를 구해 보세요.

$$\boxed{} \div 19 = 23 \cdots ★$$

( )

19 0부터 9까지의 수를 모두 한 번씩만 사용하여 10자리 수를 만들려고 합니다. 만들 수 있는 가장 작은 수는 얼마인지 풀이 과정을 쓰고 답을 구해 보세요.

풀이

답

20 한 상자에 공책이 425권씩 들어 있는 상자가 24개 있습니다. 공책은 모두 몇 권인지 풀이 과정을 쓰고 답을 구해 보세요.

풀이

답

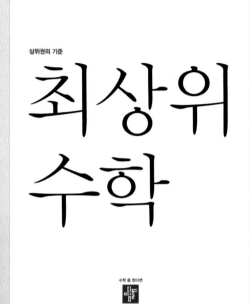

한 걸음 한 걸음 디딤돌을 걷다 보면
수학이 완성됩니다.

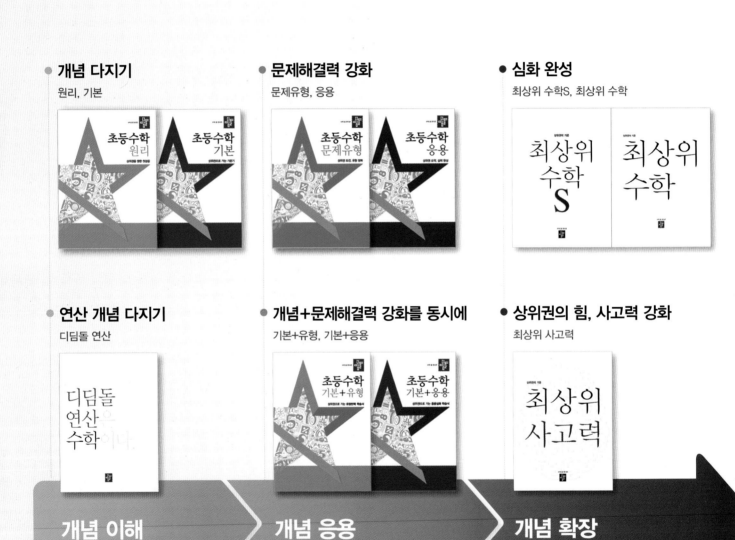

- **개념 다지기**
  원리, 기본

- **문제해결력 강화**
  문제유형, 응용

- **심화 완성**
  최상위 수학S, 최상위 수학

- **연산 개념 다지기**
  디딤돌 연산

- **개념+문제해결력 강화를 동시에**
  기본+유형, 기본+응용

- **상위권의 힘, 사고력 강화**
  최상위 사고력

개념 이해 > **개념 응용** > **개념 확장**

학습 능력과 목표에 따라
맞춤형이 가능한 디딤돌 초등 수학

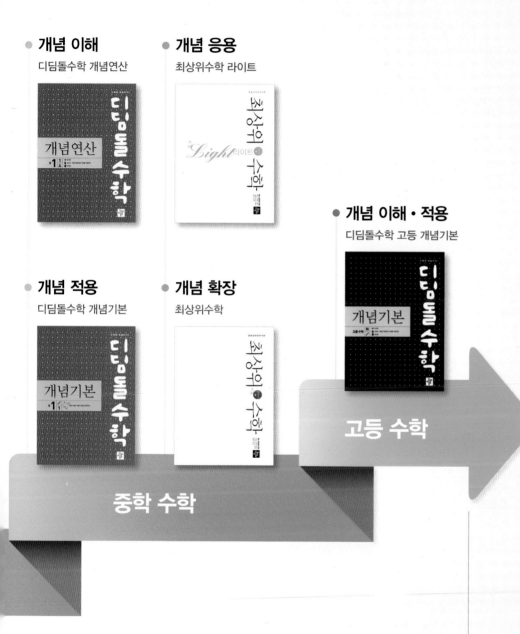

개념 이해
디딤돌수학 개념연산

개념 응용
최상위수학 라이트

개념 이해 · 적용
디딤돌수학 고등 개념기본

개념 적용
디딤돌수학 개념기본

개념 확장
최상위수학

고등 수학

중학 수학

초등부터
고등까지

수학 좀 한다면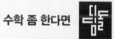

개념을 이해하고, 깨우치고, 꺼내 쓰는
올바른 중고등 개념 학습서

수능까지 연결되는 독해 로드맵

디딤돌 독해력은 수능까지 연결되는 체계적인 라인업을 통하여

수능에서 요구하는 핵심 독해 원리에 대한 이해는 물론,

단계 별로 심화되며 연결되는 학습의 과정을 통해

깊이 있고 종합적인 독해 사고의 능력까지 기를 수 있도록 도와줍니다.

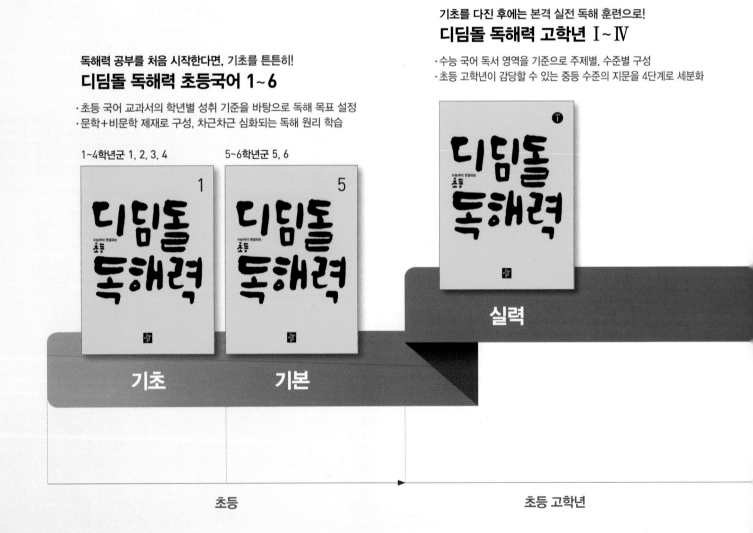

기초를 다진 후에는 본격 실전 독해 훈련으로!
디딤돌 독해력 고학년 Ⅰ~Ⅳ

· 수능 국어 독서 영역을 기준으로 주제별, 수준별 구성
· 초등 고학년이 감당할 수 있는 중등 수준의 지문을 4단계로 세분화

독해력 공부를 처음 시작한다면, 기초를 튼튼히!
디딤돌 독해력 초등국어 1~6

· 초등 국어 교과서의 학년별 성취 기준을 바탕으로 독해 목표 설정
· 문학+비문학 제재로 구성, 차근차근 심화되는 독해 원리 학습

1~4학년군 1, 2, 3, 4   5~6학년군 5, 6

실력

기초   기본

초등   초등 고학년

기본 | 정답과 풀이

수학 좀 한다면

디딤돌

4-1

1 큰 수

과학, 산업, 정보 기술의 눈부신 발전은 시대를 거치며 인구의 증가와 함께 수많은 생산물과 정보를 만들어냈습니다. 이렇게 방대해진 인구와 생산물 및 정보를 표현하기 위해서는 큰 수의 사용이 필요합니다. 이제 초등학교에서도 큰 수를 다루어야 하는 일이 많고, 4학년 사회 교과에서 다루는 인구나 경제 및 지역 사회의 개념 이해 탐구를 위해 2학년 때 배운 네 자리 수 이상의 큰 수를 사용하게 됩니다. 이에 따라 이번 단원에서는 다섯 자리 이상의 수를 학습합니다. 10000 이상의 수를 구체물로 표현하는 것은 어렵지만, 십진법에 의한 자릿값의 원리는 네 자리 수와 똑같으므로 네 자리 수의 개념을 바탕으로 다섯 자리 이상의 수로 확장할 수 있도록 지도합니다.

교 과 서 개념 이해 1 숫자 5개로 이루어진 수가 다섯 자리 수야.
8~9쪽

1 10000

2 (1) 10000 (2) 200 (3) 500

3 예

1000	1000	1000	1000	1000	1000	1000
1000	1000	1000	1000	1000	1000	1000

4 (1) 26905 (2) 6, 1, 5, 2, 4

5 (위에서부터) 사만 오천이백육십사 / 오만 팔천구십육, 76103

6 40000, 500 / 40000, 500

---

1 1000원이 10장이면 10000원입니다.

3 10000은 1000이 10개인 수이므로 1000을 10개 색칠합니다.

4 (1)
$$10000이\ 2개 \rightarrow 20000$$
$$1000이\ 6개 \rightarrow 6000$$
$$100이\ 9개 \rightarrow 900$$
$$10이\ 0개 \rightarrow 0$$
$$\underline{1이\ 5개 \rightarrow 5}$$
$$26905$$

(2) 61524는 10000이 6개, 1000이 1개, 100이 5개, 10이 2개, 1이 4개입니다.

---

5 숫자가 0인 자리는 읽지 않고, 읽지 않은 자리에는 숫자 0을 씁니다.

6 48516을 각 자리의 숫자가 나타내는 값의 합으로 나타내면 48516 = 40000 + 8000 + 500 + 10 + 6입니다.

교 과 서 개념 이해 2 만이 몇 개, 일이 몇 개인 수들이야.
10~11쪽

1 10, 100, 1000

2 (1) 360 (2) 2968 (3) 8700

3 10만, 100만, 1000만

4 (위에서부터) 2, 4 / 200 0000, 80 0000, 4 0000

5 (위에서부터) 5434 0000 / 사백십오만, 8503 0000

6 (1) 2000 0000 (또는 2000만)
(2) 100 0000 (또는 100만)
(3) 90 0000 (또는 90만)
(4) 5 0000 (또는 5만)

---

1 10000이 10개이면 10 0000, 10000이 100개이면 100 0000, 10000이 1000개이면 1000 0000입니다.

3 10000이 10개이면 10만, 10000이 100개이면 100만, 10000이 1000개이면 1000만이므로 1만의 10배는 10만, 10만의 10배는 100만, 100만의 10배는 1000만입니다.

4 3284 0000
$$= 3000\,0000 + 200\,0000 + 80\,0000 + 4\,0000$$

5 숫자가 0인 자리는 읽지 않고, 읽지 않은 자리에는 숫자 0을 씁니다.

6 (1) 2는 천만의 자리 숫자이므로 20000000 또는 2000만을 나타냅니다.
(2) 1은 백만의 자리 숫자이므로 1000000 또는 100만을 나타냅니다.
(3) 9는 십만의 자리 숫자이므로 900000 또는 90만을 나타냅니다.
(4) 5는 만의 자리 숫자이므로 50000 또는 5만을 나타냅니다.

3 억이 몇 개, 만이 몇 개, 일이 몇 개인 수들이야.　　　12쪽

1 (위에서부터) 10, 10 / 100만

2 (1) 7149　(2) 칠천백사십구억
　　(3) 100⏉0000⏉0000, 9⏉0000⏉0000

1 1000만의 10배인 수는 1억입니다.

2 (3)

	천억의 자리	백억의 자리
숫자 ➡	7	1
나타내는 값 ➡	7000⏉0000⏉0000	100⏉0000⏉0000

	십억의 자리	억의 자리
숫자 ➡	4	9
나타내는 값 ➡	40⏉0000⏉0000	9⏉0000⏉0000

4 조가 몇 개, 억이 몇 개, 만이 몇 개, 일이 몇 개인 수들이야.　　　13쪽

1 1조, 100조

2 (1) 3528　(2) 삼천오백이십팔조
　　(3) 500⏉0000⏉0000⏉0000, 20⏉0000⏉0000⏉0000

1 1000억의 10배인 수는 1조입니다.

2 (3)

	천조의 자리	백조의 자리
숫자 ➡	3	5
나타내는 값 ➡	3000⏉0000⏉0000⏉0000	500⏉0000⏉0000⏉0000

	십조의 자리	조의 자리
숫자 ➡	2	8
나타내는 값 ➡	20⏉0000⏉0000⏉0000	8⏉0000⏉0000⏉0000

1 다섯 자리 수 알아보기　　　14~15쪽

1 (1) 9700, 10000　(2) 9996, 9999, 10000

2 2000

---

3 45802, 사만 오천팔백이

4 (1) 4000, 700, 80　(2) 1000, 600, 40

5 예 74016, 칠만 사천십육

6 ㉣

7 예 곰인형, 1, 7, 6 / 자동차, 3, 4, 2

🎓 (위에서부터) 10000 / 예 1, 2, 3, 4, 5 / 0 / 0

1 (1) 100씩 커지는 규칙이므로 9600보다 100만큼 더 큰 수는 9700, 9900보다 100만큼 더 큰 수는 10000 입니다.
　(2) 1씩 커지는 규칙이므로 9995보다 1만큼 더 큰 수는 9996, 9998보다 1만큼 더 큰 수는 9999, 9999보다 1만큼 더 큰 수는 10000입니다.

2 민지와 지우가 가지고 있는 돈은 8000원입니다.
10000은 8000보다 2000만큼 더 큰 수이므로 민수가 가지고 있는 돈은 2000원입니다.

3 10000이 4개 → 40000
　　1000이 5개 →　5000
　　100이 8개 →　　800
　　1이 2개 →　　　　2
　　　　　　 → 45802 ➡ 사만 오천팔백이

4 (1) 34786 = 30000 + 4000 + 700 + 80 + 6
　　(2) 51642 = 50000 + 1000 + 600 + 40 + 2

5 자유롭게 다섯 자리 수를 만들고 읽어 봅니다. 이때 다섯 자리 수에서 가장 높은 자리인 만의 자리에는 0을 놓지 않습니다.

6 숫자 8이 나타내는 값은
㉠ 38795 ➡ 8000, ㉡ 54078 ➡ 8,
㉢ 95187 ➡ 80, ㉣ 87453 ➡ 80000
이므로 숫자 8이 나타내는 값이 가장 큰 수는 ㉣ 87453 입니다.

😊 내가 만드는 문제
7 예 곰인형을 고른다면 곰인형의 가격은 17600원이므로 10000원짜리 지폐 1장, 1000원짜리 지폐 7장, 100원 짜리 동전 6개가 필요합니다.
자동차를 고른다면 자동차의 가격은 34200원이므로 10000원짜리 지폐 3장, 1000원짜리 지폐 4장, 100원 짜리 동전 2개가 필요합니다.

다른 풀이 | 17600원을 1000원짜리 지폐 17장, 100원짜리 동전 6개 등 여러 가지 방법으로 만들 수 있습니다.
34200원을 10000원짜리 지폐 2장, 1000원짜리 지폐 14장, 100원짜리 동전 2개 등 여러 가지 방법으로 만들 수 있습니다.

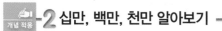
2 십만, 백만, 천만 알아보기 16~17쪽

8

9 2100 4800, 이천백만 사천팔백

10 예 (○) (　) /
561 0000 (또는 561만), 오백육십일만

11 (1) ㉡ (2) ㉣　　　　**12** ㉠

13 17 0000원

14 예 3, 5, 1, 8 / 삼천오백십팔만 오천십칠

🎓 오천팔백사 / 칠천삼십육, 이천오백일

8 10000이 10개이면 10 0000(10만),
10000이 100개이면 100 0000(100만),
10000이 1000개이면 1000 0000(1000만)입니다.

9 10000이 2100개, 1이 4800개인 수
➡ 2100만 4800 ➡ 2100 4800

10 ·561 0000 또는 561만 ➡ 오백육십일만
·409 0000 또는 409만 ➡ 사백구만

11 (1) 각 수의 십만의 자리 숫자를 알아보면
㉠ 75<u>2</u> 1849 ➡ 5,
㉡ 4<u>2</u>5 4013 ➡ 2,
㉢ 9<u>3</u>7 0152 ➡ 3,
㉣ 70<u>5</u> 3891 ➡ 5
이므로 십만의 자리 숫자가 2인 수는 ㉡입니다.
(2) 숫자 7이 나타내는 값을 알아보면
㉠ <u>7</u>52 1849 ➡ 700 0000,
㉡ 4<u>7</u>25 4013 ➡ 700 0000,
㉢ 9137 0152 ➡ 70000,
㉣ <u>7</u>052 3891 ➡ 7000 0000
이므로 숫자 7이 나타내는 값이 가장 큰 수는 ㉣입니다.

12 ㉠ 9635 0000 ➡ 4개
㉡ 1850 0065 ➡ 3개
따라서 0의 개수가 더 많은 것은 ㉠입니다.

13
```
    125000원
     30000원
  +  15000원
    170000원
```

14 여덟 자리 수를 만들고 바르게 읽었는지 확인합니다.

3 억 알아보기 18~19쪽

15 3600 0107 0000 (또는 3600억 107만),
삼천육백억 백칠만

16 (1) 4 7000 0000 (또는 4억 7000만)
(2) 650 0000 0000 (또는 650억)

17 8개　　　　**18** 삼백칠십사억 육천십칠만

19 동호　　　　**20** ㉢

21 (1) 예 10000, 10000　(2) 예 8000만, 2000만

🎓 (왼쪽에서부터) 1000만, 1억 / 10000

15 억이 3600개, 만이 107개인 수
➡ 3600 0107 0000 또는 3600억 107만

16 (1) 4700만의 10배 ➡ 4 7000 0000 또는 4억 7000만
(2) 6500만의 1000배 ➡ 650 0000 0000 또는 650억

17 오천구십억 육백만 삼천 ➡ 5090억 600만 3000
➡ 5090 0600 3000
따라서 수로 나타내면 0은 모두 8개입니다.

18 374 6017 0000 ➡ 374억 6017만
➡ 삼백칠십사억 육천십칠만

19 우리나라에 사는 인구수를 50억 명쯤이라고 하기엔 너무 많습니다.
➡ 우리나라에 사는 인구수는 5천만 명쯤입니다.

20 백억의 자리 숫자를 알아보면
㉠ 1<u>5</u>7 0432 8500 ➡ 1,
㉡ <u>2</u>60 0000 0000 ➡ 2,
㉢ 6<u>4</u>31 0749 1000 ➡ 4,
㉣ <u>3</u>016 1800 0000 ➡ 0입니다.
따라서 백억의 자리 숫자가 가장 큰 수는 ㉢입니다.

21 1억을 바르게 설명했으면 모두 정답입니다.

개념 적용 4 조 알아보기

20~21쪽

22 (1) 5 3600 0000 0000 (또는 5조 3600억)
　　(2) 13 0824 0000 0000 (또는 13조 824억)

23 100억, 1억

24 (위에서부터) 이십칠조 오천오백십억 /
　　23 7604 0000 0000

25 ㉡

26 상수 / ㉎ 백억의 자리 숫자는 2입니다.

27 600 0000 0000 (또는 600억)

28 (1) ㉎ 10000, 1 0000 0000
　　(2) ㉎ 9000억, 1000억

(왼쪽에서부터) 100조, 1000조 / 100조, 1000조

---

22 (1) 조가 5개, 억이 3600개인 수
　　➡ 5 3600 0000 0000 또는 5조 3600억
　　(2) 조가 13개, 억이 824개인 수
　　➡ 13 0824 0000 0000 또는 13조 824억

23
　　┌ 9000억보다 1000억만큼 더 큰 수
1조 ┤ 9900억보다　100억만큼 더 큰 수
　　├ 9990억보다　　10억만큼 더 큰 수
　　└ 9999억보다　　1억만큼 더 큰 수

24 27 5510 0000 0000 ➡ 이십칠조 오천오백십억
이십삼조 칠천육백사억 ➡ 23 7604 0000 0000

25 7434 1248 0000 0000
　　　　㉠㉡　㉢
㉠은 400조, ㉡은 4조, ㉢은 40억을 나타냅니다.

26 871 0296 0453 0000
　　　조　억　만
백억의 자리 숫자는 2이므로 잘못 설명한 사람은 상수입니다.

27 18조 1065억 ➡ 18 1065 0000 0000
18 1065 0000 0000을 10배 한 수
➡ 181 0650 0000 0000
181 0650 0000 0000에서 숫자 6은 백억의 자리 숫자이므로 숫자 6이 나타내는 값은 600 0000 0000 또는 600억입니다.

☺ 내가 만드는 문제
28 1조를 바르게 설명했으면 모두 정답입니다.

교과서 개념 이해 5 몇씩 뛰어 세었는지 바뀌는 자리의 수를 보자.

22쪽

❶ (1) 74 0000, 94 0000　(2) 154억, 155억, 158억
　　(3) 4328조, 4348조, 4358조

❷ (1) 100만씩　(2) 1000억씩

❶ (1) 10 0000씩 뛰어 세면 십만의 자리 수가 1씩 커집니다.
　　(2) 1억씩 뛰어 세면 억의 자리 수가 1씩 커집니다.
　　(3) 10조씩 뛰어 세면 십조의 자리 수가 1씩 커집니다.

❷ (1) 백만의 자리 수가 1씩 커지므로 100만씩 뛰어 센 것입니다.
　　(2) 천억의 자리 수가 1씩 커지므로 1000억씩 뛰어 센 것입니다.

교과서 개념 이해 6 수가 커져도 수의 크기를 비교하는 방법은 같아.

23쪽

❶ 천만의 자리부터 6, 7, 4, 9 / ＞

❷ (1) ＜, ＜　(2) ＞, ＞

❸ (1) (○)(　)　(2) (　)(○)

❶ 2 1836 0000 ＞ 6749 0000
　　9자리 수　　　8자리 수

❷ 자리 수가 같으므로 높은 자리 수부터 차례로 비교합니다.

❸ (1) 528 0700 ＞ 523 9400
　　　　　8＞3

　　(2) 28억 1530만 ＜ 280억 3210만
　　　　10자리 수　　　11자리 수

개념 적용 5 뛰어 세기

24~25쪽

1 (1) 628만, 728만　(2) 1340억, 1640억
1➕ 10406

2 (1) 6560억, 7560억, 9560억
　　(2) 4660억, 4860억, 4960억, 5060억

3

		9349만		
		8349만		
		7349만		7549만
6249만	6349만	6449만	6549만	6649만
		5349만		5549만
				4549만
				3549만

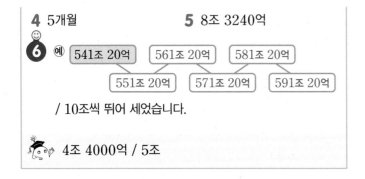

4 5개월　　　　　　　　**5** 8조 3240억

6 예

541조 20억 → 561조 20억 → 581조 20억

551조 20억 → 571조 20억 → 591조 20억

/ 10조씩 뛰어 세었습니다.

4조 4000억 / 5조

---

1 (1) 백만의 자리 수가 1씩 커지므로 100만씩 뛰어 셉니다.
　　(2) 백억의 자리 수가 1씩 커지므로 100억씩 뛰어 셉니다.
　　➕ 10002에서 시작하여 오른쪽으로 101씩 커집니다.

2 (1) 1000억씩 뛰어 세면 천억의 자리 수가 1씩 커집니다.
　　(2) 100억씩 뛰어 세면 백억의 자리 수가 1씩 커집니다.

3 왼쪽에서 오른쪽으로 100만씩 뛰어 세었고, 위쪽에서 아래쪽으로 1000만씩 거꾸로 뛰어 세었습니다.

4 0에서 30만씩 뛰어 세면
　　0 − 30만 − 60만 − 90만 − 120만 − 150만
　　입니다.
　　따라서 30만 원씩 5번 뛰어 센 수가 150만 원이므로 적어도 5개월이 걸립니다.

5 8조 6240억에서 1000억씩 거꾸로 뛰어 세면
　　8조 6240억 − 8조 5240억 − 8조 4240억 − 8조 3240억
　　　　　　　　　(1번)　　　　　(2번)　　　　　(3번)
　　입니다.
　　따라서 ㉠에 알맞은 수는 8조 3240억입니다.

😊 내가 만드는 문제
6 규칙을 정하여 수를 바르게 뛰어 세었는지 확인합니다.

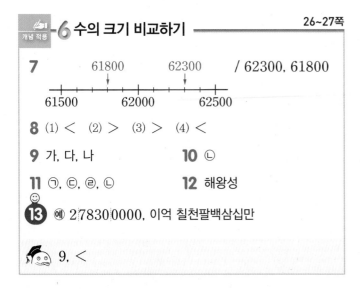

개념 적용 6 수의 크기 비교하기　　　　　26~27쪽

7

61800　　　　62300　　　　/ 62300, 61800

61500　　61800　62000　62300　62500

8 (1) <　(2) >　(3) >　(4) <

9 가, 다, 나　　　　　　**10** ㉡

11 ㉠, ㉢, ㉣, ㉡　　　　**12** 해왕성

13 예 2 7830 0000, 이억 칠천팔백삼십만

9, <

---

7 수직선에서는 오른쪽에 있는 수가 더 크므로 62300이 61800보다 큽니다.

---

8 (1) 367970 < 375940
　　　　　　6 < 7
　　(2) 14398700 > 8750464
　　　　8자리 수　　　7자리 수
　　(3) 226억 3145만 > 96억 5200만
　　　　11자리 수　　　　10자리 수
　　(4) 83 4708 0000 0000 ➡ 83조 4708억
　　　83조 4708억 < 83조 4800억
　　　　　　7 < 8

9 가: 137 6700, 나: 140 2000, 다: 139 5800
세 수의 자리 수가 모두 같으므로 십만의 자리 수를 비교하면 3 < 4이므로 나의 판매 가격이 가장 높습니다.
가와 다의 만의 자리 수를 비교하면 7 < 9이므로 가의 판매 가격이 가장 낮습니다.
따라서 판매 가격이 낮은 판매자부터 차례로 기호를 쓰면 가, 다, 나입니다.

10 억이 3500개, 만이 4800개인 수 ➡ 3500억 4800만
➡ 3500 4800 0000(12자리 수)
㉠ 2503 7240 0000(12자리 수) ➡ 천억의 자리 수를 비교하면 2 < 3이므로 □ 안에 들어갈 수 없습니다.
㉡ 3500억 5200만 ➡ 3500 5200 0000 ➡ 천만의 자리 수를 비교하면 5 > 4이므로 □ 안에 들어갈 수 있습니다.
㉢ 932 8000 5000 ➡ 11자리 수이므로 □ 안에 들어갈 수 없습니다.

11 ㉠ 42조 8600억 ➡ 42 8600 0000 0000(14자리 수)
㉡ 4280 0000 0000(12자리 수)
㉢ 사십조 구천오백사십팔억 ➡ 40조 9548억
➡ 40 9548 0000 0000(14자리 수)
㉣ 사조 구백구십억 ➡ 4조 990억
➡ 4 0990 0000 0000(13자리 수)
㉠과 ㉢의 조의 자리 수를 비교하면 2 > 0이므로 ㉠이 더 큽니다.
따라서 큰 수부터 차례로 기호를 쓰면 ㉠, ㉢, ㉣, ㉡입니다.

12 목성: 7 7834 0000(9자리 수)
해왕성: 44억 9840만 ➡ 44 9840 0000(10자리 수)
따라서 태양과 행성 사이의 거리가 더 먼 행성은 해왕성입니다.

😊 내가 만드는 문제
13 2억보다 큰 수는 10 3500 0000, 2 7830 0000, 3 9700 0000입니다.
10 3500 0000 ➡ 10억 3500만 ➡ 십억 삼천오백만
2 7830 0000 ➡ 2억 7830만 ➡ 이억 칠천팔백삼십만
3 9700 0000 ➡ 3억 9700만 ➡ 삼억 구천칠백만

발전 문제

1	37829	**2**	62000원
3	91580원	**4**	129조

5 9200만, 9800만

6 2억 4000만, 3억 6000만

7	8조 800억	**8**	3조 4200억

9 8조 2000억

10 2000|0000 (또는 2000만), 20000 (또는 2만)

11	10000배	**12**	2000배
13	96531	**14**	85|6310
15	10|0123|2344	**16**	>
17	0, 1, 2	**18**	㉠

1
10000이 3개 → 30000
1000이 7개 → 7000
100이 8개 → 800
10이 2개 → 20
1이 9개 → 9
          37829

2
10000원짜리 지폐 5장 → 50000원
1000원짜리 지폐 12장 → 12000원
                62000원

3
10000원짜리 지폐 7장 → 70000원
1000원짜리 지폐 21장 → 21000원
100원짜리 동전 5개 → 500원
10원짜리 동전 8개 →   80원
                91580원

4 124조와 134조 사이에 눈금이 10칸 있고 눈금 10칸의 크기가 10조이므로 눈금 한 칸의 크기는 1조입니다.
따라서 ㉠이 나타내는 수는 124조에서 1조씩 5번 뛰어 센 129조입니다.

5 9000만과 1억 사이에 눈금이 10칸 있고 눈금 10칸의 크기가 1000만이므로 눈금 한 칸의 크기는 100만입니다.
따라서 ㉠이 나타내는 수는 9000만에서 100만씩 2번 뛰어 센 9200만이고, ㉡이 나타내는 수는 9000만에서 100만씩 8번 뛰어 센 9800만입니다.

6 2억과 3억 사이에 눈금이 5칸 있고 눈금 5칸의 크기가 1억이므로 눈금 한 칸의 크기는 2000만입니다.

따라서 ㉠이 나타내는 수는 2억에서 2000만씩 2번 뛰어 센 2억 4000만이고, ㉡이 나타내는 수는 3억에서 2000만씩 3번 뛰어 센 3억 6000만입니다.

7 100억씩 뛰어 세면 백억의 자리 수가 1씩 커집니다.
8조 500억 ─ 8조 600억 ─ 8조 700억 ─ 8조 800억
다른 풀이 | 100억씩 3번 뛰어 세면 300억이 커지므로 8조 500억보다 300억만큼 더 큰 8조 800억입니다.

8 50억씩 10번 뛰어 세면 500억이 커지므로 어떤 수는 3조 4700억보다 500억만큼 더 작은 3조 4200억입니다.

9 30억씩 10번 뛰어 세면 300억이 커지므로 어떤 수는 7조 2300억보다 300억만큼 더 작은 7조 2000억입니다.
1000억씩 10번 뛰어 세면 1조가 커지므로 7조 2000억보다 1조만큼 더 큰 8조 2000억이 됩니다.

10 2802|0000
          ㉠ ㉡
㉠의 숫자 2는 천만의 자리 숫자이므로 20000000 또는 2000만을 나타내고, ㉡의 숫자 2는 만의 자리 숫자이므로 20000 또는 2만을 나타냅니다.

11 574|8512|0000
        ㉠   ㉡
㉠의 숫자 5는 백억의 자리 숫자이므로 500|0000|0000을 나타내고, ㉡의 숫자 5는 백만의 자리 숫자이므로 500|0000을 나타냅니다.
500|0000|0000은 500|0000보다 0이 4개 더 많으므로 500|0000의 10000배입니다.

12 ㉠ 63|5908|1274, ㉡ 5|9381|0642
㉠에서 숫자 6은 십억의 자리 숫자이므로 60|0000|0000을 나타내고, ㉡에서 숫자 3은 백만의 자리 숫자이므로 300|0000을 나타냅니다.
$6 \div 3 = 2$이고, 60|0000|0000은 300|0000보다 0이 3개 더 많으므로 300|0000의 2000배입니다.

13 가장 큰 다섯 자리 수는 만의 자리부터 큰 수를 차례로 놓습니다.
9>6>5>3>1이므로 만들 수 있는 가장 큰 다섯 자리 수는 96531입니다.

14 여섯 자리 수이므로 만의 자리에 먼저 5를 놓으면 □5□□□□입니다.
가장 큰 수는 남은 자리 중 높은 자리부터 큰 수를 차례로 놓습니다. 8>6>3>1>0이므로 만들 수 있는 가장 큰 수는 85|6310입니다.

15 10자리 수이므로 먼저 만의 자리에 3을 놓으면
□□□□□3□□□□입니다.
가장 작은 수는 높은 자리부터 작은 수를 차례로 놓습니다. 이때 0은 가장 높은 자리에 올 수 없으므로 만의 자리 숫자가 3인 가장 작은 10자리 수는 1001232344입니다.

16 두 수의 자리 수가 10자리로 같으므로 높은 자리 수부터 차례로 비교합니다.
십만의 자리 수까지 같으므로 만의 자리 수를 비교하면 9>3입니다.
따라서 58|1379|2000>58|1373|6000입니다.

17 두 수의 자리 수가 8자리로 같고 천만의 자리 수가 같으므로 백만의 자리 수를 비교하면 □ 안에는 3이거나 3보다 작은 수가 들어갈 수 있습니다. 이때 십만의 자리 수를 비교하면 7>5이므로 □ 안에 3은 들어갈 수 없습니다.
따라서 □ 안에 들어갈 수 있는 수는 0, 1, 2입니다.

18 두 수의 자리 수는 12자리로 같습니다.
㉠의 □ 안에 가장 작은 수 0을 놓고 ㉡의 □ 안에 가장 큰 수 9를 넣어도 ㉠이 더 큰 수입니다.
287956|0|34200>287|9|5602|9|464
　　　　　　3>2

단원 평가 31~33쪽

1 1, 10, 100

2 (1) 이만 오천구십육　(2) 70407

3 40000＋5000＋300＋60＋8

4 1억, 1조

5 157|3125|0345|0000 (또는 157조 3125억 345만)

6 346억, 356억, 376억　**7** ㉡

8 <　　　　　　**9** ②

10 2　　　　　　**11** 54장

12 8조 500억　　　**13** 가 마을

14 42680원　　　**15** ㉢, ㉠, ㉡

16 9876|54310, 10345|6789

17 6, 7, 8, 9　　　**18** 67|4385

19 1000배　　　**20** 1조 6000억

2 숫자 0은 읽지 않고, 읽지 않은 자리에는 0을 씁니다.

3

	만의 자리	천의 자리	백의 자리
숫자 ➡	4	5	3
나타내는 값 ➡	40000	5000	300

	십의 자리	일의 자리
숫자 ➡	6	8
나타내는 값 ➡	60	8

45368＝40000＋5000＋300＋60＋8

4 1의 10000배는 1만, 1만의 10000배는 1억,
1억의 10000배는 1조입니다.

5 조가 157개, 억이 3125개, 만이 345개인 수
➡ 157|3125|0345|0000
　　 조　　 억　　 만

6 십억의 자리 수가 1씩 커지므로 10억씩 뛰어 셉니다.

7 ㉠ 1|0000|0000(1억)
㉡ 10000이 1000개인 수 ➡ 1000|0000(1000만)
㉢ 9000만보다 1000만만큼 더 큰 수
　 ➡ 1|0000|0000(1억)
따라서 나타내는 수가 다른 하나는 ㉡입니다.

8 63|3075|1900<63|3075|2300
　　　　　　　1<2

9 십만의 자리 숫자는
① 62|5|4831 ➡ 2, ② 16|7|03590 ➡ 7,
③ 35|0|12844 ➡ 0, ④ 38|4|05208 ➡ 4,
⑤ 23|6|4820 ➡ 3입니다.
따라서 십만의 자리 숫자가 가장 큰 수는 ②입니다.

10 3256|0000의 1000배는 325|6000|0000이므로 십억의 자리 숫자는 2입니다.

11 5420|0000원은 5420만 원이므로 100만 원짜리 수표로 54장까지 찾을 수 있고 20만 원이 남습니다.

12 20억씩 5번 뛰어 세면 8조 400억 － 8조 420억 － 8조 440억 － 8조 460억 － 8조 480억 － 8조 500억입니다.
다른 풀이 | 20억씩 5번 뛰어 세면 100억이 커지므로 8조 400억보다 100억만큼 더 큰 8조 500억이 됩니다.

13 가 마을: 5123|4800(8자리 수)
나 마을: 980|9787(7자리 수)
다 마을: 4529|0890(8자리 수)
가 마을과 다 마을의 천만의 자리 수를 비교하면 5>4이므로 인구가 가장 많은 마을은 가 마을입니다.

14 10000원짜리 지폐 3장 → 30000원

  1000원짜리 지폐 12장 → 12000원

  100원짜리 동전 6개 →   600원

  10원짜리 동전 8개 →   80원
  ─────────────────────────
            42680원

15 ㉠ 36|0800|0000|0000 ➡ 36조 800억

  ㉡ 35조 148억

  ㉢ 52조 803억

  52조 803억 > 36조 800억 > 35조 148억이므로 큰 수부터 차례로 기호를 쓰면 ㉢, ㉠, ㉡입니다.

16 가장 큰 9자리 수는 억의 자리부터 큰 수를 차례로 놓으면 9|8765|4310입니다.

  가장 작은 9자리 수는 억의 자리부터 작은 수를 차례로 놓아야 합니다. 이때 0은 억의 자리에 놓을 수 없으므로 만들 수 있는 가장 작은 9자리 수는 1|0345|6789입니다.

17 두 수의 자리 수가 8자리로 같고 십만의 자리 수까지 같으므로 천의 자리 수를 비교하면 4 < 5입니다.

  따라서 □ 안에 들어갈 수 있는 수는 6이거나 6보다 큰 수인 6, 7, 8, 9입니다.

18 67|4000보다 크고 67|4500보다 작은 수는 67|4□□□입니다.

  67|4000 < 67|4□□□ < 67|4500이므로 백의 자리 숫자는 남은 수 3, 5, 8 중에서 3입니다.

  남은 수 5, 8 중에서 홀수는 5이므로 일의 자리 숫자는 5이고 8은 십의 자리 숫자가 됩니다.

  따라서 설명하는 수는 67|4385입니다.

서술형
19 예 ㉠의 숫자 8은 억의 자리 숫자이므로 8|0000|0000을 나타내고, ㉡의 숫자 8은 십만의 자리 숫자이므로 80|0000을 나타냅니다. 8|0000|0000은 80|0000보다 0이 3개 더 많으므로 80|0000의 1000배입니다.

평가 기준	배점
㉠과 ㉡이 나타내는 값을 각각 구했나요?	2점
㉠이 나타내는 값은 ㉡이 나타내는 값의 몇 배인지 구했나요?	3점

서술형
20 예 2000억씩 6번 뛰어 세면 1조 2000억이 커집니다. 따라서 어떤 수는 2조 8000억보다 1조 2000억만큼 더 작은 1조 6000억입니다.

평가 기준	배점
2000억씩 6번 뛰어 세면 얼마가 커지는지 구했나요?	2점
어떤 수를 구했나요?	3점

2 각도

각은 다각형을 정의하는 데 필요한 요소로서 도형 영역에서 기초가 되는 개념이며, 사회과나 과학과 등 타 교과뿐만 아니라 일상생활에서도 폭넓게 사용됩니다. 3학년 1학기에서는 구체적인 생활 속의 사례나 활동을 통해 각과 직각을 학습하였습니다. 이 단원에서는 각의 크기, 즉 각도에 대해 배우게 됩니다. 각의 크기를 비교하는 활동을 통하여 표준 단위인 도(°)를 알아보고 각도기를 이용하여 각도를 측정할 수 있게 합니다. 각도는 4학년 2학기에 배우는 여러 가지 삼각형, 여러 가지 사각형 등 후속 학습의 중요한 기초가 되므로 다양한 조작 활동과 의사소통을 통해 체계적으로 지도해야 합니다.

교과서 개념 이해 **1 두 변이 벌어진 정도가 클수록 큰 각이야.** 36쪽

❶ (◯)( )

❷ (1) 4, 5 (2) 나

❶ 각의 두 변이 벌어진 정도가 클수록 큰 각입니다.

❷ (1) 부챗살이 이루는 각이 가는 4번, 나는 5번 들어갔습니다.

  (2) 부챗살이 이루는 각이 더 많이 들어간 나의 각의 크기가 더 큽니다.

교과서 개념 이해 **2 각도기 작은 눈금의 칸 수가 각도를 나타내.** 37쪽

❶ ( )(◯)( )

❷ (1) 60° (2) 130°

❶ 각도기의 중심을 각의 꼭짓점에 맞추고 각도기의 밑금을 각의 변에 맞춘 것을 찾습니다.

❷ (1) 각의 한 변이 안쪽 눈금 0에 맞춰져 있으므로 안쪽 눈금을 읽습니다. ➡ 60°

  (2) 각의 한 변이 바깥쪽 눈금 0에 맞춰져 있으므로 바깥쪽 눈금을 읽습니다. ➡ 130°

1

2 (1) 예각   (2) 둔각   (3) 예각   (4) 둔각

3 (1) 예각   (2) 둔각   (3) 예각

4 (1) 둔각   (2) 예각   (3) 둔각

5 (1) 가   (2) 다

1 직각을 기준으로 직각보다 작으면 예각, 직각보다 크면 둔각입니다.

2 0°보다 크고 직각보다 작은 각을 예각이라 하고, 직각보다 크고 180°보다 작은 각을 둔각이라고 합니다.

3 각도기의 밑금에 맞춘 변이 아닌 다른 변이 가리키는 각도기의 눈금이 90보다 작으면 예각, 90보다 크면 둔각입니다.

4 0°보다 크고 직각보다 작은 각을 예각이라 하고, 직각보다 크고 180°보다 작은 각을 둔각이라고 합니다.

5 점 ㄱ을 점 가와 이으면 예각, 점 나와 이으면 직각, 점 다와 이으면 둔각이 됩니다.

개념 적용 **1** 각의 크기와 각도 재기

40~41쪽

1 나

2 1, 3, 2

3 (1) 70   (2) 100

4 예 각도기의 중심을 각의 꼭짓점에 맞추지 않았습니다.

5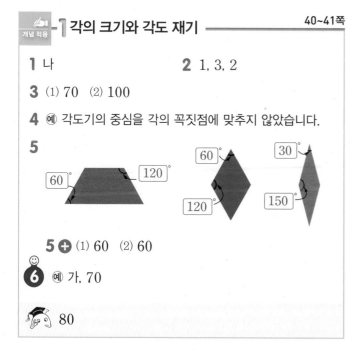

5 ➕ (1) 60   (2) 60

6 예 가, 70

80

1 보기의 각보다 두 변이 더 적게 벌어진 각은 나입니다.

2 각의 두 변이 벌어진 정도가 클수록 큰 각입니다.

---

3 각도기의 중심을 각의 꼭짓점에 맞추고, 각도기의 밑금을 각의 한 변에 맞춘 다음 각의 다른 변이 가리키는 각도기의 눈금을 읽습니다.

😊 내가 만드는 문제

6 각도기를 사용하여 각도를 재면 가는 70°, 나는 130°, 다는 40°, 라는 100°입니다.

개념 적용 **2** 예각과 둔각 알아보기

42~43쪽

7 둔각, 직각, 예각

8 60°, 30° / 120°, 95°

9 (1) 예   (2) 예

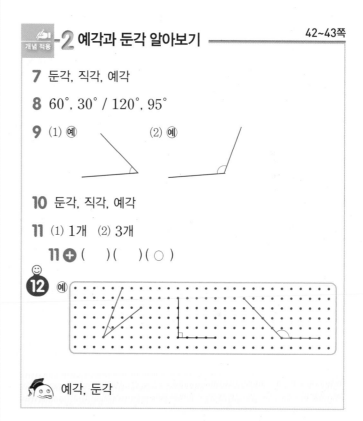

10 둔각, 직각, 예각

11 (1) 1개   (2) 3개

11 ➕ (   )(   )(○)

12 예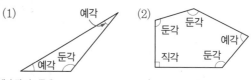

👨‍🎓 예각, 둔각

7 0°보다 크고 90°보다 작은 각은 예각, 90°는 직각, 90°보다 크고 180°보다 작은 각은 둔각입니다.

8 0° < (예각) < 90° < (둔각) < 180°

10 주어진 시각의 긴바늘과 짧은바늘이 이루는 작은 쪽의 각이 90°보다 큰지 작은지 알아봅니다.

11 직각보다 크고 180°보다 작은 각을 찾습니다.

(1) 예각 · 예각 · 둔각 · 둔각
(2) 둔각 · 둔각 · 예각 · 직각 · 둔각

😊 내가 만드는 문제

12 점 2개를 이어 각의 한 변을 만들고 조건에 맞게 다른 한 점과 각의 꼭짓점을 이어 나머지 각의 한 변을 그립니다. 주어진 각보다 작은 각은 예각, 큰 각은 둔각이 됩니다.

4 각도의 계산은 자연수의 계산과 같은 방법이야. 44~45쪽

1 (1) 예 75 / 70 (2) 예 110 / 110

2 120, 60, 180 **3** 90, 30, 60

4 90, 90, 180, 180, 270, 270, 360

5 (1) 95 (2) 170 (3) 35 (4) 25

6 (1) 135˚, 65˚ (2) 130˚, 40˚

1 각도를 어림할 때는 45˚, 90˚, 135˚와 얼마나 차이가 나는지 생각해 봅니다.

2 각도의 합은 자연수의 덧셈과 같은 방법으로 계산합니다.
$120 + 60 = 180 \Rightarrow 120˚ + 60˚ = 180˚$

3 각도의 차는 자연수의 뺄셈과 같은 방법으로 계산합니다.
$90 - 30 = 60 \Rightarrow 90˚ - 30˚ = 60˚$

4 90˚씩 커집니다.

5 (1) $25 + 70 = 95 \Rightarrow 25˚ + 70˚ = 95˚$
(2) $65 + 105 = 170 \Rightarrow 65˚ + 105˚ = 170˚$
(3) $80 - 45 = 35 \Rightarrow 80˚ - 45˚ = 35˚$
(4) $135 - 110 = 25 \Rightarrow 135˚ - 110˚ = 25˚$

6 (1) 합: $100˚ + 35˚ = 135˚$, 차: $100˚ - 35˚ = 65˚$
(2) 합: $85˚ + 45˚ = 130˚$, 차: $85˚ - 45˚ = 40˚$

5 삼각형의 세 각의 크기의 합은 항상 180˚야. 46~47쪽

1 (1) 180 (2) 180 **2** 80˚, 40˚ / 180

3 (1) 180, 45 (2) 180, 30

4 (1) 40 (2) 85 **5** (1) 40 (2) 60

6 (1) 150˚ (2) 130˚

1 삼각형의 세 각의 크기의 합은 항상 180˚입니다.

2 ㉠ $= 60˚$, ㉡ $= 80˚$, ㉢ $= 40˚$이므로 삼각형의 세 각의 크기의 합은 $60˚ + 80˚ + 40˚ = 180˚$입니다.

3 삼각형의 세 각의 크기의 합이 180˚이므로 180˚에서 주어진 두 각의 크기를 빼면 나머지 한 각의 크기를 구할 수 있습니다.

(1) ㉠ $+ 80˚ + 55˚ = 180˚$
$\Rightarrow$ ㉠ $= 180˚ - 80˚ - 55˚ = 45˚$
(2) ㉠ $+ 20˚ + 130˚ = 180˚$
$\Rightarrow$ ㉠ $= 180˚ - 20˚ - 130˚ = 30˚$

4 한 직선이 이루는 각도는 180˚이므로 180˚에서 주어진 두 각의 크기를 빼면 나머지 한 각의 크기를 구할 수 있습니다.
(1) $60˚ + \square˚ + 80˚ = 180˚$
$\Rightarrow \square˚ = 180˚ - 60˚ - 80˚ = 40˚$
(2) $\square˚ + 45˚ + 50˚ = 180˚$
$\Rightarrow \square˚ = 180˚ - 45˚ - 50˚ = 85˚$

5 (1) $\square˚ + 70˚ + 70˚ = 180˚$
$\Rightarrow \square˚ = 180˚ - 70˚ - 70˚ = 40˚$
(2) $\square˚ + 60˚ + 60˚ = 180˚$
$\Rightarrow \square˚ = 180˚ - 60˚ - 60˚ = 60˚$

6 (1) ㉠ $+$ ㉡ $+ 30˚ = 180˚$
$\Rightarrow$ ㉠ $+$ ㉡ $= 180˚ - 30˚ = 150˚$
(2) ㉠ $+$ ㉡ $+ 50˚ = 180˚$
$\Rightarrow$ ㉠ $+$ ㉡ $= 180˚ - 50˚ = 130˚$

6 사각형의 네 각의 크기의 합은 항상 360˚야. 48~49쪽

1 2, 360 **2** 90˚, 50˚, 130˚ / 360

3 (1) 360, 75 (2) 360, 95

4 (1) 100 (2) 85 **5** (1) 80 (2) 60

6 (1) 180˚ (2) 190˚

1 (사각형의 네 각의 크기의 합)
$=$ (삼각형의 세 각의 크기의 합)$\times 2$
$= 180˚ \times 2 = 360˚$

2 ㉠ $= 90˚$, ㉡ $= 90˚$, ㉢ $= 50˚$, ㉣ $= 130˚$이므로 사각형의 네 각의 크기의 합은
$90˚ + 90˚ + 50˚ + 130˚ = 360˚$입니다.

3 사각형의 네 각의 크기의 합이 360˚이므로 360˚에서 주어진 세 각의 크기를 빼면 나머지 한 각의 크기를 구할 수 있습니다.
(1) ㉠ $+ 100˚ + 105˚ + 80˚ = 360˚$
$\Rightarrow$ ㉠ $= 360˚ - 100˚ - 105˚ - 80˚ = 75˚$
(2) ㉠ $+ 70˚ + 110˚ + 85˚ = 360˚$
$\Rightarrow$ ㉠ $= 360˚ - 70˚ - 110˚ - 85˚ = 95˚$

4 한 바퀴는 $360°$이므로 $360°$에서 주어진 세 각의 크기를 빼면 나머지 한 각의 크기를 구할 수 있습니다.

(1) $\square° + 80° + 90° + 90° = 360°$
$\Rightarrow \square° = 360° - 80° - 90° - 90° = 100°$

(2) $\square° + 95° + 105° + 75° = 360°$
$\Rightarrow \square° = 360° - 95° - 105° - 75° = 85°$

5 (1) $\square° + 60° + 80° + 140° = 360°$
$\Rightarrow \square° = 360° - 60° - 80° - 140° = 80°$

(2) $\square° + 120° + 120° + 60° = 360°$
$\Rightarrow \square° = 360° - 120° - 120° - 60° = 60°$

6 (1) $\bigcirc + \bigcirc + 90° + 90° = 360°$
$\Rightarrow \bigcirc + \bigcirc = 360° - 90° - 90° = 180°$

(2) $\bigcirc + \bigcirc + 60° + 110° = 360°$
$\Rightarrow \bigcirc + \bigcirc = 360° - 60° - 110° = 190°$

5 (1) 한 직선이 이루는 각도는 $180°$이므로
$90° + 35° + \bigcirc = 180°$
$\Rightarrow \bigcirc = 180° - 90° - 35° = 55°$

(2)

한 직선이 이루는 각도는 $180°$이므로
$30° + 55° + \bigcirc = 180°$
$\Rightarrow \bigcirc = 180° - 30° - 55° = 95°$
한 직선이 이루는 각도는 $180°$이므로
$55° + 95° + \bigcirc = 180°$
$\Rightarrow \bigcirc = 180° - 55° - 95° = 30°$

➕ (1) $40° + \square = 90° \Rightarrow \square = 90° - 40° = 50°$
(2) 한 직선이 이루는 각도는 $180°$이므로
$\square° + 90° + 60° = 180°$
$\Rightarrow \square° = 180° - 90° - 60° = 30°$

😊 내가 만드는 문제
6 정한 각도를 어림하여 각도기를 사용하지 않고 자만을 사용하여 각을 그린 다음 각도기로 재어 확인해 봅니다.

50~51쪽

개념 적용 -3 각도 어림하기, 각도의 합과 차

1 예 20 / 15   **2** (1) $70°$ (2) $75°$

3 $140°, 60°$ **4** $105°$

5 (1) $55°$ (2) $30°$

　　5 ➕ (1) 50 (2) 30

😊 6 예 85 /   / 80

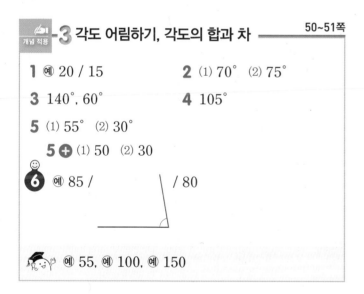

🎓 예 55, 예 100, 예 150

2 (1) $45° + 25° = 70°$
(2) $125° - 50° = 75°$

3 각도기를 사용하여 각도를 재면 $100°$와 $40°$입니다.
합: $100° + 40° = 140°$, 차: $100° - 40° = 60°$

4 ⊕의 각도는 $360°$이므로 6등분한 피자 한 조각에 표시한 각도는 $360° \div 6 = 60°$이고 8등분한 피자 한 조각에 표시한 각도는 $360° \div 8 = 45°$입니다.
따라서 남은 두 피자 조각에 표시한 각도의 합은 $60° + 45° = 105°$입니다.

52~53쪽

개념 적용 -4 삼각형의 세 각의 크기의 합

7 $30°$ **8** ㉢

9 (1) $115°$ (2) $65°$ **10** (1) $50°$ (2) $120°$

11 (○)(　)(　)

😊 12 예　　　　　　　　45, 90, 135

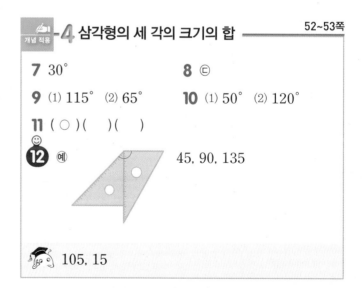

🎓 105, 15

7 삼각형의 세 각의 크기의 합은 $180°$이므로
$\bigcirc + 60° + 35° = 180°$
$\Rightarrow \bigcirc = 180° - 60° - 35° = 85°$이고,
$\bigcirc + 45° + 80° = 180°$
$\Rightarrow \bigcirc = 180° - 45° - 80° = 55°$입니다.
따라서 $\bigcirc - \bigcirc = 85° - 55° = 30°$입니다.

8 삼각형의 세 각의 크기의 합은 180°입니다.
ㄱ 25°＋50°＋105°＝180°
ㄴ 30°＋70°＋80°＝180°
ㄷ 25°＋80°＋80°＝185°
ㄹ 40°＋50°＋90°＝180°
따라서 삼각형의 세 각의 크기가 될 수 없는 것은 ㄷ입니다.

9 (1) 삼각형의 세 각의 크기의 합은 180°이므로
ㄴ＋35°＋30°＝180°
➡ ㄴ＝180°－35°－30°＝115°입니다.
(2) 한 직선이 이루는 각도는 180°이므로
115°＋ㄱ＝180°
➡ ㄱ＝180°－115°＝65°입니다.

10 (1)

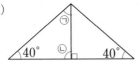

한 직선이 이루는 각도는 180°이므로
ㄴ＋90°＝180°
➡ ㄴ＝180°－90°＝90°입니다.
삼각형의 세 각의 크기의 합은 180°이므로
ㄱ＋40°＋90°＝180°
➡ ㄱ＝180°－40°－90°＝50°입니다.

(2)

삼각형의 세 각의 크기의 합은 180°이므로
ㄴ＋90°＋50°＝180°
➡ ㄴ＝180°－90°－50°＝40°입니다.
마찬가지로 ㄱ＋40°＋20°＝180°
➡ ㄱ＝180°－40°－20°＝120°입니다.

11

삼각형의 세 각의 크기의 합은 180°이므로
ㄴ＋60°＋90°＝180°
➡ ㄴ＝180°－60°－90°＝30°입니다.
한 직선이 이루는 각도는 180°이므로
80°＋30°＋ㄱ＝180°
➡ ㄱ＝180°－80°－30°＝70°입니다.

삼각형의 세 각의 크기의 합은 180°이므로
ㄴ＋100°＋40°＝180°
➡ ㄴ＝180°－100°－40°＝40°입니다.
한 직선이 이루는 각도는 180°이므로
ㄱ＋40°＋75°＝180°
➡ ㄱ＝180°－40°－75°＝65°입니다.

한 직선이 이루는 각도는 180°이므로
80°＋ㄴ＋80°＝180°
➡ ㄴ＝180°－80°－80°＝20°입니다.
삼각형의 세 각의 크기의 합은 180°이므로
ㄱ＋85°＋20°＝180°
➡ ㄱ＝180°－85°－20°＝75°입니다.

😊 내가 만드는 문제
12 삼각자의 각도를 이해하고 만든 각의 각도를 바르게 구했는지 확인합니다.

개념 적용 1-5 사각형의 네 각의 크기의 합   54~55쪽

13 60   **14** 50°

15 4 / 360 / 360, 360   **16** (1) 75° (2) 105°

17 (1) 65° (2) 30°   **18** ( )(○)( )

19 (1) 예 90, 100 (2) 예 110, 60

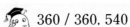 360 / 360, 540

13 사각형의 네 각의 크기의 합은 360°입니다.
□°＋60°＋130°＋110°＝360°
➡ □°＝360°－60°－130°－110°＝60°

14 사각형의 네 각의 크기의 합은 360°입니다.
ㄱ＋65°＋90°＋90°＝360°
➡ ㄱ＝360°－65°－90°－90°＝115°
ㄴ＋55°＋140°＋100°＝360°
➡ ㄴ＝360°－55°－140°－100°＝65°
따라서 ㄱ－ㄴ＝115°－65°＝50°입니다.

16 (1) 사각형의 네 각의 크기의 합은 360°이므로

ⓒ + 70° + 80° + 135° = 360°

➡ ⓒ = 360° − 70° − 80° − 135° = 75°입니다.

(2) 한 직선이 이루는 각도는 180°이므로

㉠ + 75° = 180°

➡ ㉠ = 180° − 75° = 105°입니다.

17 (1)

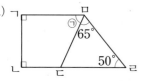

사각형 ㄱㄴㄹㅁ에서 네 각의 크기의 합은 360°이므로

90° + 90° + 50° + 65° + ㉠ = 360°

➡ ㉠ = 360° − 90° − 90° − 50° − 65° = 65°

입니다.

(2)

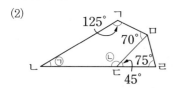

한 직선이 이루는 각도는 180°이므로

ⓒ + 45° = 180° ➡ ⓒ = 180° − 45° = 135°입니다.

사각형 ㄱㄴㄷㅁ에서 네 각의 크기의 합은 360°이므로

㉠ + 135° + 70° + 125° = 360°

➡ ㉠ = 360° − 135° − 70° − 125° = 30°입니다.

다른 풀이 | (2) 삼각형 ㄷㄹㅁ에서

세 각의 크기의 합은 180°이므로

ⓒ + 45° + 75° = 180°

➡ ⓒ = 180° − 45° − 75° = 60°

입니다.

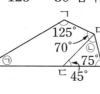

사각형 ㄱㄴㄷㅁ에서 네 각의 크기의 합은 360°이므로

㉠ + 75° + 60° + 70° + 125° = 360°

➡ ㉠ = 360° − 75° − 60° − 70° − 125° = 30°입니다.

18

사각형의 네 각의 크기의 합은 360°이므로

ⓒ + 90° + 55° + 140° = 360°

➡ ⓒ = 360° − 90° − 55° − 140° = 75°입니다.

한 직선이 이루는 각도는 180°이므로

55° + 75° + ㉠ = 180°

➡ ㉠ = 180° − 55° − 75° = 50°입니다.

한 직선이 이루는 각도는 180°이므로

35° + ⓒ + 40° = 180°

➡ ⓒ = 180° − 35° − 40° = 105°입니다.

사각형의 네 각의 크기의 합은 360°이므로

㉠ + 105° + 100° + 80° = 360°

➡ ㉠ = 360° − 105° − 100° − 80° = 75°입니다.

한 직선이 이루는 각도는 180°이므로

80° + ⓒ + 15° = 180°

➡ ⓒ = 180° − 80° − 15° = 85°입니다.

사각형의 네 각의 크기의 합은 360°이므로

㉠ + 100° + 85° + 110° = 360°

➡ ㉠ = 360° − 100° − 85° − 110° = 65°입니다.

☺ 내가 만드는 문제

19 사각형의 네 각의 크기의 합이 360°가 되도록 두 각의 크기를 정합니다.

🚀 발전 문제

56~58쪽

1	35	**2**	75
3	50°	**4**	
5	4개	**6**	7개, 1개
7	25	**8**	80
9	65°	**10**	30°
11	150°	**12**	150°, 30°
13	60, 105	**14**	60°
15	105°	**16**	75°
17	(위에서부터) 40, 70	**18**	160°

1 한 직선이 이루는 각도는 $180°$이므로
$\square° = 180° - 145° = 35°$입니다.

2 한 직선이 이루는 각도는 $180°$이므로
$\square° = 180° - 60° - 45° = 75°$입니다.

3
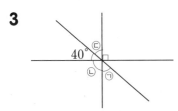

한 직선이 이루는 각도는 $180°$이므로
$ⓒ = 180° - 40° - 90° = 50°$,
$ⓛ = 180° - 50° - 40° = 90°$입니다.
➡ $㉠ = 180° - 40° - 90° = 50°$

4 $0°$보다 크고 직각보다 작은 각을 예각이라 하고, 직각보다 크고 $180°$보다 작은 각을 둔각이라고 합니다.

5

작은 각 2개로 이루어진 둔각 2개,
작은 각 3개로 이루어진 둔각 2개
➡ $2 + 2 = 4$(개)

6

작은 각 3개로 이루어진 각은 직각입니다.
예각: 작은 각 1개로 이루어진 예각 4개,
　　　작은 각 2개로 이루어진 예각 3개
　　　➡ $4 + 3 = 7$(개)
둔각: 작은 각 4개로 이루어진 둔각 1개

7 삼각형의 세 각의 크기의 합은 $180°$이고 한 각이 직각이므로 $\square° = 180° - 90° - 65° = 25°$입니다.

8
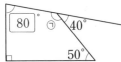

한 직선이 이루는 각도는 $180°$이므로
$㉠ = 180° - 40° = 140°$입니다.
사각형의 네 각의 크기의 합은 $360°$이므로
$\square° = 360° - 90° - 50° - 140° = 80°$입니다.

9
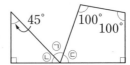

삼각형의 세 각의 크기의 합은 $180°$이므로
$ⓛ = 180° - 45° - 90° = 45°$이고,
사각형의 네 각의 크기의 합은 $360°$이므로
$ⓒ = 360° - 90° - 100° - 100° = 70°$입니다.
한 직선이 이루는 각도는 $180°$이므로
$㉠ = 180° - 45° - 70° = 65°$입니다.

10 시곗바늘이 한 바퀴 돌면 $360°$이고 시계는 숫자가 12개 있으므로 숫자 눈금 한 칸의 각도는 $360° \div 12 = 30°$입니다.

11 시곗바늘이 한 바퀴 돌면 $360°$이고 시계는 숫자가 12개 있으므로 숫자 눈금 한 칸의 각도는 $360° \div 12 = 30°$입니다.
따라서 7시의 각도는 숫자 눈금 5칸만큼이므로
$30° \times 5 = 150°$입니다.

12 시곗바늘이 한 바퀴 돌면 $360°$이고 시계는 숫자가 12개 있으므로 숫자 눈금 한 칸의 각도는 $360° \div 12 = 30°$입니다.
따라서 10시의 각도는 숫자 눈금 2칸만큼이므로
$30° \times 2 = 60°$이고, 3시의 각도는 숫자 눈금 3칸만큼이므로 $30° \times 3 = 90°$입니다.
➡ 합: $60° + 90° = 150°$, 차: $90° - 60° = 30°$

13 삼각자가 겹치지 않게 붙어 있으므로 $㉠$의 각도는 $45°$와 $60°$의 합과 같습니다.

14 삼각자가 겹쳐 있고 직각은 $90°$이므로
$㉠ = 90° - 30° = 60°$입니다.

15

삼각형 ㄱㄴㄷ은 두 각의 크기가 $30°$, $45°$인 삼각형입니다. 삼각형의 세 각의 크기의 합은 $180°$이므로
$ⓛ = 180° - 30° - 45° = 105°$입니다.
한 직선이 이루는 각도는 $180°$이므로
$ⓒ = 180° - 105° = 75°$,
$㉠ = 180° - 75° = 105°$입니다.

16 삼각형의 세 각의 크기의 합은 $180°$이므로
$㉠ + ⓛ + 30° = 180°$
➡ $㉠ + ⓛ = 180° - 30° = 150°$입니다.
$㉠$과 $ⓛ$의 각도가 같으므로 $ⓛ = 150° \div 2 = 75°$입니다.

17

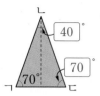

종이를 접었을 때 겹쳐진 부분의 각의 크기는 같습니다.
따라서 각 ㄱㄴㄷ은 $20° + 20° = 40°$이고 각 ㄴㄷㄱ은
각 ㄴㄱㄷ과 크기가 같으므로 $70°$입니다.

18

종이를 접었을 때 겹쳐진 부분의 각의 크기는 같으므로
ⓒ과 ⓔ의 각도는 각각 $100°$입니다.
따라서 사각형의 네 각의 크기의 합은 $360°$이므로
ⓒ + ⓒ $= 360° - 100° - 100° = 160°$입니다.

2단원 단원 평가 59~61쪽

1 (○)( )
2 다, 가, 나
3 $30°$
4 $130°$
5 가, 마 / 다, 라 / 나, 바
6
7 2개
8 예 $100°$ / $100°$
9 $110°, 150°$
10 $110°$
11 $80°$
12 $50°$
13 150
14 $120°$
15 $150°$
16 6개
17 $30°$
18 $105°$
19 $70°$
20 채은

1 두 책 중 더 많이 벌어진 것은 왼쪽 책입니다.

2 각의 두 변이 적게 벌어져 있을수록 작은 각이므로 각의
크기가 작은 것부터 차례로 기호를 쓰면 다, 가, 나입니다.

3 각도기의 중심을 각의 꼭짓점에 맞추고, 각도기의 밑금
을 각의 한 변에 맞춘 다음 다른 변이 가리키는 각도기의
눈금을 읽습니다.

4 각도기의 중심을 점 ㄴ에 맞추고, 각도기의 밑금을 한 변
에 맞춘 다음 다른 변이 가리키는 각도기의 눈금을 읽습
니다.

5 $0°$보다 크고 직각보다 작은 각은 가와 마, $90°$인 각은 다
와 라, 직각보다 크고 $180°$보다 작은 각은 나와 바입니다.

6 피자를 한 조각씩 붙일 때마다 $90°$씩 커집니다.
피자 3조각: $90° + 90° + 90° = 270°$
피자 2조각: $90° + 90° = 180°$
피자 4조각: $90° + 90° + 90° + 90° = 360°$

7

$0°$보다 크고 직각보다 작은 각은 모두 2개입니다.

8 각도를 어림할 때에는 직각($90°$)과 얼마나 차이가 나는
지 생각해 봅니다.

9 둔각은 직각보다 크고 $180°$보다 작은 각이므로 $110°$와
$150°$입니다. $15°, 30°$는 예각, $90°$는 직각입니다.

10 각도의 합은 자연수의 덧셈과 같은 방법으로 계산합니다.
$60 + 50 = 110$ ➡ $60° + 50° = 110°$

11 각도의 차는 자연수의 뺄셈과 같은 방법으로 계산합니다.
$115 - 35 = 80$ ➡ $115° - 35° = 80°$

12 삼각형의 세 각의 크기의 합은 $180°$이므로
ⓒ $+ 50° + 80° = 180°$
➡ ⓒ $= 180° - 50° - 80° = 50°$입니다.

13 사각형의 네 각의 크기의 합은 $360°$이므로
☐$° + 40° + 115° + 55° = 360°$
➡ ☐$° = 360° - 40° - 115° - 55° = 150°$입니다.

14 시곗바늘이 한 바퀴 돌면 $360°$이고 시계는 숫자가 12개
있으므로 숫자 눈금 한 칸의 각도는 $360° ÷ 12 = 30°$
입니다.
따라서 8시의 각도는 숫자 눈금 4칸만큼이므로
$30° × 4 = 120°$입니다.

15

삼각형의 세 각의 크기의 합은 $180°$이므로
ⓒ $= 180° - 110° - 40° = 30°$입니다.
한 직선이 이루는 각도는 $180°$이므로
ⓒ $= 180° - 30° = 150°$입니다.

16

작은 각 1개로 이루어진 예각 3개,
작은 각 2개로 이루어진 예각 2개,
작은 각 3개로 이루어진 예각 1개
➡ $3 + 2 + 1 = 6$(개)

17

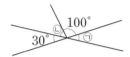

한 직선이 이루는 각도는 $180°$이므로
$30° + ⓒ + 100° = 180°$
➡ $ⓒ = 180° - 30° - 100° = 50°$입니다.
$50° + 100° + ㉠ = 180°$
➡ $㉠ = 180° - 50° - 100° = 30°$입니다.

18

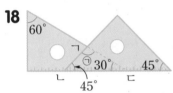

삼각형 ㄱㄴㄷ은 두 각의 크기가 $45°$, $30°$인 삼각형입니다. 삼각형의 세 각의 크기의 합은 $180°$이므로
$㉠ = 180° - 45° - 30° = 105°$입니다.

서술형
19 ㉔ 각의 한 변이 안쪽 눈금 0에 맞춰져 있으므로 안쪽 눈금을 읽어야 하는데 바깥쪽 눈금을 읽어서 잘못되었습니다.

평가 기준	배점
각도를 잘못 구한 까닭을 썼나요?	3점
각도를 바르게 읽었나요?	2점

서술형
20 ㉔ 채은이가 잰 사각형의 네 각의 크기의 합은
$45° + 100° + 85° + 140° = 370°$이고
하진이가 잰 사각형의 네 각의 크기의 합은
$60° + 85° + 85° + 130° = 360°$입니다.
사각형의 네 각의 크기의 합은 $360°$이므로 각도를 잘못 잰 사람은 채은입니다.

평가 기준	배점
채은이와 하진이가 잰 네 각의 크기의 합을 각각 구했나요?	4점
각도를 잘못 잰 사람을 찾았나요?	1점

3 곱셈과 나눗셈

실생활에서 물건의 수를 세거나 물건을 나누어 가질 때 등 곱셈과 나눗셈이 필요한 상황을 많이 겪게 됩니다. 2학년 1학기에는 곱셈의 의미에 대하여 학습하였고, 3학년 1학기에 나눗셈의 의미와 곱셈과 나눗셈 사이의 관계에 대하여 학습하였습니다. 이 단원에서는 곱하는 수와 나누는 수가 두 자리 수인 곱셈과 나눗셈을 학습합니다. 이 단원은 자연수의 곱셈과 나눗셈의 계산을 학습하는 마지막 단계이므로 보다 큰 수의 곱셈과 나눗셈, 소수의 곱셈과 나눗셈에서도 계산 원리를 일반화하여 적용할 수 있도록 곱셈과 나눗셈의 계산 원리를 충실히 학습해야 합니다. 또한 곱셈과 나눗셈이 가진 연산의 성질을 경험하게 하여 중등 과정에서의 교환법칙, 결합법칙, 분배법칙 등의 개념과도 연결될 수 있도록 지도합니다.

교과서
개념이해 **1** (세 자리 수)×(몇)의 값에 0을 1개 붙여. *64~65쪽*

1 ⑴ 12 / 12　⑵ 42 / 42

2 ⑴ 6, 2　⑵ 0, 6, 0

3 ⑴ 624 / 6240　⑵ (위에서부터) 872 / 10, 10 / 8720

4 ⑴ 2025, 20250　⑵ 1308, 13080

5 ⑴ 15000, 15000, 15000
　　⑵ 32000, 32000, 32000

6 (위에서부터) 백의 자리부터 9, 4, 2, 942 /
　　9, 4, 2, 0, 9420

7

```
  ├────────┼────────┼──────┤ /
 400      450     │500
                  492
```

500, 30000 / 29520

1 (몇)×(몇)의 계산 결과에 두 수의 0의 개수만큼 0을 붙입니다.

3 ⑴ $156 × 40$은 $156 × 4$의 10배이므로 $156 × 4$의 계산 결과에 0을 1개 붙입니다.
⑵ $436 × 20$은 $436 × 2$의 10배이므로 $436 × 2$의 계산 결과에 0을 1개 붙입니다.

4 ⑴ $405 × 50$은 $405 × 5$의 10배이므로 $405 × 5$의 계산 결과에 0을 1개 붙입니다.
⑵ $327 × 40$은 $327 × 4$의 10배이므로 $327 × 4$의 계산 결과에 0을 1개 붙입니다.

5 (몇)×(몇)의 계산 결과에 두 수의 0의 개수만큼 0을 붙입니다.

6 314×30은 314×3의 10배이므로 314×3의 계산 결과에 0을 1개 붙입니다.

7 492는 450보다 크므로 어림하면 500쯤입니다.

 2 곱셈도 자리에 맞추어 계산하는 거야. 66~67쪽

1 (1) 1380, 2300, 3680 (2) 1041, 17350, 18391

2 (1) 22200, 259, 22459 (2) 23000, 828, 23828

3 (1) (왼쪽에서부터) 1824, 1368, 15504 / 1824 / 1368

  (2) (왼쪽에서부터) 4272, 2848, 32752 / 4272 / 2848

4 (1) 1612, 806, 9672 (2) 2015, 806, 10075

  (3) 2418, 806, 10478

5 (1) 300, 40 / 12000 / 12012

  (2) 400, 40 / 16000 / 15694

1 (1) 16 = 6 + 10이므로 230×16은 230×6과 230×10의 합과 같습니다.

  (2) 53 = 3 + 50이므로 347×53은 347×3과 347×50의 합과 같습니다.

2 (1) 607 = 600 + 7이므로 607×37은 600×37과 7×37의 합과 같습니다.

  (2) 518 = 500 + 18이므로 518×46은 500×46과 18×46의 합과 같습니다.

3 곱하는 수를 일의 자리와 십의 자리로 나누어 각각의 곱을 구한 후 그 곱을 더합니다.

5 (1) 286을 어림하면 300쯤이고, 42를 어림하면 40쯤입니다.

  (2) 413을 어림하면 400쯤이고, 38을 어림하면 40쯤입니다.

개념 적용 -1 (세 자리 수)×(몇십) 68~69쪽

1 (1) 11220 (2) 56350

2 (1) (위에서부터) 28000 / 2, 2 / 56000

  (2) (위에서부터) 15000 / 2, 2 / 30000

3 (1) 15000에 ○표 (2) 12000에 ○표

4 (1) 60, 60, 60 (2) 7, 70, 700

5 (1) = (2) > **6** 37500원

 7 예 400, 90 / 600, 60 / 1000, 36

 (위에서부터) 1600, 40

1 (세 자리 수)×(몇십)은 (세 자리 수)×(몇)의 계산 결과에 0을 1개 붙입니다.

2 (1) 곱하는 수가 2배가 되면 계산 결과도 2배가 됩니다.

  (2) 곱해지는 수가 2배가 되면 계산 결과도 2배가 됩니다.

3 (1) 301을 어림하면 300쯤이므로 301×50을 어림하여 구하면 약 300×50 = 15000입니다.

  (2) 597을 어림하면 600쯤이므로 597×20을 어림하여 구하면 약 600×20 = 12000입니다.

4 (1) 곱해지는 수가 10배가 되고 계산 결과도 10배가 되면 곱하는 수는 일정합니다.

  (2) 곱해지는 수가 일정하고 계산 결과가 10배가 되면 곱하는 수는 10배가 됩니다.

5 (1) 300×40 = 12000, 20×600 = 12000

  (2) 714×70 = 49980, 814×60 = 48840

    ➡ 49980 > 48840

6 우주인 체험: 700×30 = 21000(원)

로켓 만들기: 550×30 = 16500(원)

따라서 모두 21000 + 16500 = 37500(원)을 내야 합니다.

☺ 내가 만드는 문제

7 36000에서 0이 아닌 부분은 36이고 0은 3개이므로 (몇)×(몇)은 36이 되고 0은 3개가 되도록 □ 안에 알맞은 수를 써넣습니다.

개념 적용 -2 (세 자리 수)×(몇십몇) 70~71쪽

8 작고에 ○표, 작으므로에 ○표, 9000

9 (1) 25650 (2) 11395

10 (1) 7 / 500, 7, 3500 (2) 4 / 700, 4, 2800

11 ( )(○)

12 (1) 550 (2) 813 **12+** 300, 420

☺ **13** 예 2, 8, 4 / 5, 6 / 15904

 11772, 11772 / 같습니다에 ○표

8 291을 어림하면 300쯤이고, 29를 어림하면 30쯤이므로 291×29를 어림하여 구하면 약 300×30 = 9000입니다.

9 곱하는 수를 일의 자리와 십의 자리로 나누어 각각의 곱을 구한 후 그 곱을 더합니다.

(1)
$$\begin{array}{r} 475 \\ \times\ \ 54 \\ \hline 1900 \\ 2375\ \ \\ \hline 25650 \end{array}$$

(2)
$$\begin{array}{r} 265 \\ \times\ \ 43 \\ \hline 795 \\ 1060\ \ \\ \hline 11395 \end{array}$$

10 (1) 28 = 4×7이므로 125×28은 125에 4를 먼저 곱한 후 그 곱에 7을 곱해서 계산할 수 있습니다.

(2) 16 = 4×4이므로 175×16은 175에 4를 먼저 곱한 후 그 곱에 4를 곱해서 계산할 수 있습니다.

11 하트 모양 집게: 730을 어림하면 700쯤이므로 730×15를 어림하여 구하면 약 700×15 = 10500입니다.
별 모양 집게: 480을 어림하면 500쯤이므로 480×19를 어림하여 구하면 약 500×19 = 9500입니다.
따라서 10000원으로 살 수 있는 집게는 별 모양 집게입니다.

12 (1) 550×25는 550을 25번 더한 것과 같고, 550×24는 550을 24번 더한 것과 같으므로 550×24에 550을 한 번 더 더해야 550×25와 결과가 같아집니다.

(2) 813×61은 813을 61번 더한 것과 같고, 813×60은 813을 60번 더한 것과 같으므로 813×60에 813을 한 번 더 더해야 813×61과 결과가 같아집니다.

☺ 내가 만드는 문제
13 곱셈식을 만들고 바르게 계산했는지 확인합니다.

교과서 개념 이해 3 같은 수를 여러 번 덜어 내어 몫을 구해. 72쪽

1 (1) (왼쪽에서부터) 6, 6 / 6, 120
(2) (왼쪽에서부터) 4, 4 / 4, 280

2 (1) (왼쪽에서부터) 240, 270 / 9, 270, 6
(2) (왼쪽에서부터) 360, 420 / 7, 420, 15

1 (1) 12÷2 = 6 ➡ 120÷20 = 6
(2) 28÷7 = 4 ➡ 280÷70 = 4

2 (1) 30과 곱하여 276보다 크지 않으면서 가장 가까운 곱셈식을 찾으면 30×9 = 270이므로 몫은 9입니다.
(2) 60과 곱하여 435보다 크지 않으면서 가장 가까운 곱셈식을 찾으면 60×7 = 420이므로 몫은 7입니다.

교과서 개념 이해 4 나누는 수와 나머지의 크기 비교로 몫을 정해. 73쪽

1 (1) (왼쪽에서부터) 68, 17 / 5, 85, 0　(2) 6, 204, 1

2 (1) 4, 96, 3　(2) 6, 258, 12　(3) 8, 448, 2

1 (1) 나머지가 나누는 수와 같거나 나누는 수보다 클 때에는 몫을 1만큼 크게 합니다.
(2) 205에서 238을 뺄 수 없으므로 몫을 1만큼 작게 합니다.

2 (1) 24×3 = 72, 24×4 = 96, 24×5 = 120이므로 몫을 4로 정해야 합니다.
(2) 43×5 = 215, 43×6 = 258, 43×7 = 301이므로 몫을 6으로 정해야 합니다.
(3) 56×7 = 392, 56×8 = 448, 56×9 = 504이므로 몫을 8로 정해야 합니다.

교과서 개념 이해 5 몫이 두 자리 수이면 나눗셈을 2번 하는 거야. 74쪽

1 (1) 6, 90, 0　(2) 4, 128, 0

2 (1)
$$\begin{array}{r} 13 \\ 21\overline{)273} \\ 21\ \ \\ \hline 63 \\ 63 \\ \hline 0 \end{array}$$

(2)
$$\begin{array}{r} 14 \\ 21\overline{)294} \\ 21\ \ \\ \hline 84 \\ 84 \\ \hline 0 \end{array}$$

2 (1) 273÷21 = 13 　확인　 21×13 = 273
(2) 294÷21 = 14 　확인　 21×14 = 294

교과서 개념 이해 6 나머지가 있어도 몫이 두 자리 수인 나눗셈의 방법과 같아. 75쪽

1 (왼쪽에서부터) 2, 1, 84, 66, 42, 24 / 21, 882 / 882, 24, 906

2 (1)
$$\begin{array}{r} 25 \\ 26\overline{)672} \\ 52\ \ \\ \hline 152 \\ 130 \\ \hline 22 \end{array}$$

(2)
$$\begin{array}{r} 24 \\ 27\overline{)672} \\ 54\ \ \\ \hline 132 \\ 108 \\ \hline 24 \end{array}$$

1 $42 \times 21 = 882$, $882 + 24 = 906$

2 (1) $26 \times 25 = 650$, $650 + 22 = 672$
　 (2) $27 \times 24 = 648$, $648 + 24 = 672$

1 (1)
$$20\overline{)140} \quad \begin{array}{r} 7 \\ \hline \end{array}$$
$$\underline{140}$$
$$0$$
　 (2)
$$70\overline{)581} \quad \begin{array}{r} 8 \\ \hline \end{array}$$
$$\underline{560}$$
$$21$$

2 (1) (위에서부터) 6 / 2, 2 / 3
　 (2) (위에서부터) 4 / 2, 2 / 8

3 (1) 6에 ○표　 (2) 30에 ○표

4 ㉡　　　　　 **5** (1) 5, 1, 6　 (2) 6, 2, 8

6 $270 \div 30 = 9$ (또는 $270 \div 30$) / 9상자
　 6 ➕ 180 / 180, 60

7 예 180, 30

🎓 6, 6 / 같습니다에 ○표

2 (1) 나누는 수가 2배가 되면 몫은 절반이 됩니다.
　 (2) 나누어지는 수가 2배가 되면 몫도 2배가 됩니다.

3 (1) 241을 어림하면 240쯤이므로 $241 \div 40$의 몫을 어림하여 구하면 약 $240 \div 40 = 6$입니다.
　 (2) 602를 어림하면 600쯤이므로 $602 \div 20$의 몫을 어림하여 구하면 약 $600 \div 20 = 30$입니다.

4 ㉠ $300 \div 50 = 6$　　　　 ㉡ $450 \div 90 = 5$
　 ㉢ $426 \div 70 = 6 \cdots 6$　　 ㉣ $371 \div 60 = 6 \cdots 11$
　 따라서 몫이 다른 나눗셈식은 ㉡입니다.

5 (1) $240 = 200 + 40$이므로 $240 \div 40$의 몫은 $200 \div 40$, $40 \div 40$의 몫의 합과 같습니다.
　 (2) $480 = 360 + 120$이므로 $480 \div 60$의 몫은 $360 \div 60$, $120 \div 60$의 몫의 합과 같습니다.

6 $270 \div 30 = 9$이므로 9상자가 필요합니다.

😊 내가 만드는 문제
7 이외에도 $120 \div 20 = 6$, $240 \div 40 = 6$,
　 $300 \div 50 = 6$, $420 \div 70 = 6$, $480 \div 80 = 6$,
　 $540 \div 90 = 6$ 등이 있습니다.

8 (1)
$$31\overline{)99} \quad \begin{array}{r} 3 \\ \hline \end{array}$$
$$\underline{93}$$
$$6$$
　　 확인 $31 \times 3 = 93$, $93 + 6 = 99$
　 (2)
$$28\overline{)172} \quad \begin{array}{r} 6 \\ \hline \end{array}$$
$$\underline{168}$$
$$4$$
　　 확인 $28 \times 6 = 168$, $168 + 4 = 172$

9 (1) (위에서부터) 4, 20　 (2) (위에서부터) 5, 30

10 예 나누는 수와 몫을 곱한 값이 나누어지는 수보다 크므로 뺄 수 없습니다.
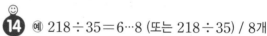
$$42\overline{)242} \quad \begin{array}{r} 5 \\ \hline \end{array}$$
$$\underline{210}$$
$$32$$

11 6상자　　　　　 **12** 예 400, 80, 5 / 5, 5

13 (1) 238　 (2) 252

😊 예 $218 \div 35 = 6 \cdots 8$ (또는 $218 \div 35$) / 8개

👩‍🏫 1 / 6, 3, 6, 3 / 6, 3, 105

9 (1) $15 = 3 \times 5$이므로 $60 \div 15$는 60을 3으로 나눈 후 그 몫을 5로 나눈 것과 같습니다.
　 (2) $18 = 3 \times 6$이므로 $90 \div 18$은 90을 3으로 나눈 후 그 몫을 6으로 나눈 것과 같습니다.

10 242에서 252를 뺄 수 없으므로 몫을 1만큼 작게 합니다.

11 $95 \div 15 = 6 \cdots 5$
　 나머지 5개는 한 상자로 팔 수 없으므로 6상자까지 팔 수 있습니다.

12 380을 어림하면 400쯤이고, 76을 어림하면 80쯤이므로 $380 \div 76$의 몫을 어림하여 구하면 약 $400 \div 80 = 5$입니다.

13 (1) □$\div 34 = 7$에서 $34 \times 7 =$ □, □$= 238$입니다.
　 (2) □$\div 28 = 9$에서 $28 \times 9 =$ □, □$= 252$입니다.

😊 내가 만드는 문제
14 예 218개의 공이 들어 있는 상자를 고른다면 $218 \div 35 = 6 \cdots 8$이므로 남는 공은 8개입니다.

5 몇십몇으로 나누기(2)

15 (1) 18 (2) 35

16 (1) (위에서부터) 44 / 4, 4 / 11
   (2) (위에서부터) 48 / 3, 3 / 16

17 12, 1872

17 ➕ 22, 52 / 74

18 2, 1, 3   **19** 37개

20 (1) 18 (2) 16

㉑ 예 432÷24=18 (또는 432÷24) / 18

🎓 4, 48, 0

---

15 (1)
$$32 \overline{)576}$$
$$18$$
$$32$$
$$256$$
$$256$$
$$0$$

(2)
$$27 \overline{)945}$$
$$35$$
$$81$$
$$135$$
$$135$$
$$0$$

나누는 수에 몫의 십의 자리를 곱할 때 계산의 편리함을
위하여 일의 자리 0을 생략할 수 있습니다.

16 (1) $528 \div 12 = 44$
   $\times 4 \downarrow \quad \downarrow \div 4$
   $528 \div 48 = 11$
   (2) $864 \div 18 = 48$
   $\times 3 \downarrow \quad \downarrow \div 3$
   $864 \div 54 = 16$

17 앞에서부터 차례로 계산합니다.
   $252 \div 21 = 12$, $12 \times 156 = 1872$

18 $350 \div 14 = 25$, $806 \div 26 = 31$, $759 \div 33 = 23$
   ➡ $31 > 25 > 23$

19 200 mL 우유갑으로 바꿀 수 있는 화장지 수:
   $600 \div 50 = 12$(개)
   500 mL 우유갑으로 바꿀 수 있는 화장지 수:
   $650 \div 26 = 25$(개)
   따라서 화장지 $12 + 25 = 37$(개)로 바꿀 수 있습니다.

20 (1) ☐ $= 414 \div 23 = 18$
   (2) ☐ $= 672 \div 42 = 16$

☺ 내가 만드는 문제
㉑ 예 가에서 432, 나에서 24를 골랐다면
   $432 \div 24 = 18$입니다.

---

6 몇십몇으로 나누기(3)

22 (1) 22, 5 (2) 15, 25

23 17번

24 예 나머지는 나누는 수보다 작아야 하는데 41은 38보
   다 큽니다.
$$38 \overline{)877}$$
$$23$$
$$76$$
$$117$$
$$114$$
$$3$$

25 (1) > (2) <

26 $950 \div 65 = 14 \cdots 40$ (또는 $950 \div 65$) / 14명

27 12일

☺
㉘ 예 24 / 856

🎓 (왼쪽에서부터) 96 / 96, 96, 112 / 112

---

22 (1)
$$31 \overline{)687}$$
$$22$$
$$62$$
$$67$$
$$62$$
$$5$$

(2)
$$63 \overline{)970}$$
$$15$$
$$63$$
$$340$$
$$315$$
$$25$$

23 $845 \div 48 = 17 \cdots 29$이므로 845에서 48을 17번까지
   뺄 수 있습니다.

25 (1) $821 \div 23 = 35 \cdots 16$, $821 \div 24 = 34 \cdots 5$
   ➡ 나머지의 크기를 비교하면 $16 > 5$입니다.
   (2) $644 \div 32 = 20 \cdots 4$, $744 \div 32 = 23 \cdots 8$
   ➡ 나머지의 크기를 비교하면 $4 < 8$입니다.

26 $950 \div 65 = 14 \cdots 40$이므로 14명까지 탈 수 있습니다.

27 $288 \div 25 = 11 \cdots 13$이므로 25쪽씩 11일 동안 읽으면
   13쪽이 남습니다.
   남은 13쪽을 읽으려면 하루가 더 필요하므로
   $11 + 1 = 12$(일)이 걸립니다.

☺ 내가 만드는 문제
㉘ 예 나머지를 24라고 하면 (어떤 수)÷52 = 16…24입
   니다.
   $52 \times 16 = 832$, $832 + 24 = 856$이므로 어떤 수
   는 856입니다.

개념 완성

1 (1) 1, 15 (2) 2, 4		**2** 2시간 18분	
3 5시간 15분		**4** 5, 36, 10에 ○표	
5 2, 3		**6** 434	
7 16		**8** 15	
9 15		**10** 48	
11 8, 18		**12** 13, 2	
13 1, 4 / 6, 1		**14** 3, 4	
15 3, 85		**16** (위에서부터) 3, 6	
17 (위에서부터) 9, 3, 4		**18** (위에서부터) 6, 2, 5, 8	

1 1시간 = 60분입니다.
(1) $75 \div 60 = 1 \cdots 15$ ➡ 1시간 15분
(2) $124 \div 60 = 2 \cdots 4$ ➡ 2시간 4분

2 $138 \div 60 = 2 \cdots 18$ ➡ 2시간 18분

3 일주일은 7일이므로
(일주일 동안 걷기 운동을 한 시간)
$= 45 \times 7 = 315$(분)
$315 \div 60 = 5 \cdots 15$ ➡ 5시간 15분

4 나머지는 나누는 수보다 작아야 하므로 37로 나누었을 때 나머지가 될 수 있는 수는 37보다 작은 수입니다.

5 34로 나누었을 때 나머지가 될 수 있는 가장 큰 수는 33입니다.
따라서 $33 \div 15 = 2 \cdots 3$이므로 몫은 2이고 나머지는 3입니다.

6 나누어지는 수가 가장 큰 수가 되려면 나머지가 가장 큰 수여야 합니다. 나누는 수가 29이므로 나머지 ♥가 될 수 있는 가장 큰 수는 28입니다.
㉠ $\div 29 = 14 \cdots 28$
➡ $29 \times 14 = 406$, $406 + 28 = 434$이므로
㉠은 434입니다.

7 $720 = 45 \times \square$ ➡ $\square = 720 \div 45 = 16$

8 $504 \div 32 = 15 \cdots 24$
$15 \times 32 = 480$, $16 \times 32 = 512$이므로 □ 안에 들어갈 수 있는 가장 큰 자연수는 15입니다.

9 $52 \times 17 = 884$ ➡ $884 \div 63 = 14 \cdots 2$
$63 \times 14 = 882$, $63 \times 15 = 945$이므로 □ 안에 들어갈 수 있는 가장 작은 자연수는 15입니다.

10 어떤 수를 □라고 하면 $\square \div 15 = 3 \cdots 3$입니다.
$15 \times 3 = 45$, $45 + 3 = 48$이므로 $\square = 48$입니다.

11 어떤 수를 □라고 하면 $\square \div 14 = 15$이므로
$\square = 14 \times 15 = 210$입니다.
$210 \div 24 = 8 \cdots 18$이므로 바르게 계산했을 때 몫은 8, 나머지는 18입니다.

12 어떤 수를 □라고 하면 $\square \div 52 = 6 \cdots 15$입니다.
$52 \times 6 = 312$, $312 + 15 = 327$이므로 $\square = 327$입니다.
$327 \div 25 = 13 \cdots 2$이므로 바르게 계산했을 때 몫은 13, 나머지는 2입니다.

13 몫이 가장 크려면 가장 작은 수로 나누어야 합니다.
가장 작은 몇십몇: 14 ➡ $85 \div 14 = 6 \cdots 1$

14 몫이 가장 크려면 나누어지는 수는 크게, 나누는 수는 작게 만들어야 합니다.
가장 큰 몇십몇: 76, 가장 작은 몇십몇: 24
➡ $76 \div 24 = 3 \cdots 4$

15 몫이 가장 작으려면 나누어지는 수는 작게, 나누는 수는 크게 만들어야 합니다.
가장 작은 세 자리 수: 346, 가장 큰 몇십몇: 87
➡ $346 \div 87 = 3 \cdots 85$

16
$$\begin{array}{r} 2\ 1\ 3 \\ \times\quad ㉠\ 0 \\ \hline ㉡\ 3\ 9\ 0 \end{array}$$
$3 \times ㉠ = 9$에서 ㉠ = 3입니다.
$213 \times 30 = 6390$이므로 ㉡ = 6입니다.

17
$$\begin{array}{r} 4\ ㉠\ ㉡ \\ \times\quad\ \ 7\ 0 \\ \hline 3\ ㉢\ 5\ 1\ 0 \end{array}$$
㉡ $\times 7$의 일의 자리 수가 1이므로 ㉡ = 3입니다.
㉠ $\times 7 + 2$의 일의 자리 수가 5이므로 ㉠ = 9입니다.
$4 \times 7 + 6 = 34$이므로 ㉢ = 4입니다.

18
$$\begin{array}{r} ㉠\ 4\ ㉡ \\ \times\quad\ ㉢\ 2 \\ \hline 1\ 2\ ㉣\ 4 \\ 3\ 2\ 1\ 0 \\ \hline 3\ 3\ 3\ 8\ 4 \end{array}$$
㉣ $+ 0 = 8$이므로 ㉣ = 8입니다.
㉡ $\times 2 = 4$에서 ㉡ = 2입니다.
㉠ $\times 2 = 12$이므로 ㉠ = 6입니다.
$642 \times ㉢ = 3210$이므로 ㉢ = 5입니다.

3단원 단원 평가 87~89쪽

1 ㉡

2 (1) 13560 (2) 24000

3 (위에서부터) 8, 40   **4** 6, 12

5
```
        2 4
   37 ) 8 9 2
        7 4
        1 5 2
        1 4 8
            4
```

6 (1) > (2) <

7 (연결선 그림)

8 ②, ③

9 (위에서부터) 33 / 3, 3 / 11

10
```
        3 1 8
      ×   5 4
      1 2 7 2
      1 5 9 0
      1 7 1 7 2
```

11 80   **12** 6개, 8송이

13 412   **14** 8대

15 13400원   **16** 31

17 6, 13   **18** (위에서부터) 8, 4, 4, 9

19 4400원   **20** 4, 1

---

1 $400 \times 70 = 28000$이므로 숫자 8을 써야 할 자리는 ㉡입니다.

2 (1) (세 자리 수)×(몇십)은 (세 자리 수)×(몇)의 계산 결과에 0을 1개 붙입니다.

(2)
```
        3 7 5
      ×   6 4
      1 5 0 0
    2 2 5 0
    2 4 0 0 0
```

3 $15 = 3 \times 5$이므로 $120 \div 15$는 120을 3으로 나눈 후 그 몫을 5로 나눈 것과 같습니다.

4
```
          6
   14 ) 9 6
        8 4
        1 2
```

6 (1) $700 \times 30 = 21000$, $800 \times 20 = 16000$
➡ $21000 > 16000$
(2) $736 \times 52 = 38272$, $619 \times 64 = 39616$
➡ $38272 < 39616$

7 $160 \div 20 = 8$, $270 \div 90 = 3$, $360 \div 60 = 6$
$210 \div 70 = 3$, $320 \div 40 = 8$, $480 \div 80 = 6$

8 나누어지는 수의 앞의 두 자리 수가 나누는 수보다 작으면 몫이 몇이고, 나누는 수와 같거나 크면 몫이 몇십몇입니다.
따라서 몫이 몇십몇인 것은 ② $528 \div 36$, ③ $617 \div 47$입니다.

9 $396 \div 12 = 33$
$\times 3 \downarrow \quad \downarrow \div 3$
$396 \div 36 = 11$

10 1590은 318×5가 아닌 318×50의 곱에서 일의 자리 수 0을 생략한 것이므로 만의 자리부터 써야 합니다.

11 $600 \times \square = 48000$
$6 \times ● = 48$에서 $● = 8$이고 600에는 0이 2개이고 48000에는 0이 3개이므로 $\square = 80$입니다.

12 $98 \div 15 = 6 \cdots 8$
따라서 6개의 꽃병에 꽂을 수 있고 남는 꽃은 8송이입니다.

13 $21 \times 19 = 399$, $399 + 13 = 412$
➡ ★ $= 412$

14 $306 \div 40 = 7 \cdots 26$이므로 7대에 40명씩 타면 26명이 남습니다. 남은 26명이 타려면 1대가 더 필요하므로 버스는 적어도 $7 + 1 = 8$(대) 필요합니다.

15 100원짜리 동전: $100 \times 34 = 3400$(원)
500원짜리 동전: $500 \times 20 = 10000$(원)
따라서 저금통에 들어 있는 동전은 모두
$3400 + 10000 = 13400$(원)입니다.

16 $753 \div 24 = 31 \cdots 9$
$31 \times 24 = 744$, $32 \times 24 = 768$이므로 □ 안에 들어갈 수 있는 가장 큰 자연수는 31입니다.

17 몫이 가장 크려면 나누어지는 수는 크게, 나누는 수는 작게 만들어야 합니다.
가장 큰 몇십몇: 97, 가장 작은 몇십몇: 14
➡ $97 \div 14 = 6 \cdots 13$

18

$$
\begin{array}{r}
2\,4\,\textcircled{\tiny ㄱ} \\
\times\ \ \textcircled{\tiny ㄴ}\,3 \\
\hline
7\,\textcircled{\tiny ㄷ}\,4 \\
9\,\textcircled{\tiny ㄹ}\,2\ \ \\
\hline
1\,0\,6\,6\,4
\end{array}
$$

$\textcircled{\tiny ㄷ}+2=6$이므로 $\textcircled{\tiny ㄷ}=4$입니다.

$7+\textcircled{\tiny ㄹ}=16$이므로 $\textcircled{\tiny ㄹ}=9$입니다.

$\textcircled{\tiny ㄱ}\times 3$의 일의 자리 수가 4이므로 $\textcircled{\tiny ㄱ}=8$입니다.

$248\times\textcircled{\tiny ㄴ}=992$이므로 $\textcircled{\tiny ㄴ}=4$입니다.

서술형

19 예 초콜릿의 값은 모두 $650\times 24=15600$(원)입니다.
따라서 거스름돈으로 $20000-15600=4400$(원)
을 받아야 합니다.

평가 기준	배점
초콜릿의 값을 구했나요?	3점
거스름돈으로 얼마를 받아야 하는지 구했나요?	2점

서술형

20 예 어떤 수를 $\square$라고 하면 $\square\div 23=5\cdots14$입니다.
$23\times 5=115$, $115+14=129$이므로 $\square=129$
입니다.
$129\div 32=4\cdots1$이므로 바르게 계산한 몫은 4, 나
머지는 1입니다.

평가 기준	배점
어떤 수를 구했나요?	3점
바르게 계산한 몫과 나머지를 구했나요?	2점

4 평면도형의 이동

이 단원은 평면에서 점 이동하기, 구체물이나 평면도형을 밀고 뒤집고 돌리는 다양한 활동을 경험하게 됩니다. 위치와 방향을 이용하여 점의 이동을 설명하고 평면도형의 평행이동, 대칭이동, 회전이동과 같은 도형 변환의 기초 개념을 학습합니다. 초등학교에서는 수학적으로 정확한 평면도형의 변환을 학습하는 것이 아니라 다양한 경험을 통해 생기는 모양들을 관찰하고 직관적으로 평면도형의 변환을 이해하는 데 초점을 둡니다. 평면도형의 변환은 변환 방법을 외우는 것이 아니라 학생 스스로 이해하고 경험해 보도록 하는 데 주안점이 있기 때문에 반복 연습하는 과정을 거쳐야 합니다. 이를 통해 학생들이 평면도형의 밀기, 뒤집기, 돌리기를 한 결과를 예상하고 추론해 볼 수 있는 공간 추론 능력을 기를 수 있습니다.

교과서 개념 이해

1 방향과 칸 수를 정해서 점을 이동해. 92~93쪽

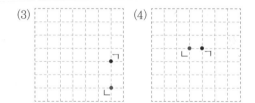

3 4, 6

3 점 ㄱ을 아래쪽으로 4칸, 왼쪽으로 6칸 이동한 위치에 점 ㄴ이 있습니다.

④ 위쪽으로 2 cm 이동한 다음 오른쪽으로 4 cm 이동한 위치에 점 ㄴ을 표시합니다.

교과서 개념이해 2 도형을 밀면 미는 방향으로 위치가 바뀌어. 94~95쪽

① ( )(○)( )　② ㉢

③ 예

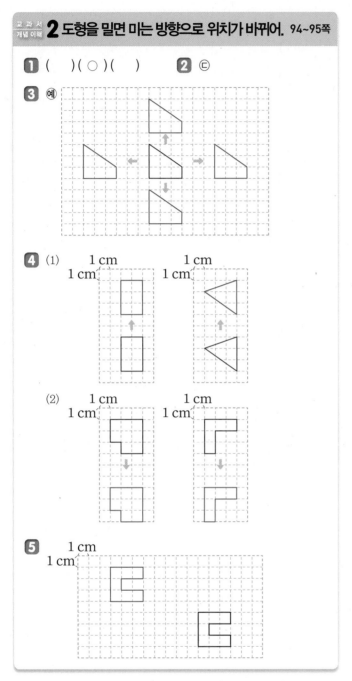

④ (1)　1 cm　1 cm
(2)　1 cm　1 cm

⑤　1 cm　1 cm

① 모양 조각을 오른쪽으로 밀어도 모양은 변하지 않습니다.

② 도형을 왼쪽으로 밀어도 모양은 변하지 않습니다.

③ 도형을 어느 방향으로 밀어도 모양은 변하지 않습니다.

④ (1) 도형의 한 변을 기준으로 위쪽으로 5 cm만큼 민 도형을 그립니다.

(2) 도형의 한 변을 기준으로 아래쪽으로 6 cm만큼 민 도형을 그립니다.

⑤ 도형을 왼쪽으로 8 cm 밀었을 때의 도형을 그린 다음 다시 그 도형을 위쪽으로 4 cm 밀었을 때의 도형을 그립니다.

교과서 개념이해 3 선을 기준으로 뒤집으면 방향이 바뀌어. 96~97쪽

① ( )( )(○)

② (1) ㉠　(2) ㉠　(3) ㉡　(4) ㉡

③

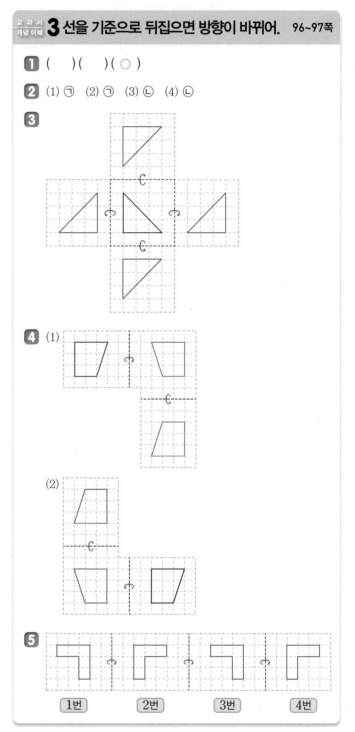

④ (1)
(2)

⑤

1번　2번　3번　4번

① 모양 조각을 왼쪽으로 뒤집으면 모양 조각의 왼쪽과 오른쪽이 서로 바뀝니다.

② (1), (2) 도형을 왼쪽이나 오른쪽으로 뒤집으면 도형의 왼쪽과 오른쪽이 서로 바뀝니다.

(3), (4) 도형을 위쪽이나 아래쪽으로 뒤집으면 도형의 위쪽과 아래쪽이 서로 바뀝니다.

③ 도형을 왼쪽으로 뒤집은 도형과 오른쪽으로 뒤집은 도형은 서로 같고, 위쪽으로 뒤집은 도형과 아래쪽으로 뒤집은 도형도 서로 같습니다.

4 도형을 왼쪽이나 오른쪽으로 뒤집으면 도형의 왼쪽과 오른쪽이 서로 바뀌고, 도형을 위쪽이나 아래쪽으로 뒤집으면 도형의 위쪽과 아래쪽이 서로 바뀝니다.

5 도형을 같은 방향으로 짝수 번 뒤집었을 때의 도형은 처음 도형과 같고, 홀수 번 뒤집었을 때의 도형은 그 도형끼리 서로 같습니다.

5 모양을 이동하여 규칙적인 무늬를 만들 수 있어.   100~101쪽

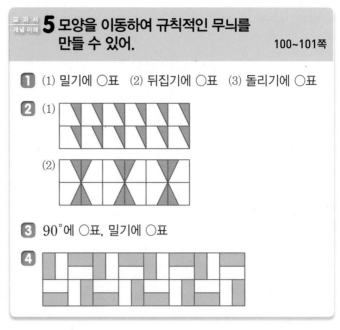

4 주어진 모양을 시계 방향으로 90°만큼 돌리는 것을 반복하여 모양을 만들고, 그 모양을 오른쪽으로 밀어서 무늬를 만들었습니다.

4 도형을 돌리면 방향이 바뀌어.   98~99쪽

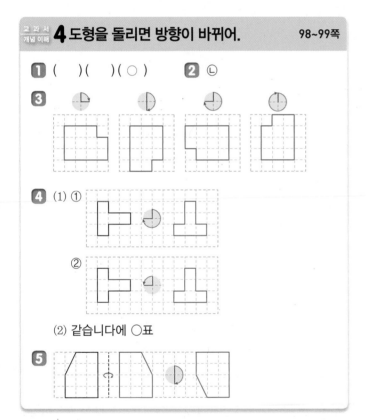

1 모양 조각을 시계 방향으로 90°만큼 돌리면 모양 조각의 위쪽이 오른쪽으로 이동합니다.

2 도형을 시계 반대 방향으로 180°만큼 돌리면 도형의 위쪽이 아래쪽으로, 왼쪽이 오른쪽으로 이동합니다.

3 도형을 시계 방향으로 90°만큼씩 돌리면 도형의 위쪽이 오른쪽 → 아래쪽 → 왼쪽 → 위쪽으로 이동합니다.

5 도형을 오른쪽으로 뒤집으면 도형의 왼쪽과 오른쪽이 서로 바뀌고, 시계 방향으로 180°만큼 돌리면 도형의 위쪽이 아래쪽으로, 왼쪽이 오른쪽으로 이동합니다.

1 점 이동하기   102~103쪽

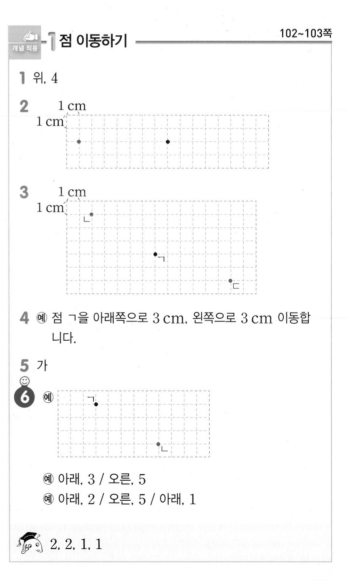

4 예 점 ㄱ을 아래쪽으로 3 cm, 왼쪽으로 3 cm 이동합니다.

5 가

예 아래, 3 / 오른, 5
예 아래, 2 / 오른, 5 / 아래, 1

2, 2, 1, 1

정답과 풀이   25

1 점을 위쪽으로 4칸 이동했습니다.

2 점을 오른쪽으로 7 cm 이동하기 전이므로 점을 왼쪽으로 7 cm 이동한 위치에 표시합니다.

3 점 ㄱ을 위쪽으로 3 cm, 왼쪽으로 5 cm 이동한 위치에 점 ㄴ으로 표시하고, 점 ㄱ을 아래쪽으로 2 cm, 오른쪽으로 6 cm 이동한 위치에 점 ㄷ을 표시합니다.

4 점 ㄱ을 아래쪽으로 3 cm, 왼쪽으로 3 cm 이동하면 점 ㄴ의 위치로 이동할 수 있습니다.

😊 내가 만드는 문제
6 여러 가지 방법으로 이동하여 점 ㄴ이 있는 위치로 이동하면 모두 정답입니다.

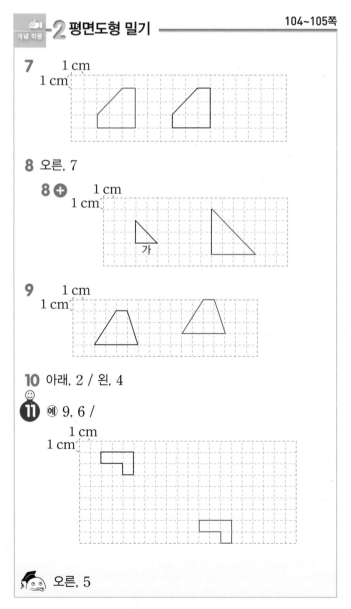

-2 평면도형 밀기 104~105쪽

7

8 오른, 7

8➕

9

10 아래, 2 / 왼, 4

11 예 9, 6 /

🎓 오른, 5

7 도형의 한 변을 기준으로 왼쪽으로 6 cm 밀어 봅니다.

8 나 도형을 왼쪽으로 7칸만큼 이동하면 가 도형이 되므로 오른쪽으로 7 cm 밀어서 이동한 것입니다.
➕ 삼각형 가의 각 변의 길이를 2배로 하여 그립니다.

9 사각형의 한 변을 기준으로 오른쪽으로 8 cm, 위쪽으로 1 cm 민 도형을 그립니다.

10 정사각형 모양 안으로 들어 가려면 가 조각은 아래쪽으로 2 cm, 나 조각은 왼쪽으로 4 cm 밀어야 합니다.

😊 내가 만드는 문제
11 모눈을 벗어나지 않도록 cm를 정해 밀어 봅니다.

-3 평면도형 뒤집기 106~107쪽

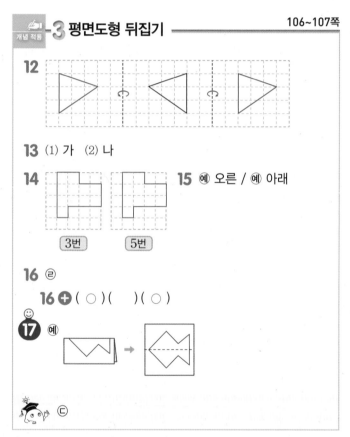

13 (1) 가 (2) 나

14 **15** 예 오른 / 예 아래

3번 5번

16 ㄹ

16➕ (○)( )(○)

17 예

ㄷ

12 도형을 왼쪽으로 뒤집으면 도형의 왼쪽과 오른쪽이 서로 바뀝니다.
도형을 오른쪽으로 뒤집으면 도형의 왼쪽과 오른쪽이 서로 바뀝니다.

13 (1) 라 도형의 왼쪽과 오른쪽이 서로 바뀐 도형은 가 도형입니다.
(2) 가 도형의 위쪽과 아래쪽이 서로 바뀐 도형은 나 도형입니다.

14 위쪽으로 3번, 5번 뒤집었을 때의 도형은 위쪽으로 1번 뒤집었을 때의 도형과 같습니다.

15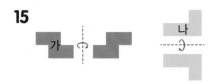

16 도형을 오른쪽으로 뒤집으면 도형의 왼쪽과 오른쪽이 서로 바뀝니다.
오른쪽으로 뒤집은 도형과 처음 도형이 같으려면 도형의 왼쪽과 오른쪽이 서로 같아야 합니다.

☺ 내가 만드는 문제
17 왼쪽으로 접은 종이는 오른쪽으로 뒤집기 한 도형과 마주 보고 있는 도형이 나오고 아래쪽으로 접은 종이는 위쪽으로 뒤집기 한 도형과 마주 보고 있는 도형이 나옵니다.

개념 적용 4 평면도형 돌리기 108~109쪽

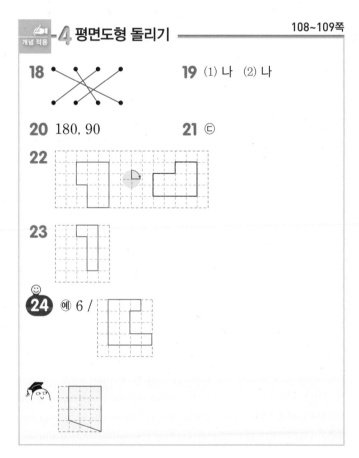

18

19 (1) 나 (2) 나

20 180, 90

21 ⓒ

22

23

☺
24 예 6 /

18 화살표 끝이 가리키는 위치가 같으면 돌렸을 때의 도형도 서로 같습니다.

19 (1) 라 도형을 시계 방향으로 180°만큼 돌린 도형을 찾으면 나 도형입니다.
(2) 가 도형을 시계 방향으로 90°만큼 돌리면 나 도형, 180°만큼 돌리면 다 도형, 270°만큼 돌리면 라 도형이 됩니다.

20

---

21 ⓒ 조각을 시계 방향으로 180°만큼 돌려서 가 부분에 넣습니다.

22 처음 도형은 주어진 도형을 시계 반대 방향으로 90°만큼 돌렸을 때의 도형과 같습니다.

23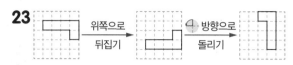

☺ 내가 만드는 문제
24 예 도형을 시계 방향으로 90°만큼 4번 돌린 도형은 처음 도형과 같으므로 도형을 시계 방향으로 90°만큼 6번 돌린 도형은 도형을 시계 방향으로 90°만큼 2번 돌린 도형과 같습니다.

개념 적용 5 무늬 꾸미기 110~111쪽

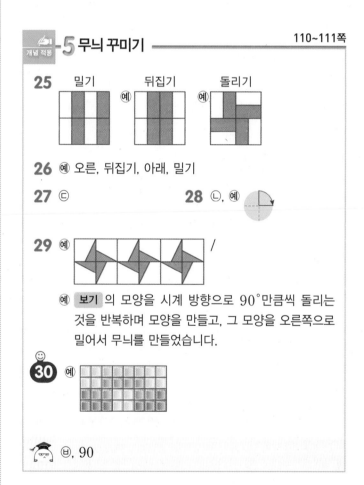

25 밀기 뒤집기 돌리기
예 예

26 예 오른, 뒤집기, 아래, 밀기

27 ⓒ

28 ⓛ, 예

29 예 /
예 보기 의 모양을 시계 방향으로 90°만큼씩 돌리는 것을 반복하며 모양을 만들고, 그 모양을 오른쪽으로 밀어서 무늬를 만들었습니다.

30 예

☺ ⓗ, 90

27 ㉠ 돌리기, ㉡ 밀기, ㉢ 뒤집기

28 ⓛ 모양을 시계 방향으로 90°만큼 또는 시계 반대 방향으로 270°만큼 돌리기 하여 만든 모양으로 무늬를 만들었습니다.

☺ 내가 만드는 문제
30 보기 의 조각을 이용하여 겹치지 않게 모눈종이를 빈칸 없이 덮어 봅니다.

발전 문제 개념 완성

1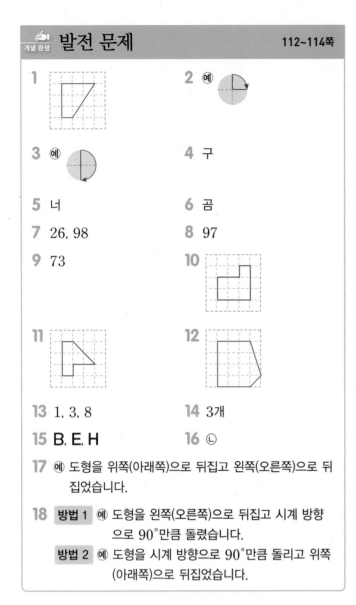

2 (예)

3 (예)

4 구

5 너

6 곰

7 26, 98

8 97

9 73

10

11

12

13 1, 3, 8

14 3개

15 B, E, H

16 ㉡

17 (예) 도형을 위쪽(아래쪽)으로 뒤집고 왼쪽(오른쪽)으로 뒤집었습니다.

18 방법 1 (예) 도형을 왼쪽(오른쪽)으로 뒤집고 시계 방향으로 90°만큼 돌렸습니다.

방법 2 (예) 도형을 시계 방향으로 90°만큼 돌리고 위쪽(아래쪽)으로 뒤집었습니다.

1 시계 반대 방향으로 270°만큼 돌린 도형은 시계 방향으로 90°만큼 돌린 도형과 같습니다.

2 도형의 위쪽이 오른쪽으로 이동하였으므로 시계 방향으로 90°만큼 또는 시계 반대 방향으로 270°만큼 돌린 것입니다.

3 도형의 위쪽이 아래쪽으로 이동하였으므로 시계 방향으로 180°만큼 또는 시계 반대 방향으로 180°만큼 돌린 것입니다.

4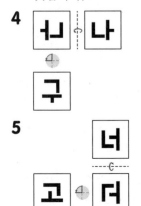

5

6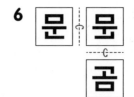

7 숫자를 시계 방향으로 180°만큼 돌리면
9→6, 2→2, 8→8, 6→9가 됩니다.

8 82, 69를 시계 방향으로 180°만큼 돌렸을 때 만들어지는 수는 각각 28, 69입니다.
따라서 69 + 28 = 97입니다.

9 21, 58을 시계 방향으로 180°만큼 돌렸을 때 만들어지는 수는 각각 12, 85입니다.
따라서 85 − 12 = 73입니다.

10 처음 도형은 주어진 도형을 왼쪽으로 뒤집었을 때의 도형과 같습니다.

11 시계 방향으로 270°만큼 돌린 도형은 시계 반대 방향으로 90°만큼 돌린 도형과 같습니다.
따라서 처음 도형은 주어진 도형을 시계 방향으로 90°만큼 돌렸을 때의 도형과 같습니다.

12 시계 방향으로 90°만큼 돌리기 전의 도형은 시계 반대 방향으로 90°만큼 돌렸을 때의 도형과 같고, 오른쪽으로 뒤집기 전의 도형은 왼쪽으로 뒤집은 도형과 같습니다.

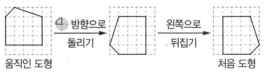

13 아래쪽으로 뒤집으면 위쪽과 아래쪽 서로 바뀌므로 위쪽과 아래쪽의 모양이 같은 숫자를 찾으면 1, 3, 8입니다.

14 시계 방향으로 180°만큼 돌리면 위쪽은 아래쪽으로, 오른쪽은 왼쪽으로 이동하므로 위쪽과 아래쪽, 오른쪽과 왼쪽의 모양이 각각 같은 글자를 찾으면 ㄹ, ㅁ, ㅍ으로 모두 3개입니다.

ㄱ ㄹ ㅁ ㅂ ㅌ ㅍ
ㄴ ㄹ ㅁ ㅂ ㅋ ㅍ

15 오른쪽으로 뒤집은 다음 시계 방향으로 180°만큼 돌린 모양은 위쪽으로 뒤집은 모양과 같습니다.
따라서 위쪽과 아래쪽의 모양이 같은 글자를 찾으면 **B**, **E**, **H**입니다.

ABYEHS $\xrightarrow[\text{뒤집기}]{\text{오른쪽으로}}$ AƎYꓭHꙄ

$\xrightarrow[\text{돌리기}]{\text{방향으로}}$ ∀ꓭY⋿Hꙅ

16 도형의 위쪽이 왼쪽으로 이동하였으므로 시계 반대 방향으로 90°만큼 또는 시계 방향으로 270°만큼 돌린 것입니다.

17 '도형을 왼쪽(오른쪽)으로 뒤집고 위쪽(아래쪽)으로 뒤집었습니다.'도 정답입니다.

18 오른쪽 도형은 왼쪽 도형을 뒤집고 돌려서 만들 수 있는 도형으로 여러 가지 답이 나올 수 있습니다.

4단원 단원 평가
115~117쪽

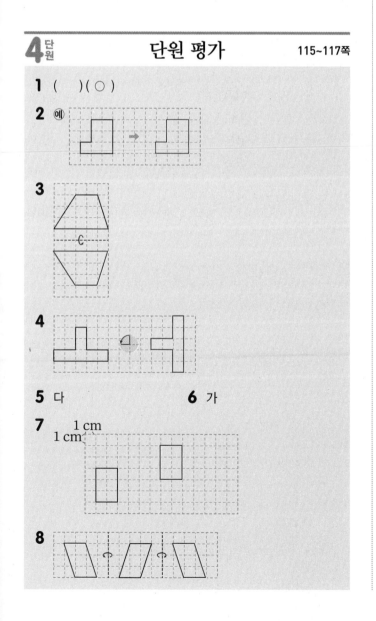

1 ( )(○)

2 예

3

4

5 다   **6** 가

7
1 cm
1 cm

8

---

9 ㉡   **10** 예 시계 반대, 90

11 270

12

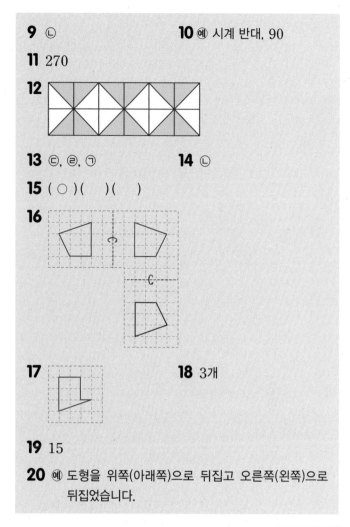

13 ㉢, ㉣, ㉠   **14** ㉡

15 (○)( )( )

16

17   **18** 3개

19 15

20 예 도형을 위쪽(아래쪽)으로 뒤집고 오른쪽(왼쪽)으로 뒤집었습니다.

---

1 왼쪽은 점 ㄱ을 아래쪽으로 1 cm, 왼쪽으로 2 cm 이동했을 때의 위치에 점 ㄴ으로 표시한 것입니다.

2 도형을 오른쪽으로 밀어도 모양은 변하지 않습니다.

3 도형을 아래쪽으로 뒤집으면 도형의 위쪽과 아래쪽이 서로 바뀝니다.

4 도형을 시계 반대 방향으로 90°만큼 돌리면 도형의 위쪽이 왼쪽으로 이동합니다.

5 도형을 위쪽으로 뒤집으면 위쪽과 아래쪽이 서로 바뀝니다.

6 시계 반대 방향으로 270°만큼 돌린 도형은 시계 방향으로 90°만큼 돌린 도형과 같습니다. 도형을 시계 방향으로 90°만큼 돌리면 위쪽이 오른쪽으로 이동합니다.

7 사각형을 오른쪽으로 6 cm 밀었을 때의 도형을 그린 다음 다시 그 도형을 위쪽으로 2 cm 밀었을 때의 도형을 그립니다.

8 도형을 왼쪽이나 오른쪽으로 뒤집으면 왼쪽과 오른쪽이 서로 바뀝니다.

9 도형을 위쪽으로 뒤집으면 위쪽과 아래쪽이 서로 바뀌므로 위쪽과 아래쪽이 서로 같은 도형을 찾습니다.

10 '시계 방향으로 270°만큼'도 정답입니다.

11 도형을 위쪽(아래쪽)으로 뒤집고 시계 방향으로 90°만큼 돌려서 만들 수도 있습니다.

12 주어진 모양을 오른쪽으로 뒤집기를 반복하여 모양을 만들고, 그 모양을 아래쪽으로 뒤집어서 무늬를 만들었습니다.

14 ⓛ은 모양으로 만든 무늬입니다.

15

16 도형을 위쪽으로 뒤집은 다음 왼쪽으로 뒤집습니다.

17 도형을 위쪽으로 2번 뒤집으면 처음 도형과 같습니다. 또 시계 반대 방향으로 90°만큼 4번 돌린 도형은 시계 반대 방향으로 360°만큼 돌린 도형과 같으므로 처음 도형과 같습니다.

18 시계 방향으로 180°만큼 돌리면 위쪽이 아래쪽으로, 오른쪽이 왼쪽으로 이동하므로 위쪽과 아래쪽, 오른쪽과 왼쪽의 모양이 각각 같은 글자를 찾으면 **H, X, Z**로 모두 3개입니다.

B D H M P X Z

B D H W b X Z

19 ⓔ 수 카드를 오른쪽으로 뒤집으면 두 카드의 왼쪽과 오른쪽이 서로 바뀝니다.

따라서 21이 적힌 수 카드를 오른쪽으로 뒤집었을 때 만들어지는 수는 15입니다.

평가 기준	배점
수 카드를 오른쪽으로 뒤집으면 왼쪽과 오른쪽이 서로 바뀌는 것을 알고 있나요?	2점
수 카드를 오른쪽으로 뒤집었을 때 만들어지는 수를 구했나요?	3점

20

평가 기준	배점
도형을 뒤집은 방법을 설명했나요?	5점

a

5 막대그래프

우리는 일상생활에서 텔레비전이나 신문, 인터넷 자료를 볼 때마다 다양한 통계 정보를 접하게 됩니다. 이렇게 접하는 통계 자료는 상대방을 설득하는 근거 자료로 제시되는 경우가 많습니다. 그러므로 표와 그래프로 제시된 많은 자료를 읽고 해석하는 능력과 함께 판단하고 활용하는 통계 처리 능력도 필수적으로 요구됩니다. 학생들은 3학년까지 표와 그림그래프에 대해 배웠으며 이번 단원에서는 막대그래프에 대해 학습하게 됩니다. 막대그래프는 직관적으로 비교하기에 유용한 그래프입니다. 막대그래프를 이해하고 나타내고 해석하는 과정에서 정보 처리 역량을 강화하고, 해석하고 선택하거나 결정하는 과정에서 정보를 통해 추론해 보는 능력을 신장시킬 수 있습니다.

교과서 개념 이해 1 막대그래프는 막대의 길이로 수량을 나타내. 120~121쪽

1 (1) 종목, 금메달 수 (2) 금메달 수 (3) 1 (4) 4

2 (1) 쓰레기 양, 종류 (2) 10 kg (3) 90 kg
(4) 종이류 (5) 병류

3 (1) 표에 ○표 (2) 막대그래프에 ○표

1 (3) 세로 눈금 5칸이 5개를 나타내므로 세로 눈금 한 칸은 $5 \div 5 = 1$(개)를 나타냅니다.
(4) 테니스의 막대의 길이는 4칸이므로 테니스의 금메달 수는 4개입니다.

2 (2) 가로 눈금 5칸이 50 kg을 나타내므로 가로 눈금 한 칸은 $50 \div 5 = 10$(kg)을 나타냅니다.
(3) 플라스틱류의 막대의 길이는 9칸이므로 배출된 플라스틱류는 $10 \times 9 = 90$(kg)입니다.
(4) 막대의 길이가 가장 긴 것은 종이류이므로 가장 많이 배출된 재활용 쓰레기는 종이류입니다.
(5) 막대의 길이가 가장 짧은 것은 병류이므로 가장 적게 배출된 재활용 쓰레기는 병류입니다.

3 (1) 조사한 전체 학생 수는 표에서 '합계'를 보면 쉽게 알 수 있습니다.
(2) 가장 많은 학생들이 좋아하는 과목은 막대그래프에서 막대의 길이가 가장 긴 것을 찾으면 쉽게 알 수 있습니다.

참고 | 표는 조사한 항목별 자료의 수와 전체 자료의 수를 알아보기 쉽습니다.
막대그래프는 항목별 수량의 많고 적음을 한눈에 비교하기 쉽습니다.

2 막대그래프 방향에 따라 가로, 세로가 달라져. 122~123쪽

1 (1) 6, 3

(2)

즐겨 보는 TV 프로그램별 학생 수

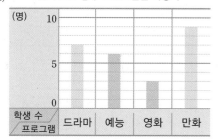

2 (1)

좋아하는 음식별 학생 수

(2) 4칸 (3) 음식

3 (1) 학생 수 (2) 7칸

(3)

여행하고 싶어 하는 나라별 학생 수

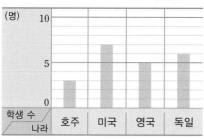

2 (1) 가로 눈금 5칸이 5명을 나타내므로 가로 눈금 한 칸은 $5 \div 5 = 1$(명)을 나타냅니다. 김밥은 6칸, 치킨은 12칸인 막대를 그립니다.

(2) 가로 눈금 한 칸이 2명을 나타낸다면 떡볶이는 $8 \div 2 = 4$(칸)으로 나타내야 합니다.

(3) 막대가 세로로 된 막대그래프는 세로에 학생 수, 가로에 음식을 나타냅니다.

3 (1) 막대가 세로로 된 막대그래프는 가로에 여행하고 싶어 하는 나라, 세로에 학생 수를 나타냅니다.

(2) 표의 가장 큰 수가 7이므로 세로 눈금은 적어도 7칸까지는 있어야 합니다.

(3) 세로 눈금 5칸이 5명을 나타내므로 세로 눈금 한 칸은 $5 \div 5 = 1$(명)을 나타냅니다. 호주는 3칸, 미국은 7칸, 영국은 5칸, 독일은 6칸인 막대를 그립니다.

3 막대그래프를 보고 예상할 수 있어. 124~125쪽

1 (1) ○ (2) ○ (3) × (4) ×

2 (1) 10, 8, 2 (2) 민재

3 (1)

입고 싶어 하는 반 티셔츠 색깔별 학생 수

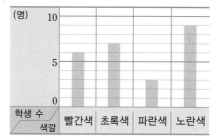

(2) 25명

(3)

입고 싶어 하는 반 티셔츠 색깔별 학생 수

(4) 노란색

4 (1) 줄어들었습니다에 ○표 (2) 줄어들에 ○표

1 (3) 세로 눈금 5칸이 5명을 나타내므로 세로 눈금 한 칸은 $5 \div 5 = 1$(명)을 나타냅니다. 사과의 막대의 길이는 6칸이므로 6명, 망고의 막대의 길이는 4칸이므로 4명입니다.

따라서 사과주스를 좋아하는 학생은 망고주스를 좋아하는 학생보다 $6 - 4 = 2$(명) 더 많습니다.

(4) 가장 많은 학생들이 좋아하는 주스가 오렌지주스이므로 오렌지주스를 준비하는 것이 좋겠습니다.

2 (1) 세로 눈금 5칸이 5회를 나타내므로 세로 눈금 한 칸은 $5 \div 5 = 1$(회)를 나타냅니다. 민재의 막대의 길이는 10칸이므로 10회, 예지의 막대의 길이는 8칸이므로 8회를 했습니다.

따라서 윗몸일으키기를 민재는 예지보다 $10 - 8 = 2$(회) 더 많이 했습니다.

(2) 윗몸일으키기 횟수가 가장 많은 민재를 대표 선수로 뽑는 것이 좋겠습니다.

3 (1) 세로 눈금 5칸이 5명을 나타내므로 세로 눈금 한 칸은 $5 \div 5 = 1$(명)을 나타냅니다.

따라서 빨간색은 6칸, 초록색은 7칸, 파란색은 3칸, 노란색은 9칸인 막대를 그립니다.

(2) 현동이네 반 학생 수는 6 + 7 + 3 + 9 = 25(명)입니다.

(3) 가로 눈금 한 칸이 1명을 나타내는 막대그래프로 나타냅니다.

(4) 가장 많은 학생들이 입고 싶어 하는 노란색으로 정하는 것이 좋겠습니다.

4 (1) 2005년부터 2020년까지 막대의 길이가 점점 짧아졌으므로 초등학교 4학년 학생 수는 점점 줄어들었습니다.

(2) 2005년부터 2020년까지 막대의 길이가 점점 짧아지고 있으므로 2025년의 초등학교 4학년 학생 수는 줄어들 것입니다.

개념 적용 1 막대그래프 알아보기   126~127쪽

1 과학관, 동물원

2 예 자전거 수를 그림그래프는 그림으로, 막대그래프는 막대의 길이로 나타냈습니다.

2+ 10, 8

3 장구, 꽹과리, 징, 북

4 ☺ **표** 예 아영이네 반 전체 학생 수는 22명입니다.
막대그래프 예 가장 많은 학생들이 배우고 싶어 하는 전통 악기는 장구입니다.

🎓 12, 5 / 귤

1 가장 많은 학생들이 가고 싶어 하는 장소는 막대의 길이가 가장 긴 과학관이고, 가장 적은 학생들이 가고 싶어 하는 장소는 막대의 길이가 가장 짧은 동물원입니다.

3 막대의 길이가 긴 전통 악기부터 차례로 쓰면 장구, 꽹과리, 징, 북입니다.

☺ 내가 만드는 문제
4 표와 막대그래프를 보고 바르게 설명했는지 확인합니다.

개념 적용 2 막대그래프 그리기   128~129쪽

5 (1)   예 | 좋아하는 붕어빵 종류별 학생 수 |

종류	치즈	팥	초코	슈크림	합계
학생 수(명)	6	10	8	4	28

---

(2)   예 | 좋아하는 붕어빵 종류별 학생 수 |

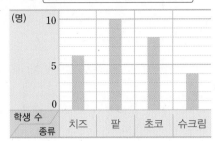

(3)   예 | 좋아하는 붕어빵 종류별 학생 수 |

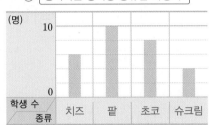

6 ☺

받고 싶어 하는 선물별 학생 수

예 | 선물 | 휴대전화 | 게임기 | 가방 | 블록 | 합계 |
|------|----------|--------|------|------|------|
| 학생 수(명) | 10 | 2 | 1 | 4 | 17 |

받고 싶어 하는 선물별 학생 수

받고 싶어 하는 선물별 학생 수

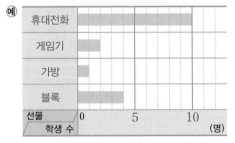

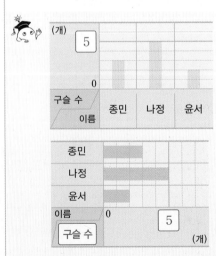

5 (2) 세로 눈금 5칸이 5명을 나타내므로 세로 눈금 한 칸은 1명을 나타냅니다. 치즈는 6칸, 팥은 10칸, 초코는 8칸, 슈크림은 4칸인 막대를 그립니다.

(3) 세로 눈금 5칸이 10명을 나타내므로 세로 눈금 한 칸은 2명을 나타냅니다. 치즈는 3칸, 팥은 5칸, 초코는 4칸, 슈크림은 2칸인 막대를 그립니다.

 내가 만드는 문제

6 게임기와 블록을 받고 싶어 하는 학생 수를 정해 표를 완성하고, 표를 보고 두 가지 막대그래프로 나타내 봅니다.

---

 3 막대그래프 활용하기   130~131쪽

7 ㉡, ㉢, ㉣   **8** 18그루

9 400병

10 예 기온이 내려갈수록 물 판매량이 줄어듭니다.

11 예 11월의 기온은 10월의 기온보다 낮아지고, 11월의 물 판매량은 10월의 물 판매량보다 줄어들 것으로 예상됩니다.

🎓 길어지고에 ○표, 늘어날에 ○표

---

7 ㉠ 클래식의 막대의 길이가 가장 짧으므로 클래식을 좋아하는 학생 수가 가장 적습니다.

㉡ 막대의 길이가 팝송보다 긴 것은 K팝과 동요입니다.

㉢ 가장 많은 학생들이 좋아하는 음악은 막대의 길이가 가장 긴 K팝이므로 점심 시간에 음악을 듣는다면 K팝을 듣는 것이 좋겠습니다.

㉣ 세로 눈금 5칸이 5명을 나타내므로 세로 눈금 한 칸은 1명을 나타냅니다. 동요는 팝송보다 막대가 3칸 더 길므로 3명 더 많습니다.

㉤ K팝을 좋아하는 학생은 9명, 클래식을 좋아하는 학생은 3명이므로 $9 \div 3 = 3$(배)입니다.

8 세로 눈금 5칸이 5그루를 나타내므로 세로 눈금 한 칸은 1그루를 나타냅니다. 밤나무의 막대의 길이는 12칸이므로 12그루입니다. 소나무의 수는 전체 나무의 수에서 나머지 나무의 수를 빼면 되므로
$56 - 16 - 12 - 10 = 18$(그루)입니다.

9 세로 눈금 5칸이 1000병을 나타내므로 세로 눈금 한 칸은 $1000 \div 5 = 200$(병)을 나타냅니다.
8월이 7월보다 막대가 2칸 더 길므로 물 판매량의 차는 $200 \times 2 = 400$(병)입니다.

10 기온의 막대의 길이가 짧아질수록 물 판매량의 막대의 길이도 짧아집니다.

---

1 32장   **2** 12장

3

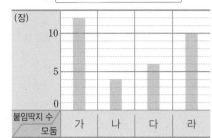

예 모둠별 모은 붙임딱지 수

4 2마리   **5** 18마리

6   예 농장별 기르는 돼지 수

농장	열매	행복	평화	수정	합계
돼지 수(마리)	18	8	14	10	50

7 제기차기   **8** 윷놀이, 줄다리기

9 윷놀이 / 예 가장 많은 학생들이 좋아하는 민속놀이는 윷놀이이므로 윷놀이를 하면 좋겠습니다.

10 4개

11

도시별 도서관 수

도시	가	나	다	라	합계
도서관 수(개)	4	7	8	3	22

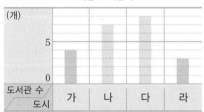

도시별 도서관 수

12

농장별 기르는 소의 수

농장	가	나	다	라	합계
소의 수(마리)	7	9	4	6	26

농장별 기르는 소의 수

13 14명   **14** 9명, 7명

15 15명   **16** 19명

17 2반   **18** 34명

1 표의 합계를 보면 32장입니다.

2 네 모둠에서 모은 붙임딱지가 모두 32장이므로 가 모둠에서 모은 붙임딱지는 $32 - 4 - 6 - 10 = 12$(장)입니다.

3 세로 눈금 한 칸이 1장을 나타내므로 가 모둠은 12칸, 나 모둠은 4칸, 다 모둠은 6칸, 라 모둠은 10칸인 막대를 그립니다.

4 세로 눈금 5칸이 10마리를 나타내므로 세로 눈금 한 칸은 $10 \div 5 = 2$(마리)를 나타냅니다.

5 세로 눈금 한 칸은 2마리를 나타내고 열매 농장의 막대의 길이는 9칸이므로 $2 \times 9 = 18$(마리)입니다.

6 세로 눈금 한 칸은 2마리를 나타내므로
열매 농장은 $2 \times 9 = 18$(마리),
행복 농장은 $2 \times 4 = 8$(마리),
평화 농장은 $2 \times 7 = 14$(마리),
수정 농장은 $2 \times 5 = 10$(마리)입니다.
합계: $18 + 8 + 14 + 10 = 50$(마리)

7 막대의 길이가 가장 짧은 것은 제기차기이므로 가장 적은 학생들이 좋아하는 민속놀이는 제기차기입니다.

8 가로 눈금 한 칸이 1명을 나타내므로 막대의 길이가 가로 눈금 5칸보다 긴 민속놀이는 윷놀이와 줄다리기입니다.

10 세로 눈금 5칸은 5개를 나타내므로 세로 눈금 한 칸은 1개를 나타냅니다.
다 도시의 막대의 길이는 8칸이므로 8개입니다.
네 도시에 있는 도서관은 모두 22개이므로 가 도시에 있는 도서관은 $22 - 7 - 8 - 3 = 4$(개)입니다.

11 가 도시는 4개이므로 4칸, 라 도시는 3개이므로 3칸인 막대를 그립니다.

12 가로 눈금 5칸이 5마리를 나타내므로 가로 눈금 한 칸은 1마리를 나타냅니다.
라 농장의 막대의 길이는 6칸이므로 6마리입니다.
네 농장의 소는 모두 26마리이므로 다 농장은 $26 - 7 - 9 - 6 = 4$(마리)입니다.
나 농장은 9마리이므로 9칸, 다 농장은 4마리이므로 4칸의 가로로 된 막대를 그립니다.

13 A형인 학생은 8명, AB형인 학생은 6명이므로 A형과 AB형인 학생은 모두 $8 + 6 = 14$(명)입니다.

14 B형과 O형인 학생은 모두 $30 - 14 = 16$(명)입니다.
B형인 학생이 O형인 학생보다 2명 더 많으므로 $16 - 2 = 14$에서 O형인 학생은 $14 \div 2 = 7$(명)이고 B형인 학생은 $7 + 2 = 9$(명)입니다.

15 A형은 A형과 O형으로부터 혈액을 받을 수 있습니다.
A형: 8명, O형: 7명이므로 A형에게 혈액을 줄 수 있는 학생은 모두 $8 + 7 = 15$(명)입니다.

16 세로 눈금 한 칸은 1명을 나타냅니다.
1반에서 남학생 8명, 여학생 11명이 참가하므로 모두 $8 + 11 = 19$(명)입니다.

17 연두색 막대의 길이와 보라색 막대의 길이의 차가 가장 큰 반은 2반입니다.
따라서 캠프에 참가하는 남학생 수와 여학생 수의 차가 가장 큰 반은 2반입니다.

18 캠프에 참가하는 여학생 수를 구하는 것이므로 보라색 막대의 길이만 보면 1반은 11명, 2반은 6명, 3반은 7명, 4반은 10명입니다.
따라서 여학생은 모두 $11 + 6 + 7 + 10 = 34$(명)입니다.

5단원 **단원 평가** 135~137쪽

1 음료수, 학생 수 **2** 6명

3 콜라 **4** 5명

5 예 | 실천할 수 있는 활동별 학생 수

6 예 | 실천할 수 있는 활동별 학생 수

7 막대그래프

8 학생 수, 취미

9 7명

10 게임, 운동

11 예 게임이 취미인 학생이 가장 많습니다.
음악 감상이 취미인 학생이 가장 적습니다.

12 28명

13 14칸

14 예

좋아하는 운동별 학생 수

15 축구

16

학생별 팔굽혀펴기 기록

이름	리원	가영	하은	승현	합계
기록(회)	8	6	9	5	28

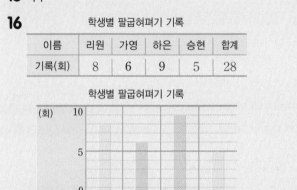

학생별 팔굽혀펴기 기록

17 17명

18 3반

19 10명

20 상추

---

1 좋아하는 음료수를 조사하여 가로에는 음료수, 세로에는 학생 수를 나타낸 것입니다.

2 세로 눈금 한 칸은 1명을 나타내므로 사이다를 좋아하는 학생은 6명입니다.

3 막대의 길이가 가장 긴 것은 콜라이므로 가장 많은 학생들이 좋아하는 음료수는 콜라입니다.

4 주스를 좋아하는 학생은 8명, 우유를 좋아하는 학생은 3명이므로 주스를 좋아하는 학생은 우유를 좋아하는 학생보다 8 − 3 = 5(명) 더 많습니다.

5 세로 눈금 한 칸은 1명을 나타내므로 샤워 시간 줄이기는 8칸, 일회용품 사용 줄이기는 4칸, 전기 아껴 쓰기는 6칸, 음식물 쓰레기 줄이기는 4칸인 막대를 그립니다.

6 막대가 가로로 된 막대그래프는 가로에 학생 수, 세로에 활동을 나타냅니다.

---

7 표는 조사한 항목별 자료의 수와 합계를 알아보기 쉽고, 막대그래프는 항목별 수량의 많고 적음을 한눈에 비교하기 쉽습니다.

8 학생들의 취미를 조사하여 가로에는 학생 수, 세로에는 취미를 나타낸 것입니다.

9 가로 눈금 한 칸은 1명을 나타냅니다. 운동의 막대의 길이는 7칸이므로 7명입니다.

10 독서보다 막대의 길이가 더 긴 것은 게임과 운동입니다.

11 막대의 길이를 비교하여 알 수 있는 사실을 씁니다.

12 조사한 학생이 모두 70명이므로 축구를 좋아하는 학생은 70 − 20 − 8 − 14 = 28(명)입니다.

13 가장 큰 수가 28이므로 세로 눈금은 적어도 28 ÷ 2 = 14(칸)까지는 있어야 합니다.

14 세로 눈금 한 칸이 2명을 나타내므로
줄넘기는 20 ÷ 2 = 10(칸),
배구는 8 ÷ 2 = 4(칸),
축구는 28 ÷ 2 = 14(칸),
피구는 14 ÷ 2 = 7(칸)인 막대를 그립니다.

15 가장 많은 학생들이 좋아하는 운동이 축구이므로 다 같이 운동을 한다면 축구를 하는 것이 좋겠습니다.

16 세로 눈금 한 칸은 1명을 나타냅니다. 리원이의 막대의 길이가 8칸이므로 8회, 승현이의 막대의 길이는 5칸이므로 5회입니다. 가영이는 6칸, 하은이는 9칸인 막대를 그립니다.

17 세로 눈금 한 칸은 1명을 나타냅니다. 2반에서 안경을 쓴 학생은 10명, 안경을 쓰지 않은 학생은 7명이므로 2반 학생은 모두 10 + 7 = 17(명)입니다.

18 연두색 막대의 길이와 보라색 막대의 길이의 차가 가장 큰 반은 3반입니다.
따라서 안경을 쓴 학생 수와 안경을 쓰지 않은 학생 수의 차가 가장 큰 반은 3반입니다.

서술형
19 예 세로 눈금 한 칸은 1명을 나타내므로 도보는 7명, 지하철은 9명, 자전거는 4명입니다. 현주네 반 학생은 모두 30명이므로 버스로 등교하는 학생은 30 − 7 − 9 − 4 = 10(명)입니다.

평가 기준	배점
도보, 지하철, 자전거로 등교하는 학생 수를 각각 구했나요?	3점
버스로 등교하는 학생 수를 구했나요?	2점

20 ⓐ 가로 눈금 한 칸은 1명을 나타내므로 오이를 좋아하는 학생은 3명입니다. $3 \times 2 = 6$이므로 좋아하는 학생 수가 오이의 2배인 채소는 6명이 좋아하는 상추입니다.

평가 기준	배점
오이를 좋아하는 학생 수를 구했나요?	2점
좋아하는 학생 수가 오이의 2배인 채소를 구했나요?	3점

6 규칙 찾기

수학의 많은 내용은 규칙성을 다루고 있습니다. 규칙성은 수학의 많은 아이디어를 연결하는 데 도움을 주며 수학을 다양하게 사용할 수 있는 방법을 제공합니다. 이번 단원에서는 2학년 2학기 때 학습한 규칙 찾기 내용을 더 확장하여 학습하게 되며 등호(=)의 개념을 연산적 관점에서 벗어나 관계의 기호임을 이해하는 학습이 이루어집니다. 특히 수의 규칙 찾기 활동은 이후 함수적 사고를 학습하기 위한 바탕이 됩니다. 초등학생들에게 요구되는 함수적 사고란 두 양 사이의 변화에 주목하는 사고를 의미합니다. 이러한 변화의 규칙은 규칙 찾기 활동을 통한 경험이 있어야 발견할 수 있으므로 규칙 찾기 활동은 함수적 사고 학습의 바탕이 됩니다.

교과서 개념 이해 **1** 수의 배열은 방향에 따라 규칙이 달라. 140~141쪽

1 (1) 100 (2) 1 (3) 101 (4) 99

2 (1) 2, 5 (2) 2, 5

3 (위에서부터) 542, 412, 342, 352, 232 / 110에 ○표

4 (1) 729 (2) 32

1 (1) 101 201 301 401 501 601
　　　　$+100$　$+100$　$+100$　$+100$　$+100$

　(2) 101 102 103 104 105 106
　　　　$+1$　$+1$　$+1$　$+1$　$+1$

　(3) 101 202 303 404 505 606
　　　　$+101$　$+101$　$+101$　$+101$　$+101$

　(4) 601 502 403 304 205 106
　　　　-99　-99　-99　-99　-99

2 (2) 가로: 32 16 8 4 2
　　　　　　　$\div 2$　$\div 2$　$\div 2$　$\div 2$

　　세로: 2 10 50 250
　　　　　　$\times 5$　$\times 5$　$\times 5$

3 가로는 오른쪽으로 10씩 커지고, 세로는 아래쪽으로 100씩 작아지는 규칙입니다.
색칠된 칸의 ╱ 방향의 수 202, 312, 422, 532, 642는 110씩 커집니다.

4 (1) 3부터 시작하여 오른쪽으로 3씩 곱하는 규칙입니다.
　　➡ $243 \times 3 = 729$
　(2) 128부터 시작하여 오른쪽으로 2씩 나누는 규칙입니다.
　　➡ $64 \div 2 = 32$

1 (1) 1 (2) 7개

2 (1) 3, 3, 4 (2) / 15개

3 (1) (위에서부터) 4×4 / 4, 9, 16
　　(2) 5×5 / 25개

4 / 13개

1 (2) 여섯째에 알맞은 모양에는 빨간색 사각형이 1개, 초록색 사각형이 6개이므로 사각형은 7개입니다.

2 (1) 모형이 1개에서 시작하여 2개, 3개, 4개 늘어납니다.
　　따라서 모형의 수를 식으로 나타내면 첫째는 1, 둘째는 1＋2, 셋째는 1＋2＋3, 넷째는 1＋2＋3＋4입니다.
　　(2) 다섯째에 알맞은 모양에서 모형은 넷째에서 5개 늘어난 1＋2＋3＋4＋5 ＝ 15(개)입니다.

3 (1) 단추가 정사각형 모양으로 가로와 세로에 1줄씩 늘어납니다.

4 사각형이 →, ↓, ↘ 방향으로 각각 1개씩 늘어나므로 사각형이 1개에서 시작하여 3개씩 늘어납니다.
　　따라서 다섯째에 알맞은 모양에서 사각형은 1＋3＋3＋3＋3 ＝ 13(개)입니다.

1 (1) 가 (2) 다 (3) 나

2 (1) 10000, 10000 (2) 8000＋43000＝51000

3 예 100씩 작아지는 수에서 101을 빼면 계산 결과는 100씩 작아집니다. /
　　500－101＝399

4 666666÷111＝6006

1 (2) 다: 10, 20, 30, 40에 11을 곱하면 계산 결과는 110, 220, 330, 440입니다.
　　➡ 곱해지는 수가 10씩 커지고 곱하는 수가 11로 일정하면 곱은 110씩 커집니다.
　　(3) 나: 백의 자리 수가 각각 1씩 커지는 두 수의 차는 항상 같습니다.

2 (2) 더하는 수가 10000씩 커지므로 다섯째에 알맞은 덧셈식은 8000＋43000＝51000입니다.

4 111111씩 커지는 수를 111로 나누면 계산 결과는 1001씩 커집니다.
　　따라서 계산 결과가 6006이 되는 나눗셈식은 여섯째 나눗셈식인 666666÷111＝6006입니다.

1 (1) 4, 8, 13 / 8, 13 (2) 예 1＋4＋8＝5＋8

2 (1) 5, 3 (2) 예 3×5＝5×3

1 (2) 크기가 같은 두 양을 등호(＝)를 사용하여 하나의 식으로 나타낼 수 있습니다.

2 (2) 3×5와 5×3의 계산 결과는 각각 15로 같으므로 등호를 사용하여 3×5＝5×3과 같이 나타낼 수 있습니다.

1 (1) 3, 커집니다에 ○표 / 3, 작아집니다에 ○표
　　(2) 1, 작아집니다에 ○표 / 1, 작아집니다에 ○표

2 10, 10 / 옳은에 ○표

3 (1) 11 (2) 0 (3) 6 (4) 5

2 80÷40＝2, 8÷4＝2이므로 80÷40＝8÷4는 옳은 식입니다.

3 (2) 어떤 수에서 0을 빼도 그 크기는 변하지 않으므로 28은 28 − 0과 크기가 같습니다.

(3) 두 수를 바꾸어 더해도 그 크기는 같으므로 6 + 37은 37 + 6과 크기가 같습니다.

(4) 두 수를 바꾸어 곱해도 그 크기는 같으므로 13 × 5는 5 × 13과 크기가 같습니다.

개념 적용 **-1** 수의 배열에서 규칙 찾기

1 (위에서부터) 100, 80, 2 / 2, 5

2 6114, 7214

3 (1) 일 (2) 2, 6

4 (1)

4752	4753	4754	4755	4756
5752	5753	5754	5755	5756
6752	6753	6754	6755	6756
7752	7753	7754	7755	7756
8752	8753	8754	8755	8756

(2) 3751

5 예 128, 256, 512, 1024 / 예 64부터 시작하여 오른쪽으로 2씩 곱하는 규칙입니다.

🎓 2, 8, 8

1 가로: 1250 → 2500 → 5000 → 10000 → 20000 (× 2)

세로: 1250 → 250 → 50 → 10 → 2 (÷ 5)

2 오른쪽으로 1000씩 커지고, 아래쪽으로 100씩 커지므로 ㄱ = 6114, ㄴ = 7214입니다.

3 (2) ■는 204 × 13 = 2652에서 일의 자리 숫자 2이고, ●는 209 × 14 = 2926에서 일의 자리 숫자 6입니다.

다른 풀이 | (2) 일의 자리 수끼리의 곱을 알아보면 ■는 4 × 3 = 12에서 2이고, ●는 9 × 4 = 36에서 6입니다.

4 (1) 8756부터 시작하여 왼쪽으로 1씩 작아지고 위쪽으로 1000씩 작아지므로 8756부터 시작하여 ↖ 방향으로 1001씩 작아집니다.

(2) 8756부터 시작하여 ↖ 방향으로 1001씩 작아지는 규칙이므로 ■에 알맞은 수는 4752보다 1001만큼 더 작은 수인 3751입니다.

개념 적용 **-2** 모양의 배열에서 규칙 찾기

6 (1) 2개씩 (2)

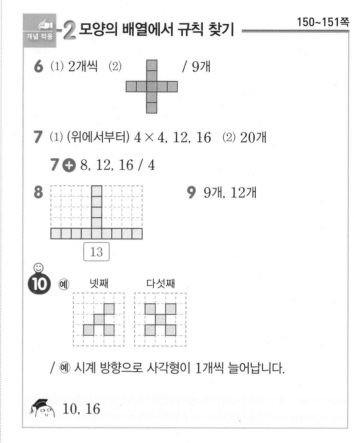

/ 9개

7 (1) (위에서부터) 4 × 4, 12, 16 (2) 20개

7 ➕ 8, 12, 16 / 4

8 [13] **9** 9개, 12개

10 예

넷째　　다섯째

/ 예 시계 방향으로 사각형이 1개씩 늘어납니다.

🎓 10, 16

6 (1) 빨간색 사각형을 중심으로 1개에서 시작하여 파란색 사각형이 위쪽과 오른쪽에 각각 1개씩, 아래쪽과 왼쪽에 각각 1개씩 번갈아가며 2개씩 늘어납니다.

1개 → 3개 → 5개 → 7개 (+ 2)

(2) 다섯째에 알맞은 모양은 넷째의 아래쪽과 왼쪽에 파란색 사각형이 각각 1개씩 늘어나므로 7 + 2 = 9(개)입니다.

7 (1) 정사각형 모양의 각 변에 모형이 1개씩 늘어납니다.

(2) 다섯째에 알맞은 모양에서 모형은 규칙에 따라 5 × 4 = 20(개)입니다.

8 1 → 4 → 7 → 10 (+ 3)

사각형이 1개에서 시작하여 왼쪽, 위쪽, 오른쪽으로 각각 1개씩 늘어나므로 수는 3씩 커집니다.

따라서 □ 안에 알맞은 수는 10 + 3 = 13입니다.

9

(빨간색 타일) = 1 + 4 + 4 = 9(개)
(파란색 타일) = 4 + 4 + 4 = 12(개)

개념 적용 3 계산식의 배열에서 규칙 찾기

11 (1) $500005 \div 5$　(2) 54321×9

12 $99999 - 12345 = 87654$

13 (1) $9 + 11 + 13 + 15 + 17 = 65$　(2) 일곱째

14 $1111111 \times 1111111 = 1234567654321$

15 예 2424, 404 / 24024, 4004 / 240024, 40004 / 2400024, 400004

🧑‍🎓 21 / 일곱째에 ○표 / 930, 377

11 (1) 나누는 수는 5로 같고 나누어지는 수는 505부터 가운데 0이 1개씩 늘어나면 몫도 가운데 0이 1개씩 늘어납니다. ➡ $500005 \div 5 = 100001$

(2) 21, 321, 4321과 같이 자리 수가 1개씩 늘어나는 수에 9를 곱하면 계산 결과의 가운데 8이 1개씩 늘어나고 189, 2889, 38889와 같은 수가 됩니다.
➡ $54321 \times 9 = 488889$

12 9가 1개씩 늘어나는 수에서 1, 12, 123, ...을 빼면 8, 87, 876, ...과 같은 수가 됩니다.
따라서 다섯째 뺄셈식은 $99999 - 12345 = 87654$입니다.

13 (1) 2씩 커지는 수 5개를 더하면 계산 결과는 10씩 커집니다. 따라서 다섯째 덧셈식은
$9 + 11 + 13 + 15 + 17 = 65$입니다.

(2) 다섯째 덧셈식의 계산 결과가 65이므로 여섯째 덧셈식의 계산 결과는 75, 일곱째 덧셈식의 계산 결과는 85입니다.

14 1이 1개씩 늘어나는 수를 두 번 곱한 결과는 자리 수가 2개씩 늘어나고 가운데 수가 곱셈식의 순서를 나타내며 가운데를 중심으로 접으면 같은 수가 만납니다.
계산 결과의 가운데 수가 7인 곱셈식은 일곱째이므로
$1111111 \times 1111111 = 1234567654321$입니다.

😊 내가 만드는 문제
15 1515, 15015, 150015, ...와 같이 나누어지는 수의 가운데 0이 1개씩 늘어나고 같은 수로 나누면 몫은 505, 5005, 50005, ...와 같이 가운데 0이 1개씩 늘어납니다.

개념 적용 4 등호(=)가 있는 식 알아보기 (1)

16 예 $9 \times 1 = 9 \div 1$

17 (1) 15 / 15, 15 / 10 / 예 20, 10
(2) 예 $15 + 15 = 20 + 10$

18
　예 $10 \times 4 = 20 + 20$
　예 $50 = 75 - 25$
　예 $22 + 13 = 20 + 15$

19 $10 + 10 - 2$, 6×3에 ○표 /
예 $10 + 10 - 2 = 6 \times 3$

20 예 5, ×, 9, 9, ×, 5 / 예 9, −, 5, 13, −, 9

21 예 5×5, $50 \div 2$, $30 - 5$, $5 + 5 + 5 + 5 + 5$, $25 - 0$ /
예 $20 + 5 = 5 \times 5$, $30 - 5 = 25 - 0$, $5 \times 5 = 5 + 5 + 5 + 5 + 5$, $50 \div 2 = 30 - 5$

🧑‍🎓 =

16 9×1, $9 \div 1$의 계산 결과는 9이므로 등호(=) 양쪽에 써서 하나의 식으로 나타낼 수 있습니다.

18 $22 + 13 = 35$, $10 \times 4 = 40$
$20 + 20 = 40$, $75 - 25 = 50$, $20 + 15 = 35$
➡ $10 \times 4 = 20 + 20$, $50 = 75 - 25$,
$22 + 13 = 20 + 15$

19 $10 + 10 - 2 = 18$, $30 - 22 = 8$, $6 \times 3 = 18$,
$40 \div 5 = 8$이므로 계산 결과가 18인 식은
$10 + 10 - 2$와 6×3입니다.
➡ $10 + 10 - 2 = 6 \times 3$ 또는 $6 \times 3 = 10 + 10 - 2$

20 등호(=) 양쪽에 같은 양을 만들어 식을 완성합니다.
😊 내가 만드는 문제
21 계산 결과가 25인 식을 만들고 등호(=)를 사용하여 두 식을 하나의 식으로 나타냅니다.

개념 적용 5 등호(=)가 있는 식 알아보기 (2)

22 옳은에 ○표　　**23** 은호

24 사각형　　　　**25** ㉢

26 (1) 20　(2) 17　(3) 31　(4) 28

27 예 $20 \div 5 = 60 \div 15$, $20 \div 5 = 40 \div 10$

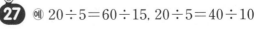 −2, ÷2

22 12와 6 ＋ 6에서 각각 같은 수인 2를 뺐으므로 12 － 2 ＝ 6 ＋ 6 － 2는 옳은 식입니다.

23 19는 29보다 10만큼 더 작고, 45도 55보다 10만큼 더 작으므로 19 ＋ 45는 29 ＋ 55보다 20만큼 더 작습니다. 따라서 29 ＋ 55 ＝ 19 ＋ 45는 옳지 않은 식입니다.

24 형: 16을 3번 더하는 것은 16에 3을 곱하는 것과 크기가 같습니다. (○)

삼: 5 ＋ 15 ＝ 5 ＋ 5 ＋ 5 ＋ 5

사: 51은 41보다, 38은 28보다 각각 10만큼 더 큰 수이므로 41 － 28은 51 － 38과 크기가 같습니다. (○)

미: 20 ÷ 2 ＝ 10 ÷ 1

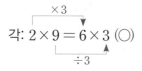

각: 2 × 9 ＝ 6 × 3 (○)

25 ■ － ▲에서 ■와 ▲가 같은 수만큼씩 커지거나 작아지면 계산 결과는 같습니다.

26 (1) 24는 20과 4로 가르기할 수 있습니다.

(2) 두 수를 바꾸어 곱해도 그 크기는 같습니다.

(3) 빼지는 수와 빼는 수가 각각 10만큼씩 작아지면 그 크기는 같습니다.

(4) 더하는 한 수가 10만큼 작아지고 다른 수가 10만큼 커지면 그 크기는 같습니다.

☺ 내가 만드는 문제
27 ⑩ 나누어지는 수 60이 20의 3배이므로 나누는 수도 5의 3배인 15이어야 두 양의 크기가 같습니다.
나누는 수 10이 5의 2배이므로 나누어지는 수도 20의 2배인 40이어야 두 양의 크기가 같습니다.

발전 문제 158~161쪽

1 6, 6

2 ⑩ 1부터 시작하여 더하는 수가 1, 3, 5, 7, 9로 2씩 커집니다. / 37

3 34

4
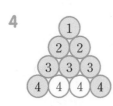

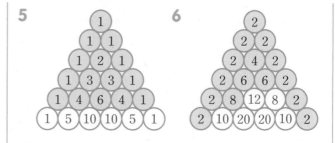

7 18

8 13

9 10개

10 15개

11 초록색, 13개

12 28개, 36개

13 다섯째

14 여섯째

15 21개

16 99999 × 99999 ＝ 9999800001

17 666666666 ÷ 12345679 ＝ 54

18 1234567 × 8 ＋ 7 ＝ 9876543

19 4, 28, 10

20 2, 2, 20, 14

21 ⑩ 7, 8, 9 / 7 ＋ 8 ＋ 9 ＝ 8 × 3

1 6, 6 ＋ 6 ＝ 12, 12 ＋ 6 ＝ 18, 18 ＋ 6 ＝ 24, 24 ＋ 6 ＝ 30
➡ 6부터 시작하여 오른쪽으로 6씩 커집니다.

2 1, 1 ＋ 1 ＝ 2, 2 ＋ 3 ＝ 5, 5 ＋ 5 ＝ 10, 10 ＋ 7 ＝ 17, 17 ＋ 9 ＝ 26
1부터 시작하여 더하는 수가 1, 3, 5, 7, 9로 2씩 커지므로 다음에 올 수는 26 ＋ 11 ＝ 37입니다.

3 1, 1, 1 ＋ 1 ＝ 2, 1 ＋ 2 ＝ 3, 2 ＋ 3 ＝ 5, 3 ＋ 5 ＝ 8, 5 ＋ 8 ＝ 13, 8 ＋ 13 ＝ 21
앞의 두 수를 더한 수가 다음에 옵니다.
따라서 21 다음에 올 수는 13 ＋ 21 ＝ 34입니다.

4 1을 1개, 2를 2개, 3을 3개, 4를 4개 쓰는 규칙입니다.

5 맨 왼쪽과 오른쪽에 1을 쓰고 가운데 수는 바로 윗줄의 왼쪽과 오른쪽의 두 수를 더해서 쓰는 규칙입니다.

6 맨 왼쪽과 오른쪽에 2를 쓰고 가운데 수는 바로 윗줄의 왼쪽과 오른쪽의 두 수를 더해서 쓰는 규칙입니다.

7 5는 15를 3으로 나눈 수이므로 □는 6에 3을 곱한 수입니다. ➡ □ ＝ 6 × 3 ＝ 18

8 ㉠ 102는 51에 2를 곱한 수이므로 ■는 3에 2를 곱한 수입니다. ➡ ■ ＝ 3 × 2 ＝ 6

㉡ 54는 27에 2를 곱한 수이므로 ▲는 14를 2로 나눈 수입니다. ➡ ▲ ＝ 14 ÷ 2 ＝ 7

따라서 ■와 ▲에 알맞은 수의 합은 6 ＋ 7 ＝ 13입니다.

9 고구마 봉지가 □개 필요하다면 감자의 수와 고구마의 수가 같으므로 8×20＝16×□입니다.
16은 8에 2를 곱한 수이므로 □는 20을 2로 나눈 수입니다. ➡ □＝20÷2＝10
따라서 고구마를 한 봉지에 16개씩 담는다면 봉지는 10개 필요합니다.

10 사각형이 3개, 6개, 9개, 12개로 3개씩 늘어납니다.
따라서 다섯째에 알맞은 모양에서 사각형은
12＋3＝15(개)입니다.

11 초록색 사각형과 보라색 사각형을 번갈아 배열하고, 사각형이 1개, 3개, 5개, 7개, 9개, 11개로 2개씩 늘어나는 규칙입니다.
따라서 다음에 배열할 사각형은 초록색이고
11＋2＝13(개)입니다.

12 파란색 사각형은 정사각형 모양의 각 변에 1개씩 늘어나므로 여섯째에 알맞은 모양에서 파란색 사각형은
7×4＝28(개)입니다.
노란색 사각형은 가로와 세로가 각각 1개씩 늘어나서 이루어진 정사각형 모양이므로 여섯째에 알맞은 모양에서 노란색 사각형은 6×6＝36(개)입니다.

13 바둑돌의 수가 1×1, 2×2, 3×3, 4×4로 늘어납니다.
25＝5×5이므로 25개의 바둑돌을 배열한 모양은 다섯째입니다.

14 바둑돌이 1개에서 시작하여 3개씩 늘어나는 규칙입니다.
16＝1＋3＋3＋3＋3＋3이므로 16개의 바둑돌을 배열한 모양은 여섯째입니다.

15 검은색 바둑돌은 6개에서 시작하여 3개씩 늘어나고 흰색 바둑돌은 둘째부터 1개에서 시작하여 2개, 3개 늘어납니다.
15＝1＋2＋3＋4＋5이므로 흰색 바둑돌이 15개 놓이는 모양은 여섯째이고 이때 검은색 바둑돌은
6＋3＋3＋3＋3＋3＝21(개)입니다.

16 9가 1개씩 늘어나는 수를 두 번 곱하면 계산 결과는 9와 0이 1개씩 늘어나서 자리 수가 2개씩 늘어납니다.
따라서 다섯째 곱셈식은
99999×99999＝9999800001입니다.

17 나누어지는 수가 2배, 3배, 4배가 되고 나누는 수가 같으면 몫은 2배, 3배, 4배가 됩니다. 9×6＝54이므로 나누어지는 수는 111111111을 6배 한 666666666입니다.

18 1, 12, 123, 1234와 같이 자리 수가 한 개씩 늘어나는 수에 8을 곱하고 1, 2, 3, 4와 같이 1씩 커지는 수를 더하면 계산 결과는 9, 98, 987, 9876과 같이 자리 수가 한 개씩 늘어납니다. 계산 결과가 7자리 수이므로 구하는 계산식은 일곱째입니다.
일곱째 계산식: 1234567×8＋7＝9876543

19 뒤의 좌석 번호와 앞의 좌석 번호와 차는 같습니다.

20 가로줄의 양쪽 끝에 있는 두 수의 합은 가운데 수의 2배와 같습니다.

21 예 7, 8, 9 세 수의 합은 가운데 있는 수 8의 3배와 같습니다.

6단원 단원 평가 162~164쪽

1 100 **2** 1100

3 20＝20, 6×12＝18×4, 26＋2＋7＝28＋7에 ○표

4 866, 736

5 (위에서부터) 1100 / 700 / 700, 1500

6 옳은에 ○표 **7** 30

8 (위에서부터) 210 / 120 / 50 / 300

9 5, 5, 7 **10**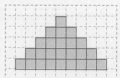

11 예 곱하는 수는 12로 일정하고 곱해지는 수의 1이 1개씩 늘어나면 계산 결과는 1과 2 사이에 3이 1개씩 늘어납니다.

12 11111×12＝133332

13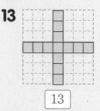

14 예 60÷2＝10＋10＋10 /
예 20＋3＝30－10＋3

15 6000036, 6

16 (1) $27+35=24+38$ (2) $46-19=40-13$
(3) $9\times11=3\times33$

17 예 $13+9=14+8$, $14+10=15+9$,
$15+11=16+10$, $16+12=17+11$

18 $1234567\times9=11111111-8$

19 702 **20** 15개, 10개

---

1 1005, 1105, 1205, 1305, 1405는 100씩 커지는 규칙입니다.

2 1005, 2105, 3205, 4305, 5405는 1100씩 커지는 규칙입니다.

3 등호($=$) 양쪽의 크기가 같으면 옳은 식입니다.

4 오른쪽으로 10씩 작아지고, 아래쪽으로 100씩 작아집니다.
➡ ◆ $=766+100=866$, ★ $=746-10=736$

5 100씩 커지는 수에 100씩 커지는 수를 더하면 합은 200씩 커집니다.

6 10과 2×5에 각각 같은 수인 3을 곱했으므로
$10\times3=2\times5\times3$은 옳은 식입니다.

7 240에서 시작하여 오른쪽으로 2씩 나누는 규칙입니다.
➡ $60\div2=30$

8 가로줄과 세로줄의 두 수를 곱하는 규칙입니다.

9 사각형이 1개에서 시작하여 3개, 5개, 7개 늘어납니다.

10 다섯째에 알맞은 모양은 넷째 모양의 아래쪽에 사각형 9개를 더 그립니다.

13 사각형이 위쪽, 왼쪽, 아래쪽, 오른쪽으로 각각 1개씩 모두 4개씩 늘어납니다.
넷째 모양은 셋째 모양에서 사각형이 4개 더 늘어난 모양입니다. ➡ $9+4=13$

14 등호($=$) 양쪽에 계산 결과가 같은 식을 써서 하나의 식으로 나타냅니다.
$60\div2=30$, $20+3=23$, $15+5=20$,
$40-0=40$, $10+10+10=30$,
$30-10+3=23$

15 나누어지는 수의 0이 1개씩 늘어날 때마다 계산 결과의 0이 1개씩 늘어납니다.
따라서 계산 결과 1000006은 다섯째 나눗셈식이므로 나누어지는 수는 6000036입니다.

---

16 (1) 더하는 수가 35에서 38로 3만큼 커졌으므로 더해지는 수는 27에서 24로 3만큼 작아져야 합니다.
(2) 빼지는 수가 46에서 40으로 6만큼 작아졌으므로 빼는 수도 19에서 13으로 6만큼 작아져야 합니다.
(3) 9를 3으로 나누면 3이므로 11에 3을 곱한 33이 되어야 합니다.

17 이웃한 4개의 수를 ＼, ／ 방향으로 더한 결과는 같습니다. 이외에도 규칙이 맞으면 정답입니다.

18 계산 결과에서 빼는 수가 8이므로 일곱째 계산식입니다.
다섯째: $12345\times9=111111-6$
여섯째: $123456\times9=1111111-7$
일곱째: $1234567\times9=11111111-8$

서술형
19 예 오른쪽으로 10, 20, 30, 40 커집니다.
따라서 ▲에 알맞은 수는 662보다 40만큼 더 큰 수입니다.
➡ $662+40=702$

평가 기준	배점
수 배열의 규칙을 찾았나요?	2점
▲에 알맞은 수를 구했나요?	3점

서술형
20 예 검은색 바둑돌은 첫째에 1개가 놓이고 그 이후 홀수째에 5개, 9개, …가 더 놓이고, 흰색 바둑돌은 짝수째에 3개, 7개, …가 더 놓이는 규칙입니다.
(다섯째에 놓일 검은색 바둑돌의 수)
$=1+5+9=15$(개)
(다섯째에 놓일 흰색 바둑돌의 수)
$=3+7=10$(개)

평가 기준	배점
검은색과 흰색 바둑돌이 놓이는 규칙을 찾았나요?	2점
다섯째에 놓일 흰색 바둑돌과 검은색 바둑돌은 각각 몇 개인지 구했나요?	3점

💡 **사고력이 반짝** 165쪽

하영 / 수아

1 큰 수

➕ 개념 적용

2쪽

1

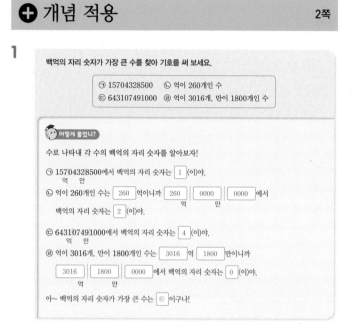

백억의 자리 숫자가 가장 큰 수를 찾아 기호를 써 보세요.

　ㄱ 15704328500　　ㄴ 억이 260개인 수
　ㄷ 643107491000　　ㄹ 억이 3016개, 만이 1800개인 수

어떻게 풀었니?

수로 나타내 각 수의 백억의 자리 숫자를 알아보자!

ㄱ 15704328500에서 백억의 자리 숫자는 1(이)야.
　　　억 만

ㄴ 억이 260개인 수는 260억이니까 260 0000 0000 에서
　　　　　　　　　　　　　　　억　　만
백억의 자리 숫자는 2(이)야.

ㄷ 643107491000에서 백억의 자리 숫자는 4(이)야.
　　　억 만

ㄹ 억이 3016개, 만이 1800개인 수는 3016억 1800만이니까
3016 1800 0000 에서 백억의 자리 숫자는 0(이)야.
　억　　만

아~ 백억의 자리 숫자가 가장 큰 수는 ㄷ이구나!

2 ㄴ　　　　　　　**3** ㄷ

4

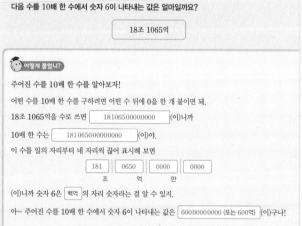

다음 수를 10배 한 수에서 숫자 6이 나타내는 값은 얼마일까요?

18조 1065억

어떻게 풀었니?

주어진 수를 10배 한 수를 알아보자!

어떤 수를 10배 한 수를 구하려면 어떤 수 뒤에 0을 한 개 붙이면 돼.

18조 1065억을 수로 쓰면 181065 00000000(이)니까

10배 한 수는 1810650000000000(이)야.

이 수를 일의 자리부터 네 자리씩 끊어 표시해 보면

181 0650 0000 0000
　조 억 만

(이)니까 숫자 6은 백억의 자리 숫자라는 걸 알 수 있지.

아~ 주어진 수를 10배 한 수에서 숫자 6이 나타내는 값은 60000000000 (또는 600억)(이)구나!

5 3 0000 0000 0000 (또는 3조)

6 7000 0000 0000 (또는 7000억)

7

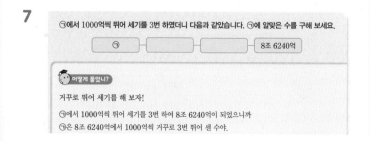

ㄱ에서 1000억씩 뛰어 세기를 3번 하였더니 다음과 같았습니다. ㄱ에 알맞은 수를 구해 보세요.

ㄱ ─ □ ─ □ ─ 8조 6240억

어떻게 풀었니?

거꾸로 뛰어 세기를 해 보자!

ㄱ에서 1000억씩 뛰어 세기를 3번 하여 8조 6240억이 되었으니까
ㄱ은 8조 6240억에서 1000억씩 거꾸로 3번 뛰어 센 수야.

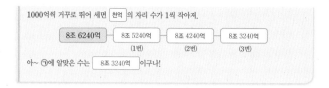

1000억씩 거꾸로 뛰어 세면 천억의 자리 수가 1씩 작아져.

8조 6240억 ─ 8조 5240억 ─ 8조 4240억 ─ 8조 3240억
　　　　　　　(1번)　　　　(2번)　　　　(3번)

아~ ㄱ에 알맞은 수는 8조 3240억이구나!

8 297조 4500억　　　　**9** 1910억

10 12조 520억

11

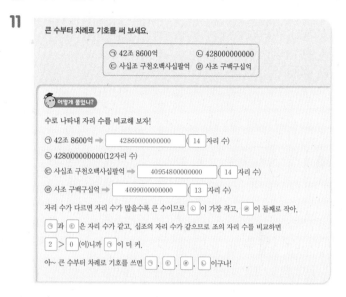

큰 수부터 차례로 기호를 써 보세요.

　ㄱ 42조 8600억　　　ㄴ 428000000000
　ㄷ 사십조 구천오백사십팔억　　ㄹ 사조 구백구십억

어떻게 풀었니?

수로 나타내 자리 수를 비교해 보자!

ㄱ 42조 8600억 ➡ 42860000000000 (14 자리 수)

ㄴ 428000000000(12자리 수)

ㄷ 사십조 구천오백사십팔억 ➡ 40954800000000 (14 자리 수)

ㄹ 사조 구백구십억 ➡ 4099000000000 (13 자리 수)

자리 수가 다르면 자리 수가 많을수록 큰 수이므로 ㄴ이 가장 작고, ㄹ이 둘째로 작아.

ㄱ과 ㄷ은 자리 수가 같고, 십조의 자리 수가 같으므로 조의 자리 수를 비교하면

2 > 0 (이)니까 ㄱ이 더 커.

아~ 큰 수부터 차례로 기호를 쓰면 ㄱ, ㄷ, ㄹ, ㄴ이구나!

12 ㄷ, ㄴ, ㄹ, ㄱ　　　　**13** ㄴ

---

2 십억의 자리 숫자를 알아보면
ㄱ 86700000000 ➡ 6, ㄴ 7362408159 ➡ 7,
ㄷ 63920815473 ➡ 3, ㄹ 405193650000 ➡ 5
입니다.
따라서 십억의 자리 숫자가 가장 큰 수는 ㄴ입니다.

3 숫자 8이 어느 자리 숫자인지 알아보면
ㄱ 8635742094 ➡ 십억의 자리 숫자,
ㄴ 7548876109552 ➡ 억의 자리 숫자,
ㄷ 380527649315 ➡ 백억의 자리 숫자,
ㄹ 874930652 ➡ 억의 자리 숫자입니다.
따라서 숫자 8이 나타내는 값이 가장 큰 수는 ㄷ입니다.

5 9조 317억 ➡ 9 0317 0000 0000
9 0317 0000 0000을 100배 한 수
➡ 903 1700 0000 0000
903 1700 0000 0000에서 숫자 3은 조의 자리 숫자이
므로 숫자 3이 나타내는 값은 3 0000 0000 0000 (또는
3조)입니다.

6 조가 132개, 억이 796개인 수 ➡ 132조 796억
➡ 132 0796 0000 0000
132 0796 0000 0000을 10배 한 수
➡ 1320 7960 0000 0000

1320796000000000에서 숫자 7은 천억의 자리 숫자
이므로 숫자 7이 나타내는 값은 7000000000000 (또는
7000억)입니다.

8 327조 4500억에서 10조씩 거꾸로 3번 뛰어 세면
327조 4500억 − 317조 4500억 − 307조 4500억 −
　　　　　　　　　(1번)　　　　　　　　(2번)
297조 4500억입니다.
　　(3번)
따라서 ㉠에 알맞은 수는 297조 4500억입니다.

9 1850억에서 20억씩 3번 뛰어 세면
1850억 − 1870억 − 1890억 − 1910억입니다.
　　　　　(1번)　　　(2번)　　　(3번)
따라서 어떤 수는 1910억입니다.

10 12조 890억에서 100억씩 거꾸로 4번 뛰어 세면
12조 890억 − 12조 790억 − 12조 690억 −
　　　　　　　(1번)　　　　　(2번)
12조 590억 − 12조 490억이므로
　(3번)　　　(4번)
어떤 수는 12조 490억입니다.
따라서 12조 490억에서 10억씩 3번 뛰어 세면
12조 490억 − 12조 500억 − 12조 510억 −
　　　　　　　(1번)　　　　(2번)
12조 520억입니다.
　(3번)

12 ㉠ 오조 구천구백구십구억
　　➡ 5999900000000(13자리 수)
㉡ 513조 6900억 ➡ 513690000000000(15자리 수)
㉢ 513970000000000(15자리 수)
㉣ 오십칠조 구천팔백삼억
　　➡ 57980300000000(14자리 수)
자리 수를 비교하면 ㉠이 가장 작고, ㉣이 둘째로 작습니다.
㉡과 ㉢의 천억의 자리 수를 비교하면 6 < 9이므로 ㉢이
더 큽니다.
따라서 큰 수부터 차례로 기호를 쓰면 ㉢, ㉡, ㉣, ㉠입니다.

13 ㉠ 이십팔조 삼백오억
　　➡ 28030500000000
　28030500000000을 10배 한 수:
　280305000000000(15자리 수)
㉡ 2조 8040억
　　➡ 2804000000000
　2804000000000을 100배 한 수:
　280400000000000(15자리 수)
자리 수가 같으므로 천억의 자리 수를 비교하면 3 < 4입
니다.
따라서 ㉡이 더 큽니다.

⊜ 쓰기 쉬운 서술형　　　　6쪽

1 15, 207, 540, 15020705540, 4 / 4개

1-1 5개

2 억, 800000000 (또는 8억), 십만,
800000 (또는 80만), 1000 / 1000배

2-1 100배

3 ☐3☐☐☐☐, 835421 / 835421

3-1 98276541

3-2 2384567

3-3 105234679

4 8과 같거나 큽니다에 ○표, 8, 9 / 8, 9

4-1 7, 8, 9

4-2 5개

4-3 2개

1-1 예 억이 630개, 만이 19개, 일이 28개인 수는 630억
19만 28이므로 11자리 수로 나타내면 63000190028
입니다. ---- ❶
따라서 11자리 수로 나타냈을 때 0은 모두 5개입니다.
　　　　　　　　　　　　　　　　　　---- ❷

단계	문제 해결 과정
①	억이 630개, 만이 19개, 일이 28개인 수를 11자리 수로 나타 냈나요?
②	0의 개수를 구했나요?

2-1 예 ㉠은 천만의 자리 숫자이므로 30000000을 나타내
고, ㉡은 십억의 자리 숫자이므로 3000000000을 나
타냅니다. ---- ❶
따라서 ㉡이 나타내는 값은 ㉠이 나타내는 값의 100배
입니다. ---- ❷

단계	문제 해결 과정
①	㉠과 ㉡이 나타내는 값을 각각 구했나요?
②	㉡이 나타내는 값은 ㉠이 나타내는 값의 몇 배인지 구했나요?

3-1 예 십만의 자리 숫자가 2인 여덟 자리 수는
☐☐2☐☐☐☐☐입니다. ---- ❶
가장 큰 수는 나머지 빈칸에 높은 자리부터 큰 수를 차
례로 써넣으면 되므로 십만의 자리 숫자가 2인 가장 큰
수는 98276541입니다. ---- ❷

단계	문제 해결 과정
①	십만의 자리 숫자가 2인 여덟 자리 수를 썼나요?
②	만들 수 있는 가장 큰 수를 구했나요?

3-2 ⑩ 만의 자리 숫자가 8인 일곱 자리 수는
□□8□□□□입니다. ···· ❶
가장 작은 수는 나머지 빈칸에 높은 자리부터 작은 수를
차례로 써넣으면 되므로 만의 자리 숫자가 8인 가장 작
은 수는 238 4567입니다. ···· ❷

단계	문제 해결 과정
①	만의 자리 숫자가 8인 일곱 자리 수를 썼나요?
②	만들 수 있는 가장 작은 수를 구했나요?

3-3 ⑩ 백만의 자리 숫자가 5인 9자리 수는
□□5□□ □□□□입니다. ···· ❶
가장 작은 수는 나머지 빈칸에 높은 자리부터 작은 수를
차례로 써넣으면 되는데 가장 높은 자리에 0은 올 수 없
으므로 백만의 자리 숫자가 5인 가장 작은 수는
1 0523 4679입니다. ···· ❷

단계	문제 해결 과정
①	백만의 자리 숫자가 5인 9자리 수를 썼나요?
②	만들 수 있는 가장 작은 수를 구했나요?

4-1 ⑩ 백만의 자리 수가 같고, 만의 자리 수가 4<9이므로
□는 6보다 큽니다. ···· ❶
따라서 □ 안에 들어갈 수 있는 수는 7, 8, 9입니다.
···· ❷

단계	문제 해결 과정
①	□의 범위를 구했나요?
②	□ 안에 들어갈 수 있는 수를 모두 구했나요?

4-2 ⑩ 천만의 자리 수가 같고, 십만의 자리 수가 6>5이므
로 □는 4와 같거나 작습니다. ···· ❶
따라서 □ 안에 들어갈 수 있는 수는 0, 1, 2, 3, 4로 모
두 5개입니다. ···· ❷

단계	문제 해결 과정
①	□의 범위를 구했나요?
②	□ 안에 들어갈 수 있는 수는 모두 몇 개인지 구했나요?

4-3 ⑩ 2□3084>24 5716에서 십만의 자리 수가 같고,
천의 자리 수가 3<5이므로 □는 4보다 큽니다.
➡ □=5, 6, 7, 8, 9
1772 8301 > 17□64395에서 천만, 백만의 자리 수
가 각각 같고, 만의 자리 수가 2 < 6이므로 □는 7보다
작습니다.
➡ □=0, 1, 2, 3, 4, 5, 6 ···· ❶
따라서 □ 안에 공통으로 들어갈 수 있는 수는 5, 6으로
모두 2개입니다. ···· ❷

단계	문제 해결 과정
①	□ 안에 들어갈 수 있는 수를 각각 구했나요?
②	□ 안에 공통으로 들어갈 수 있는 수는 모두 몇 개인지 구했나요?

1단원 수행 평가 12~13쪽

1 ④	**2** 20000, 400, 60
3 36740원	**4** 2100 0649
5 ⑤	**6** 4개
7 <	**8** 7조 9200억
9 100배	**10** 49 7532

1 ①, ②, ③, ⑤ 10000   ④ 9100

3 30000 + 6000 + 700 + 40 = 36740(원)

4 2100만 649 ➡ 2100 0649

5 각 수의 백만의 자리 숫자를 알아봅니다.
① 8794 3106 ➡ 7   ② 598 7243 ➡ 5
③ 649 3052 ➡ 6   ④ 9832 7415 ➡ 8
⑤ 2 4930 7581 ➡ 9
따라서 백만의 자리 숫자가 가장 큰 수는 ⑤입니다.

6 507억 6092만 805 ➡ 507 6092 0805
따라서 0을 4개 써야 합니다.

7 두 수의 자리 수가 12자리로 같으므로 높은 자리 수부터
차례로 비교합니다.
8754 2369 0000<8754 3817 0000
　　　　2<3

8 100억씩 3번 뛰어 세면 백억의 자리 수가 1씩 커집니다.
7조 8900억 ― 7조 9000억
　　　― 7조 9100억 ― 7조 9200억

9 ㉠은 천만의 자리 숫자이므로 2000 0000을 나타내고,
㉡은 십만의 자리 숫자이므로 20 0000을 나타냅니다.
2000 0000은 20 0000보다 0이 2개 더 많으므로
20 0000의 100배입니다.

^{서술형}
10 ⑩ 십만의 자리 숫자가 4인 여섯 자리 수는
4□□□□□입니다.
가장 큰 수는 나머지 빈칸에 높은 자리부터 큰 수를 차례
로 써넣으면 되므로 십만의 자리 숫자가 4인 가장 큰 수
는 49 7532입니다.

평가 기준	배점
십만의 자리 숫자가 4인 여섯 자리 수를 썼나요?	4점
만들 수 있는 가장 큰 수를 구했나요?	6점

2 각도

➕ 개념 적용
14쪽

1

도형에서 둔각은 모두 몇 개인지 써 보세요.

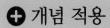

어떻게 풀었니?

예각, 직각, 둔각에 대해 알아보자!

3학년 때 종이를 반듯하게 2번 접었을 때 생기는 각이 직각이라고 배웠지?
직각은 90°인 각이야.

0°보다 크고 직각보다 작은 각을 예각 , 직각보다 크고 180°보다 작은 각을 둔각 이라고 해.

주어진 도형에는 5개의 각이 있는데 예각, 직각, 둔각 중 무엇인지 써 보면 오른쪽과 같아.

아~ 도형에서 둔각은 모두 3 개구나!

2 2개   **3** 4개

4

피자 2판을 두 가지 방법으로 똑같이 나누어 먹고 각각 한 조각씩 남았습니다. 남은 두 피자 조각에 표시한 각도의 합을 구해 보세요.

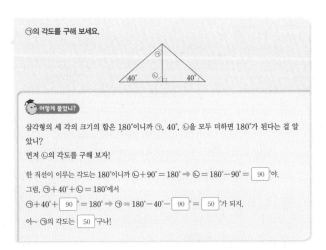

어떻게 풀었니?

두 피자 조각의 각도를 각각 구해 보자!

한 직선이 이루는 각도는 180°이니까 ┼─의 각도는 360°라는 걸 알았니?

왼쪽 피자 조각은 6등분하였으니까 피자 한 조각에 표시한 각도는 360°÷6 = 60 °이고,

오른쪽 피자 조각은 8등분하였으니까 피자 한 조각에 표시한 각도는 360°÷8 = 45 °야.

각도의 합은 자연수의 덧셈과 같은 방법으로 더하면 되니까 두 각도를 더하면 60 ° + 45 ° = 105 °야.

아~ 남은 두 피자 조각에 표시한 각도의 합은 105 °구나!

5 192°   **6** 50°

7

㉠의 각도를 구해 보세요.

어떻게 풀었니?

삼각형의 세 각의 크기의 합은 180°이니까 ㉠, 40°, ㉡을 모두 더하면 180°가 된다는 걸 알았니?

먼저 ㉡의 각도를 구해 보자!

한 직선이 이루는 각도는 180°이니까 ㉡+90° = 180° ➡ ㉡ = 180°−90° = 90 °야.

그럼, ㉠+40°+㉡ = 180°에서

㉠+40°+ 90 ° = 180° ➡ ㉠ = 180°−40°− 90 ° = 50 °가 되지.

아~ ㉠의 각도는 50 °구나!

8 50°   **9** 125°

10

도형에서 ㉠의 각도를 구해 보세요.

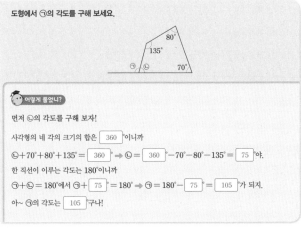

어떻게 풀었니?

먼저 ㉡의 각도를 구해 보자!

사각형의 네 각의 크기의 합은 360 °이니까

㉡+70°+80°+135° = 360 ➡ ㉡ = 360 °−70°−80°−135° = 75 °야.

한 직선이 이루는 각도는 180°이니까

㉠+㉡ = 180°에서 ㉠+ 75 ° = 180° ➡ ㉠ = 180°− 75 ° = 105 °가 되지.

아~ ㉠의 각도는 105 °구나!

11 115   **12** 20°

2

둔각
예각   둔각
                      예각
둔각   둔각

3

예각   둔각
둔각
둔각   둔각
    둔각

예각: 1개, 둔각: 5개 ➡ 5 − 1 = 4(개)

5 ┼─의 각도는 360°이므로 3등분한 케이크 한 조각에 표시한 각도는 360°÷3 = 120°이고, 5등분한 케이크 한 조각에 표시한 각도는 360°÷5 = 72°입니다.

따라서 남은 두 케이크 조각에 표시한 각도의 합은 120° + 72° = 192°입니다.

6 ┼─의 각도는 360°이므로 9등분한 파이 한 조각에 표시한 각도는 360°÷9 = 40°이고, 4등분한 파이 한 조각에 표시한 각도는 360°÷4 = 90°입니다.

따라서 남은 두 파이 조각에 표시한 각도의 차는 90° − 40° = 50°입니다.

8

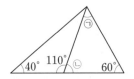

한 직선이 이루는 각도는 180°이므로

110° + ㉡ = 180° ➡ ㉡ = 180° − 110° = 70°입니다.

삼각형의 세 각의 크기의 합은 180°이므로

$\bigcirc + 70° + 60° = 180°$

$\Rightarrow \bigcirc = 180° - 70° - 60° = 50°$입니다.

9

삼각형의 세 각의 크기의 합은 $180°$이므로

$70° + 55° + \bigcirc = 180°$

$\Rightarrow \bigcirc = 180° - 70° - 55° = 55°$입니다.

한 직선이 이루는 각도는 $180°$이므로

$55° + \bigcirc = 180° \Rightarrow \bigcirc = 180° - 55° = 125°$입니다.

11

사각형의 네 각의 크기의 합은 $360°$이므로

$\bigcirc + 105° + 110° + 80° = 360°$

$\Rightarrow \bigcirc = 360° - 105° - 110° - 80° = 65°$입니다.

한 직선이 이루는 각도는 $180°$이므로

$65° + \square = 180° \Rightarrow \square = 180° - 65° = 115°$입니다.

12 사각형의 네 각의 크기의 합은 $360°$이므로

$\bigcirc + 105° + 100° + 95° = 360°$

$\Rightarrow \bigcirc = 360° - 105° - 100° - 95° = 60°$입니다.

한 직선이 이루는 각도는 $180°$이므로

$100° + \bigcirc = 180° \Rightarrow \bigcirc = 180° - 100° = 80°$입니다.

따라서 $\bigcirc$과 $\bigcirc$의 각도의 차는

$\bigcirc - \bigcirc = 80° - 60° = 20°$입니다.

📝 쓰기 쉬운 서술형   18쪽

1

, 크므로에 ◯표, 둔각 / 둔각

1-1 예각

2 35, 60, 35, 60, 85 / 85°   **2-1** 80°

3 50, 25, 50, 25, 105 / 105°

3-1 95°   **3-2** 85°

3-3 75°

4 85, 90, 70, 85, 90, 70, 115 / 115°

4-1 140°   **4-2** 180°

4-3 150°

1-1 예

7시 25분에 맞게 긴바늘과 짧은바늘을 그려 보면 위와 같습니다. ···· ❶

따라서 시계의 긴바늘과 짧은바늘이 이루는 작은 쪽의 각이 $90°$보다 작으므로 예각입니다. ···· ❷

단계	문제 해결 과정
①	시계에 시각을 나타냈나요?
②	긴바늘과 짧은바늘이 이루는 작은 쪽의 각이 예각과 둔각 중 어느 것인지 구했나요?

2-1 예 한 직선이 이루는 각도는 $180°$이므로

$70° + \bigcirc + 30° = 180°$입니다. ···· ❶

따라서 $\bigcirc = 180° - 70° - 30° = 80°$입니다. ···· ❷

단계	문제 해결 과정
①	$\bigcirc$의 각도를 구하는 과정을 썼나요?
②	$\bigcirc$의 각도를 구했나요?

3-1 예 삼각형의 세 각의 크기의 합은 $180°$이므로 나머지 한 각의 크기를 $\square$라고 하면 $\square + 45° + 40° = 180°$입니다. ···· ❶

따라서 $\square = 180° - 45° - 40° = 95°$입니다. ···· ❷

단계	문제 해결 과정
①	나머지 한 각의 크기를 구하는 과정을 썼나요?
②	나머지 한 각의 크기를 구했나요?

3-2 예 삼각형의 세 각의 크기의 합은 $180°$이므로

$\bigcirc + \bigcirc + 95° = 180°$입니다. ···· ❶

따라서 $\bigcirc + \bigcirc = 180° - 95° = 85°$입니다. ···· ❷

단계	문제 해결 과정
①	$\bigcirc$과 $\bigcirc$의 각도의 합을 구하는 과정을 썼나요?
②	$\bigcirc$과 $\bigcirc$의 각도의 합을 구했나요?

3-3 예 삼각형의 세 각의 크기의 합은 $180°$이므로

$(각 ㄱㄷㄴ) + 40° + 35° = 180°$

$\Rightarrow (각 ㄱㄷㄴ) = 180° - 40° - 35° = 105°$입니다.

···· ❶

따라서 한 직선이 이루는 각도는 $180°$이므로

$105° + (각 ㄱㄷㄹ) = 180°$

$\Rightarrow (각 ㄱㄷㄹ) = 180° - 105° = 75°$입니다. ···· ❷

단계	문제 해결 과정
①	각 ㄱㄷㄴ의 크기를 구했나요?
②	각 ㄱㄷㄹ의 크기를 구했나요?

4-1 예 사각형의 네 각의 크기의 합은 $360°$이므로 나머지 한 각의 크기를 □라 하면

□$+ 120° + 40° + 60° = 360°$입니다. ---- ❶

따라서 □$= 360° - 120° - 40° - 60° = 140$입니다. ---- ❷

단계	문제 해결 과정
①	나머지 한 각의 크기를 구하는 과정을 썼나요?
②	나머지 한 각의 크기를 구했나요?

4-2 예 사각형의 네 각의 크기의 합은 $360°$이므로

㉠$+ ㉡ + 65° + 115° = 360°$입니다. ---- ❶

따라서 ㉠$+ ㉡ = 360° - 65° - 115° = 180°$입니다.

---- ❷

단계	문제 해결 과정
①	㉠과 ㉡의 각도의 합을 구하는 과정을 썼나요?
②	㉠과 ㉡의 각도의 합을 구했나요?

4-3 예 한 직선이 이루는 각도는 $180°$이므로

$125° +$ (각 ㄱㄴㄷ) $= 180°$

➡ (각 ㄱㄴㄷ) $= 180° - 125° = 55°$입니다. ---- ❶

사각형의 네 각의 크기의 합은 $360°$이므로

(각 ㄱㄹㄷ) $+ 60° + 55° + 95° = 360°$

➡ (각 ㄱㄹㄷ) $= 360° - 60° - 55° - 95° = 150°$

입니다. ---- ❷

단계	문제 해결 과정
①	각 ㄱㄴㄷ의 크기를 구했나요?
②	각 ㄱㄹㄷ의 크기를 구했나요?

2단원 수행 평가 24~25쪽

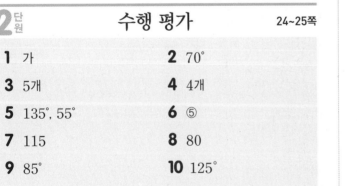

1 가	**2** $70°$
3 5개	**4** 4개
5 $135°, 55°$	**6** ⑤
7 115	**8** 80
9 $85°$	**10** $125°$

1 각의 두 변이 벌어진 정도가 클수록 큰 각입니다.

2 각도기의 중심을 각의 꼭짓점에 맞추고, 각도기의 밑금을 각의 한 변에 맞춘 다음 각의 다른 변이 가리키는 각도기의 눈금을 읽습니다.

---

3 작은 각 3개로 이루어진 각은 직각입니다.

작은 각 1개로 이루어진 예각: 3개

작은 각 2개로 이루어진 예각: 2개

➡ $3 + 2 = 5$(개)

4 $0°$보다 크고 직각보다 작은 각을 예각이라고 합니다.

따라서 예각은 $72°, 26°, 33°, 88°$로 모두 4개입니다.

5 각도의 합과 차는 자연수의 덧셈, 뺄셈과 같이 계산합니다.

합: $40° + 95° = 135°$

차: $95° - 40° = 55°$

6

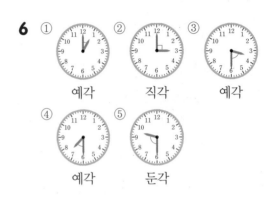

① 예각   ② 직각   ③ 예각

④ 예각   ⑤ 둔각

7 한 직선이 이루는 각도는 $180°$이므로

$65° +$ □$° = 180°$ ➡ □$° = 180° - 65° = 115°$입니다.

8 삼각형의 세 각의 크기의 합은 $180°$이므로

□$° + 70° + 30° = 180°$

➡ □$° = 180° - 30° - 70° = 80°$입니다.

9

한 직선이 이루는 각도는 $180°$이므로

$105° + ㉡ = 180°$ ➡ $㉡ = 180° - 105° = 75°$입니다.

사각형의 네 각의 크기의 합은 $360°$이므로

$㉠ + 120° + 75° + 80° = 360°$

➡ $㉠ = 360° - 120° - 75° - 80° = 85°$입니다.

서술형

10 예 삼각형의 세 각의 크기의 합은 $180°$이므로

$㉠ + ㉡ + 55° = 180°$입니다.

따라서 $㉠ + ㉡ = 180° - 55° = 125°$입니다.

평가 기준	배점
㉠과 ㉡의 각도의 합을 구하는 과정을 썼나요?	5점
㉠과 ㉡의 각도의 합을 구했나요?	5점

3 곱셈과 나눗셈

26쪽

➕ 개념 적용

1

수빈이네 학교 4학년 학생 30명이 과학관으로 현장 체험 학습을 가려고 합니다. 30명이 우주인 체험도 하고 로켓 만들기도 하려면 모두 얼마를 내야 할까요?

우주인 체험(1명)		로켓 만들기(1명)	
어른	900원	어른	800원
학생	700원	학생	550원

 어떻게 풀었니?

체험별로 학생 30명이 얼마를 내야 하는지 각각 알아보자!

학생 한 명당 우주인 체험이 $\boxed{700}$ 원이므로 학생 30명이 우주인 체험을 하려면
$\boxed{700} \times 30 = \boxed{21000}$ (원)을 내야 해.

또 학생 한 명당 로켓 만들기가 $\boxed{550}$ 원이므로 학생 30명이 로켓 만들기를 하려면
$\boxed{550} \times 30 = \boxed{16500}$ (원)을 내야 하지.

즉, 학생 30명이 우주인 체험과 로켓 만들기를 하려면
$\boxed{21000} + \boxed{16500} = \boxed{37500}$ (원)을 내야 해.

아~ 내야 하는 돈은 모두 $\boxed{37500}$ 원이구나!

2 22700개

3

□ 안에 알맞은 수를 써넣으세요.

$$550 \times 25 = 550 \times 24 + \boxed{}$$

어떻게 풀었니?

왼쪽 식과 오른쪽 식을 비교해 보자!

곱셈은 같은 수를 여러 번 더한 것이란 걸 알고 있니?
550×25는 550을 $\boxed{25}$ 번 더한 것과 같고, 550×24는 550을 $\boxed{24}$ 번 더한 것과 같아.

$$550 \times 25 = 550 \times 24 + \square$$

$$\underbrace{550+550+550+\cdots+550+550}_{25\,번} = \underbrace{550+550+550+\cdots+550+550}_{24\,번} + \square$$

그럼, 왼쪽 식과 오른쪽 식이 같아지려면 오른쪽에 $\boxed{550}$ 을/를 한 번 더 더해야겠지?

아~ □ 안에 알맞은 수는 $\boxed{550}$ (이)구나!

4 762 **5** 428

6 894

7

나눗셈의 나머지가 없을 때 □ 안에 알맞은 수를 써넣으세요.

$$34\overline{\smash)}\ \ ^{7}$$

어떻게 풀었니?

나누는 수와 몫을 알 때, 나누어지는 수를 구해 보자!

□를 34로 나누었더니 몫이 7이 되었으니까 □÷34 = $\boxed{7}$ (이)야.
곱셈과 나눗셈의 관계를 이용하면

$$\square \div 34 = \boxed{7}$$
$$34 \times \boxed{7} = \square$$

나누는 수와 몫을 곱하면 나누어지는 수가 되지.

아~ □ 안에 알맞은 수는 $\boxed{238}$ (이)구나!

8 318 **9** 222

10 6

11

유리는 288쪽인 동화책을 매일 25쪽씩 읽으려고 합니다. 동화책을 다 읽는 데는 며칠이 걸릴까요?

어떻게 풀었니?

동화책을 읽는 데 걸리는 날수를 구하는 식을 세워 보자!

288쪽짜리 동화책을 매일 25쪽씩 읽는다고 했으니까 288÷25를 계산해 보면 돼.

$$288 \div 25 = \boxed{11} \cdots \boxed{13}$$

이때 몫이 $\boxed{11}$, 나머지가 $\boxed{13}$ 이므로 동화책을 25쪽씩 $\boxed{11}$ 일 동안 읽으면 $\boxed{13}$ 쪽이 남는다는 걸 알 수 있어.

남은 $\boxed{13}$ 쪽도 읽어야 하니까 하루가 더 걸리겠지?

아~ 동화책을 다 읽는 데는 $\boxed{12}$ 일이 걸리는구나!

12 13일 **13** 17개

14 10자루

---

2 300개씩 들어 있는 구슬 25상자의 구슬 수:
$300 \times 25 = 7500$(개)
150개씩 들어 있는 구슬 40상자의 구슬 수:
$150 \times 40 = 6000$(개)
80개씩 들어 있는 구슬 115상자의 구슬 수:
$80 \times 115 = 9200$(개)
따라서 구슬은 모두
$7500 + 6000 + 9200 = 22700$(개)입니다.

4 762×56은 762를 56번 더한 것과 같고, 762×55는 762를 55번 더한 것과 같으므로 762×55에 762를 한 번 더 더해야 762×56과 결과가 같아집니다.

5 428×37은 428을 37번 더한 것과 같고, 428×36은 428을 36번 더한 것과 같으므로 428×36에 428을 한 번 더 더해야 428×37과 결과가 같아집니다.

6 894×49는 894를 49번 더한 것과 같고, 894×50은 894를 50번 더한 것과 같으므로 894×50에서 894를 한 번 빼야 894×49와 결과가 같아집니다.

8 $\square \div 53 = 6$에서 $53 \times 6 = \square$, $\square = 318$입니다.

9 어떤 수를 $\square$라 하면 $\square \div 74 = 3$에서
$74 \times 3 = \square$, $\square = 222$입니다.

10 어떤 수를 $\square$라 하면 $\square \div 26 = 9$에서
$26 \times 9 = \square$, $\square = 234$입니다.
따라서 어떤 수를 39로 나눈 몫은 $234 \div 39 = 6$입니다.

12 $256 \div 21 = 12 \cdots 4$이므로 종이꽃을 21송이씩 12일 동
안 접으면 4송이를 더 접어야 합니다.
종이꽃 4송이를 접으려면 하루가 더 걸리므로
$12 + 1 = 13$(일)이 걸립니다.

13 $522 \div 32 = 16 \cdots 10$이므로 야구공을 32개씩 16상자
에 담으면 10개가 남습니다.
남은 야구공 10개를 담으려면 상자 1개가 더 필요하므로
상자는 적어도 $16 + 1 = 17$(개)가 필요합니다.

14 $270 \div 35 = 7 \cdots 25$이므로 35명에게 연필을 7자루씩
나누어 줄 수 있고, 25자루가 남습니다.
따라서 연필을 35명에게 남김없이 똑같이 나누어 주려면
연필은 적어도 $35 - 25 = 10$(자루)가 더 필요합니다.

📖 쓰기 쉬운 서술형　　　30쪽

1 180, 20, 3600, 3600 / 3600번

1-1 14260개

1-2 5개

1-3 ⑩ 400, 20 ⋯⋯ ❶

⑩ 396을 어림하면 400쯤이므로 필요한 상자의 수를
어림하여 구하면 약 $400 \div 20 = 20$입니다.
따라서 사과 400개를 담는 데 상자 20개가 필요하므로
상자 21개는 사과 396개를 모두 담는 데 충분합니다.
⋯⋯ ❷

2 7, 6, 4, 3, 2, 764, 23, 764, 23, 17572 / 17572

2-1 14210

3 22, 22, 413, 413 / 413

3-1 539

4 34, 7, 34, 884, 884, 891, 891, 891, 23166 /
23166

4-1 10317

4-2 748

4-3 11, 19

1-1 ⑩ 8월은 31일까지 있습니다.
(8월 한 달 동안 생산한 인형의 수) $= 460 \times 31$ ⋯⋯ ❶
　　　　　　　　　　　　　　　 $= 14260$(개)
따라서 8월 한 달 동안 생산한 인형은 모두 14260개입
니다. ⋯⋯ ❷

단계	문제 해결 과정
①	8월 한 달 동안 생산한 인형의 수를 구하는 과정을 썼나요?
②	8월 한 달 동안 생산한 인형의 수를 구했나요?

1-2 ⑩ (전체 끈의 길이)
　　$\div$ (리본 한 개를 만드는 데 필요한 끈의 길이)
　$= 195 \div 34$ ⋯⋯ ❶
　$= 5 \cdots 25$
따라서 리본을 5개까지 만들 수 있습니다. ⋯⋯ ❷

단계	문제 해결 과정
①	만들 수 있는 리본의 수를 구하는 과정을 썼나요?
②	만들 수 있는 리본의 수를 구했나요?

1-3

단계	문제 해결 과정
①	□ 안에 알맞은 수를 구했나요?
②	상자가 사과를 모두 담는 데 충분할지, 부족할지 설명했나요?

2-1 ⑩ 수 카드의 수의 크기를 비교하면 $9 > 8 > 5 > 4 > 1$
이므로 만들 수 있는 가장 작은 세 자리 수는 145이고,
가장 큰 두 자리 수는 98입니다. ⋯⋯ ❶
따라서 만들 수 있는 가장 작은 세 자리 수와 가장 큰 두
자리 수의 곱은 $145 \times 98 = 14210$입니다. ⋯⋯ ❷

단계	문제 해결 과정
①	만들 수 있는 가장 작은 세 자리 수와 가장 큰 두 자리 수를 각각 구했나요?
②	만들 수 있는 가장 작은 세 자리 수와 가장 큰 두 자리 수의 곱을 구했나요?

3-1 ⑩ 나머지는 나누는 수보다 항상 작으므로 36으로 나누
었을 때 나머지가 될 수 있는 가장 큰 자연수는 35입니
다. ⋯⋯ ❶
따라서 $36 \times 14 = 504$, $504 + 35 = 539$이므로
㉠ $= 539$입니다. ⋯⋯ ❷

단계	문제 해결 과정
①	나머지가 가장 큰 자연수일 때 나머지를 구했나요?
②	㉠의 값을 구했나요?

4-1 ⑩ 어떤 수를 □라 하면 □÷19 = 28…11입니다.

➡ 19×28 = 532, 532+11 = 543이므로

□ = 543입니다. ----- ❷

따라서 바르게 계산하면 543×19 = 10317입니다.

----- ❷

단계	문제 해결 과정
①	어떤 수를 구했나요?
②	바르게 계산한 값을 구했나요?

4-2 ⑩ 어떤 수를 □라 하면 □×43 = 946입니다.

➡ □ = 946÷43 = 22입니다. ----- ❶

따라서 바르게 계산하면 22×34 = 748입니다. ----- ❷

단계	문제 해결 과정
①	어떤 수를 구했나요?
②	바르게 계산한 값을 구했나요?

4-3 ⑩ 어떤 수를 □라 하면 □÷32 = 8…16입니다.

➡ 32×8 = 256, 256+16 = 272이므로

□ = 272입니다. ----- ❶

따라서 바르게 계산하면 272÷23 = 11…19이므로

몫은 11, 나머지는 19입니다. ----- ❷

단계	문제 해결 과정
①	어떤 수를 구했나요?
②	바르게 계산했을 때의 몫과 나머지를 구했나요?

3단원 수행 평가

1 38220

2

$$
\begin{array}{r}
315 \\
\times\ \ 64 \\
\hline
1260 \\
1890\ \ \\
\hline
20160
\end{array}
$$

3 7 / 8560, 2996 / 11556

4 4400장

5 ➡ ÷ ➡

| 155 | 20 | 7 | (15) |
| 413 | 30 | 13 | (23) |

6

$$
\begin{array}{r}
17 \\
26\overline{)451} \\
26\ \ \\
\hline
191 \\
182 \\
\hline
9
\end{array}
$$

확인 26×17 = 442,
442+9 = 451

7 <   **8** 25개, 9권

9 793   **10** 16

1 (세 자리 수)×(몇십)은 (세 자리 수)×(몇)의 계산 결과에 0을 1개 붙입니다.

2 1890은 315×6이 아닌 315×60의 곱에서 일의 자리 0을 생략한 것이므로 만의 자리부터 써야 합니다.

3 곱하는 수 27을 20과 7로 나누어 곱한 다음 두 곱을 더합니다.

4 (색종이 수)
= (한 묶음의 색종이 수)×(묶음 수)
= 275×16 = 4400(장)

5 155÷20 = 7…15
413÷30 = 13…23

7 258÷43 = 6, 496÷62 = 8
➡ 258÷43 < 496÷62

8 384÷15 = 25…9
따라서 상자는 25개가 필요하고, 남는 공책은 9권입니다.

9 어떤 수를 □라 하면 □÷37 = 21…16입니다.
37×21 = 777, 777+16 = 793이므로
□ = 793입니다.
따라서 어떤 수는 793입니다.

서술형
10 ⑩ 923÷57 = 16…11입니다.
16×57 = 912, 17×57 = 969이므로 □ 안에 들어갈 수 있는 가장 큰 자연수는 16입니다.

평가 기준	배점
923÷57을 계산했나요?	6점
□ 안에 들어갈 수 있는 가장 큰 자연수를 구했나요?	4점

4 평면도형의 이동

➕ 개념 적용
38쪽

1 정사각형 모양을 완성하려면 가, 나 조각을 어떻게 밀어야 할지 □ 안에 알맞은 말이나 수를 써넣으세요.

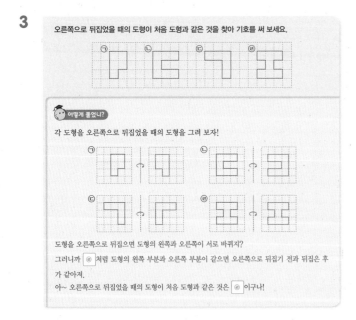

가 조각: □쪽으로 □cm
나 조각: □쪽으로 □cm

어떻게 풀었니?

가와 나 조각을 넣어야 하는 곳을 찾아보자!

먼저, 가 조각은 가로로 길게 네 칸으로 되어 있으니까 정사각형 모양에서 가 조각이 들어갈 수 있는 곳은 맨 윗줄뿐이야.

그리고 남은 곳에 나 조각을 넣으면 오른쪽과 같지.

모눈 한 칸은 1 cm이니까 두 칸 움직이려면 [2] cm, 세 칸 움직이려면 [3] cm 밀어야 해.

아~ 가 조각은 (위 , 아래)쪽으로 [2] cm, 나 조각은 ((왼), 오른)으로 [4] cm 밀어야 하는구나!

2 아래, 3 / 오른, 4 / 왼, 3

3 오른쪽으로 뒤집었을 때의 도형이 처음 도형과 같은 것을 찾아 기호를 써 보세요.

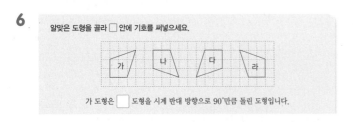

어떻게 풀었니?

각 도형을 오른쪽으로 뒤집었을 때의 도형을 그려 보자!

도형을 오른쪽으로 뒤집으면 도형의 왼쪽과 오른쪽이 서로 바뀌지?

그러니까 ㉣처럼 도형의 왼쪽 부분과 오른쪽 부분이 같으면 오른쪽으로 뒤집기 전과 뒤집은 후가 같아져.

아~ 오른쪽으로 뒤집었을 때의 도형이 처음 도형과 같은 것은 ㉣이구나!

4 E, X에 ○표

5 3개

6 알맞은 도형을 골라 □ 안에 기호를 써넣으세요.

가 나 다 라

가 도형은 □ 도형을 시계 반대 방향으로 90°만큼 돌린 도형입니다.

어떻게 풀었니?

나, 다, 라 도형을 시계 반대 방향으로 90°만큼 돌렸을 때의 도형을 각각 그려 보자!

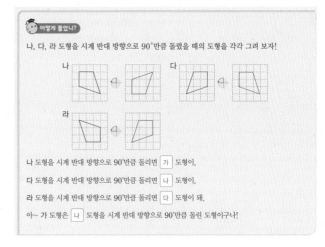

나 도형을 시계 반대 방향으로 90°만큼 돌리면 [가] 도형이,

다 도형을 시계 반대 방향으로 90°만큼 돌리면 [나] 도형이,

라 도형을 시계 반대 방향으로 90°만큼 돌리면 [다] 도형이 돼.

아~ 가 도형은 [나] 도형을 시계 반대 방향으로 90°만큼 돌린 도형이구나!

7 다

8 주어진 무늬를 만들기 위해 이용한 모양을 골라 □ 안에 기호를 써넣고 어떻게 돌린 것인지 ⊕에 화살표로 표시해 보세요.

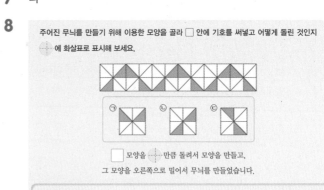

□ 모양을 ⟷ 만큼 돌려서 모양을 만들고,
그 모양을 오른쪽으로 밀어서 무늬를 만들었습니다.

어떻게 풀었니?

무늬에 있는 모양을 찾아보자!

모양을 시계 방향 또는 시계 반대 방향으로 돌리기를 하여 만들었으니까 무늬에 있는 모양을 찾으면 ㉡이지.

또 무늬의 둘째 모양은 ㉡ 모양을 시계 방향으로 [90]°만큼 또는 시계 반대 방향으로 [270]°만큼 돌렸음을 알 수 있어.

아~ 주어진 무늬는 ㉡ 모양을 ⟳만큼 돌려서 모양을 만들고, 그 모양을 오른쪽으로 밀어서 만든 무늬구나!

9 ㉡, 예)

2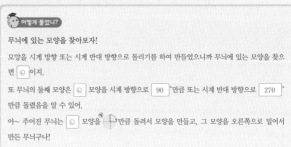

4 도형을 아래쪽으로 뒤집으면 도형의 위쪽과 아래쪽이 서로 바뀝니다.
따라서 위쪽 부분과 아래쪽 부분이 같은 알파벳을 찾으면 **E, X**입니다.

5 왼쪽 부분과 오른쪽 부분, 위쪽 부분과 아래쪽 부분이 각각 같은 숫자를 찾으면 1, 8, 0으로 모두 3개입니다.

7 나 도형을 시계 방향으로 180°만큼 돌리면 라 도형이, 다 도형을 시계 방향으로 180°만큼 돌리면 가 도형이, 라 도형을 시계 방향으로 180°만큼 돌리면 나 도형이 됩니다.

9 무늬에 있는 모양은 ⓒ이고, 무늬의 둘째 모양은 ⓒ 모양을 시계 방향으로 270°만큼 또는 시계 반대 방향으로 90°만큼 돌렸습니다.

● 쓰기 쉬운 서술형　42쪽

1 4, 아래쪽에 ○표, 2 / 2, 왼쪽에 ○표, 4

1-1 ⑩ 점 ㄱ을 아래쪽으로 4 cm 이동한 다음 오른쪽으로 3 cm 이동합니다. ····· ❶

　　 ⑩ 점 ㄱ을 오른쪽으로 3 cm 이동한 다음 아래쪽으로 4 cm 이동합니다. ····· ❷

2 모양에 ○표, 위치에 ○표, 밀기에 ○표, 오른쪽에 ○표, 8, 밀어서에 ○표

2-1 ⑩ 도형의 모양은 변하지 않고, 위치만 바뀌었으므로 밀기의 방법으로 이동한 것입니다. ····· ❶

　　 따라서 가 도형은 나 도형을 왼쪽으로 9 cm만큼 밀어서 이동한 도형입니다. ····· ❷

3 아래쪽에 ○표, 아래쪽에 ○표 ····· ❶

3-1 ⑩ 왼쪽으로 뒤집기 전의 도형은 오른쪽으로 뒤집은 도형과 같으므로 주어진 도형을 오른쪽으로 뒤집기 합니다. ····· ❶

3-2 ⑩ 시계 방향으로 90°만큼 돌리기 전의 도형은 시계 반대 방향으로 90°만큼 돌린 도형과 같으므로 오른쪽 도형을 시계 반대 방향으로 90°만큼 돌리기 합니다. ····· ❶

3-3 ⑩ 시계 반대 방향으로 180°만큼 돌리기 전의 도형은 시계 방향으로 180°만큼 돌린 도형과 같으므로 오른쪽 도형을 시계 방향으로 180°만큼 돌리기 합니다. ····· ❶

4 1, 1,

4-1 ⑩ 시계 방향으로 90°만큼 9번 돌렸을 때의 도형은 시계 방향으로 90°만큼 1번 돌렸을 때의 도형과 같으므로 도형을 시계 방향으로 90°만큼 1번 돌리기 합니다. ····· ❶

5 58, 58, 24 / 24　　　**5-1** 80

1-1

단계	문제 해결 과정
①	어느 쪽으로 얼마만큼 이동하는지 설명했나요?
②	다른 방법으로 어느 쪽으로 얼마만큼 이동하는지 설명했나요?

2-1

단계	문제 해결 과정
①	도형을 움직인 방법을 알았나요?
②	어느 쪽으로 얼마만큼 이동했는지 설명했나요?

3-1

단계	문제 해결 과정
①	처음 도형을 그리는 방법을 설명했나요?
②	처음 도형을 그렸나요?

3-2

단계	문제 해결 과정
①	처음 도형을 그리는 방법을 설명했나요?
②	처음 도형을 그렸나요?

3-3

단계	문제 해결 과정
①	처음 도형을 그리는 방법을 설명했나요?
②	처음 도형을 그렸나요?

4-1

단계	문제 해결 과정
①	움직인 도형을 그리는 방법을 설명했나요?
②	움직인 도형을 그렸나요?

5-1 ⑩ 61이 적힌 카드를 시계 방향으로 180°만큼 돌리면 19가 됩니다. ····· ❶

　　 따라서 만들어지는 수와 처음 수의 합은 19＋61＝80입니다. ····· ❷

단계	문제 해결 과정
①	시계 방향으로 180°만큼 돌렸을 때 만들어지는 수를 구했나요?
②	만들어지는 수와 처음 수의 합을 구했나요?

4단원 수행 평가

48~49쪽

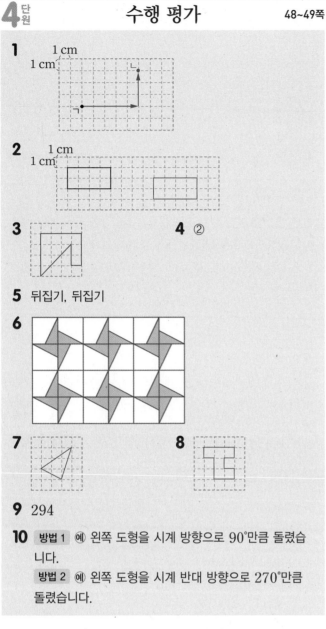

1

2

3

4 ②

5 뒤집기, 뒤집기

6

7

8

9 294

10 방법 1 예 왼쪽 도형을 시계 방향으로 90°만큼 돌렸습니다.

방법 2 예 왼쪽 도형을 시계 반대 방향으로 270°만큼 돌렸습니다.

---

2 모양은 변하지 않고 위치만 오른쪽으로 8 cm, 아래쪽으로 1 cm만큼 바뀝니다.

3 도형을 위쪽으로 뒤집으면 도형의 위쪽과 아래쪽이 서로 바뀝니다.

4 도형을 시계 방향으로 180°만큼 돌리면 도형의 위쪽이 아래쪽으로, 왼쪽이 오른쪽으로 이동합니다.

5 ⌐⌐ 모양을 오른쪽으로 뒤집으면 ⌐⌐ 모양이 됩니다.

따라서 ⌐⌐ 모양을 오른쪽으로 뒤집기를 반복해서 모양을 만들고, 그 모양을 아래쪽으로 뒤집기를 하여 무늬를 만들었습니다.

6 ◤ 모양을 시계 방향으로 90°만큼 돌리는 것을 반복해서 모양을 만들고, 그 모양을 밀어서 무늬를 만듭니다.

7 처음 도형은 주어진 도형을 시계 반대 방향으로 180°만큼 돌린 도형입니다.

8 도형을 아래쪽으로 2번 뒤집으면 처음 도형이 되고, 시계 방향으로 90°만큼 4번 돌리면 다시 처음 도형이 됩니다.

9 518이 적힌 카드를 왼쪽으로 뒤집으면 812가 됩니다.
따라서 만들어지는 수와 처음 수의 차는
812 − 518 = 294입니다.

서술형
10

평가 기준	배점
한 가지 방법으로 설명했나요?	5점
다른 한 가지 방법으로 설명했나요?	5점

5 막대그래프

➕ 개념 적용
50쪽

1 희수네 반 학생들이 현장 체험 학습으로 가고 싶어 하는 장소를 조사하여 나타낸 막대그래프입니다. 가장 많은 학생들이 가고 싶어 하는 장소와 가장 적은 학생들이 가고 싶어 하는 장소를 차례로 써 보세요.

가고 싶어 하는 장소별 학생 수

👨‍🎓 **어떻게 풀었니?**

막대그래프에서 막대의 길이를 비교해 보자!

막대그래프에서 막대의 길이는 가고 싶어 하는 장소별 학생 수를 나타내.
그러니까 막대의 길이가 길수록 학생 수가 많고, 짧을수록 학생 수가 적은 거지.
막대의 길이가 가장 긴 것은 과학관 이고, 막대의 길이가 가장 짧은 것은 동물원 이야.

아~ 가장 많은 학생들이 가고 싶어 하는 장소는 과학관 , 가장 적은 학생들이 가고 싶어 하는 장소는 동물원 이구나!

2 피아노, 기타

3 유선이네 반 학생들이 좋아하는 붕어빵의 종류를 조사하였습니다. 세로 눈금 한 칸을 2명으로 하여 막대그래프로 나타내 보세요.

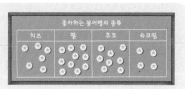
좋아하는 붕어빵의 종류

👨‍🎓 **어떻게 풀었니?**

좋아하는 붕어빵 종류별 학생 수를 세어 막대그래프로 나타내 보자!

치즈붕어빵을 좋아하는 학생은 6 명, 팥붕어빵을 좋아하는 학생은 10 명, 초코붕어빵을 좋아하는 학생은 8 명, 슈크림붕어빵을 좋아하는 학생은 4 명이야.

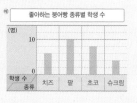
좋아하는 붕어빵 종류별 학생 수

아~ 세로 눈금 한 칸이 2명을 나타내니까 치즈는 3 칸, 팥은 5 칸, 초코는 4 칸, 슈크림은 2 칸인 막대를 그리면 되겠구나!

4 예

좋아하는 동물별 학생 수

5 태원이네 반 학생들이 좋아하는 음악을 조사하여 나타낸 막대그래프입니다. 막대그래프에 나타낸 내용을 바르게 설명한 것을 모두 찾아 기호를 써 보세요.

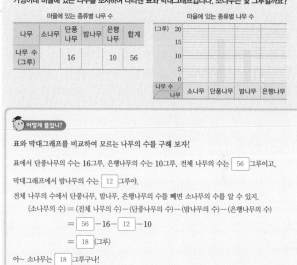
좋아하는 음악별 학생 수

㉠ 동요를 좋아하는 학생 수가 가장 적습니다.
㉡ 좋아하는 학생 수가 팝송보다 많은 음악은 K팝과 동요입니다.
㉢ 점심 시간에 음악을 듣는다면 K팝을 듣는 것이 좋겠습니다.
㉣ 동요를 좋아하는 학생은 팝송을 좋아하는 학생보다 2명 더 많습니다.
㉤ K팝을 좋아하는 학생 수는 클래식을 좋아하는 학생 수의 3배입니다.

👨‍🎓 **어떻게 풀었니?**

막대그래프를 보고 알 수 있는 내용을 차례로 살펴보자!

㉠ 클래식 을/를 좋아하는 학생 수가 가장 적어. ㉢ 가장 많은 학생들이 좋아하는 음악인 K팝 을/를 듣는 것이 좋아. ㉣ 동요는 팝송보다 막대가 3 칸 더 길므로 3 명 더 많아. ㉤ K팝은 9 명, 클래식은 3 명이니까 K팝을 좋아하는 학생 수는 클래식을 좋아하는 학생 수의 9 ÷ 3 = 3 (배)야.

아~ 옳은 것을 모두 찾아 기호를 쓰면 ㉢ , ㉢ , ㉤ 이구나!

6 ㉡, ㉣

7 가영이네 마을에 있는 나무를 조사하여 나타낸 표와 막대그래프입니다. 소나무는 몇 그루일까요?

마을에 있는 종류별 나무 수

나무	소나무	단풍나무	밤나무	은행나무	합계
나무 수 (그루)		16		10	56

마을에 있는 종류별 나무 수

👨‍🎓 **어떻게 풀었니?**

표와 막대그래프를 비교하여 모르는 나무의 수를 구해 보자!

표에서 단풍나무의 수는 16그루, 은행나무의 수는 10그루, 전체 나무의 수는 56 그루이고, 막대그래프에서 밤나무의 수는 12 그루야.
전체 나무의 수에서 단풍나무, 밤나무, 은행나무의 수를 빼면 소나무의 수를 알 수 있지.
(소나무의 수) = (전체 나무의 수) − (단풍나무의 수) − (밤나무의 수) − (은행나무의 수)
= 56 − 16 − 12 − 10
= 18 (그루)

아~ 소나무는 18 그루구나!

8 16권

---

2 막대의 길이가 가장 긴 것은 피아노, 가장 짧은 것은 기타입니다.

4 좋아하는 동물별 학생 수를 세어 보면 강아지: 12명, 고양이: 6명, 토끼: 4명, 햄스터: 2명입니다.
가로 눈금 한 칸이 2명을 나타내므로 강아지는 6칸, 고양이는 3칸, 토끼는 2칸, 햄스터는 1칸인 막대를 그립니다.

6 ㉠ 가로 눈금 한 칸이 10장을 나타내므로 노란색 색종이는 40장입니다.
㉢ 노란색 색종이는 40장, 초록색 색종이는 80장이므로 초록색 색종이 수는 노란색 색종이 수의 2배입니다.

㉣ 빨간색 색종이는 70장, 초록색 색종이는 80장이므로
빨간색 색종이는 초록색 색종이보다
$80 - 70 = 10$(장) 더 적습니다.

8 가로 눈금 5칸이 10권을 나타내므로 가로 눈금 한 칸은
2권을 나타냅니다. 동화책은 12칸이므로 24권입니다.
(과학책의 수)
= (전체 책의 수) − (위인전의 수) − (동화책의 수)
    − (만화책의 수)
= $72 - 20 - 24 - 12 = 16$(권)

● 쓰기 쉬운 서술형　54쪽

1 많으므로에 ○표, 1, 4, 1, 4 / 1반, 4반

1-1 2반, 3반

1-2 가 마을, 라 마을

1-3 국화, 프리지아

2 4, 40, 28, 40, 28, 12 / 12마리

2-1 4마리

2-2 O형, 4명

2-3 12명

3 6, 5, 4, 6, 5, 4, 7 / 7명

3-1 12명

3-2 40개

3-3 90명

1-1 예 막대의 길이가 짧을수록 도서관을 이용한 학생 수가
적으므로 막대의 길이가 1반보다 짧은 반을 모두 찾으
면 2반, 3반입니다. …… ❶
따라서 도서관을 이용한 학생 수가 1반보다 적은 반은 2
반, 3반입니다. …… ❷

단계	문제 해결 과정
①	막대의 길이가 1반보다 짧은 반을 모두 찾았나요?
②	도서관을 이용한 학생 수가 1반보다 적은 반을 모두 구했나요?

1-2 예 막대의 길이가 길수록 발생한 쓰레기 양이 많으므로
막대의 길이가 나 마을보다 긴 마을을 모두 찾으면 가
마을, 라 마을입니다. …… ❶
따라서 발생한 쓰레기 양이 나 마을보다 많은 마을은 가
마을, 라 마을입니다. …… ❷

단계	문제 해결 과정
①	막대의 길이가 나 마을보다 긴 마을을 모두 찾았나요?
②	발생한 쓰레기 양이 나 마을보다 많은 마을을 모두 구했나요?

1-3 예 막대의 길이가 짧을수록 꽃의 수가 적으므로 막대의
길이가 튤립보다 짧은 꽃을 모두 찾으면 국화, 프리지아
입니다. …… ❶
따라서 꽃의 수가 튤립보다 적은 꽃은 국화, 프리지아입
니다. …… ❷

단계	문제 해결 과정
①	막대의 길이가 튤립보다 짧은 꽃을 모두 찾았나요?
②	꽃의 수가 튤립보다 적은 꽃을 모두 구했나요?

2-1 예 세로 눈금 한 칸은 4마리를 나타내므로 염소는 24마
리, 돼지는 20마리입니다. …… ❶
따라서 염소는 돼지보다 $24 - 20 = 4$(마리) 더 많습니
다. …… ❷

단계	문제 해결 과정
①	염소와 돼지 수를 각각 구했나요?
②	염소는 돼지보다 몇 마리 더 많은지 구했나요?

2-2 예 세로 눈금 한 칸은 2명을 나타내므로 B형인 학생은
12명, O형인 학생은 16명입니다. …… ❶
따라서 O형인 학생이 B형인 학생보다
$16 - 12 = 4$(명) 더 많습니다. …… ❷

단계	문제 해결 과정
①	B형인 학생과 O형인 학생 수를 각각 구했나요?
②	B형과 O형 중 어느 혈액형인 학생이 몇 명 더 많은지 구했나요?

2-3 예 가로 눈금 한 칸은 2명을 나타내므로 좋아하는 학생이
가장 많은 운동은 축구로 26명이고, 가장 적은 운동은 농
구로 14명입니다. …… ❶
따라서 좋아하는 학생이 가장 많은 운동과 가장 적은 운
동의 학생 수의 차는 $26 - 14 = 12$(명)입니다. …… ❷

단계	문제 해결 과정
①	좋아하는 학생이 가장 많은 운동과 가장 적은 운동의 학생 수를 각각 구했나요?
②	좋아하는 학생이 가장 많은 운동과 가장 적은 운동의 학생 수의 차를 구했나요?

3-1 예 세로 눈금 한 칸은 2명을 나타내므로 곤충별 좋아하
는 학생 수를 알아보면
나비: 14명, 벌: 12명, 개미: 10명입니다. …… ❶
따라서 메뚜기를 좋아하는 학생은
$48 - 14 - 12 - 10 = 12$(명)입니다. …… ❷

단계	문제 해결 과정
①	나비, 벌, 개미를 좋아하는 학생 수를 각각 구했나요?
②	메뚜기를 좋아하는 학생은 몇 명인지 구했나요?

3-2 예 가로 눈금 한 칸은 5개를 나타내므로 종류별 팔린 과
일 수를 알아보면
사과: 50개, 배: 60개, 수박: 30개입니다. …… ❶

따라서 복숭아는 180 − 50 − 60 − 30 = 40(개) 팔렸습니다. ···· ❷

단계	문제 해결 과정
①	팔린 사과, 배, 수박의 수를 각각 구했나요?
②	복숭아는 몇 개 팔렸는지 구했나요?

3-3 ⑩ 가로 눈금 한 칸은 10명을 나타내므로 요일별 방문한 손님 수를 알아보면

수요일: 70명, 목요일: 70 + 10 = 80(명),

금요일: 110명입니다. ···· ❶

따라서 토요일에 방문한 손님은

350 − 70 − 80 − 110 = 90(명)입니다. ···· ❷

단계	문제 해결 과정
①	수요일, 목요일, 금요일에 방문한 손님 수를 각각 구했나요?
②	토요일에 방문한 손님은 몇 명인지 구했나요?

5단원   수행 평가   60~61쪽

1 2개   **2** 14개

3 다, 가, 라, 나

4 ⑩

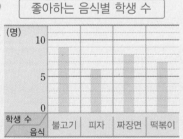

좋아하는 음식별 학생 수

5 (1) 표에 ○표   (2) 막대그래프에 ○표

6 운동, 독서   **7** 2배

8 5명

9 18, 78 /

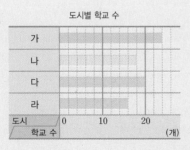

도시별 학교 수

10 27명

---

1 세로 눈금 5칸이 10개를 나타내므로 세로 눈금 한 칸은 10 ÷ 5 = 2(개)를 나타냅니다.

2 세로 눈금 한 칸이 2개를 나타내고, 나 모둠의 눈금은 7칸이므로 7 × 2 = 14(개)입니다.

3 막대의 길이가 긴 모둠부터 차례로 쓰면 다, 가, 라, 나입니다.

5 표는 조사한 항목별 자료의 수와 합계를 알아보기 쉽고, 막대그래프는 항목별 수량의 많고 적음을 한눈에 비교하기 쉽습니다.

6 막대의 길이가 음악 감상보다 긴 취미를 찾으면 운동, 독서입니다.

7 가로 눈금 한 칸이 1명을 나타내므로 독서가 취미인 학생은 8명, 영화 감상이 취미인 학생은 4명입니다.
➡ 8 ÷ 4 = 2(배)

8 학생 수가 가장 많은 취미는 운동으로 9명이고, 가장 적은 취미는 영화 감상으로 4명입니다.
➡ 9 − 4 = 5(명)

9 막대그래프에서 나 도시의 학교 수는 18개입니다.
(합계) = 24 + 18 + 20 + 16 = 78(개)

서술형
10 ⑩ 세로 눈금 한 칸은 3명을 나타내므로 학생 수는
1반: 27명, 2반: 30명, 3반: 30명입니다.

따라서 4반의 학생 수는

114 − 27 − 30 − 30 = 27(명)입니다.

평가 기준	배점
1반, 2반, 3반의 학생 수를 각각 구했나요?	5점
4반의 학생 수를 구했나요?	5점

6 규칙 찾기

➕ 개념 적용
62쪽

1 수 배열표에서 규칙에 알맞은 수 배열을 찾아 색칠하고, 수 배열의 규칙에 맞게 ■에 알맞은 수를 구해 보세요.

	4752	4753	4754	4755	4756
	5752	5753	5754	5755	5756
	6752	6753	6754	6755	6756
	7752	7753	7754	7755	7756
	8752	8753	8754	8755	8756

규칙
8756부터 시작하여 1001씩 작아집니다.

어떻게 풀었니?

수 배열표에서 규칙을 찾아보자!

수 배열표에서 가장 큰 수인 8756을 기준으로 살펴보면 왼쪽으로 1 씩 작아지고, 위쪽으로 1000 씩 작아져.

즉, 8756부터 시작하여 (←, ↑, ↖) 방향으로 1001씩 작아지니까 8756부터 (←, ↑, ↖) 방향에 있는 칸들을 모두 색칠하면 돼.

■도 색칠된 칸에 포함되어 있으니까 ■는 4752 보다 1001만큼 더 작은 수야.

아~ ■에 알맞은 수는 3751 (이)구나!

2 24276

3 두 가지 색의 타일을 규칙적으로 붙여 나갈 때, 다음에 이어질 모양에서 빨간색 타일과 파란색 타일은 각각 몇 개인지 구해 보세요.

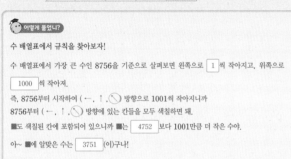

어떻게 풀었니?

규칙을 찾아 다음에 이어질 모양을 그려 보자!

빨간색과 파란색 타일이 번갈아 놓여 있네.

파란색 타일은 왼쪽, 오른쪽, 위쪽, 아래쪽으로 각각 1 개씩, 모두 4 개씩 놓이고 있고,

빨간색 타일은 ↖, ↗, ↙, ↘ 방향으로 각각 1 개씩, 모두 4 개씩 놓이고 있어.

규칙에 맞게 다음에 이어질 모양을 그려 보자.

다음에 이어질 모양에서 빨간색 타일의 수는 그대로이니까 9 개이고,

파란색 타일의 수는 8+ 4 = 12 (개)야.

아~ 빨간색 타일은 9 개, 파란색 타일은 12 개구나!

4 6개

5 곱셈식의 배열에서 규칙을 찾아 계산 결과가 12345676543210이 되는 곱셈식을 써 보세요.

순서	곱셈식
첫째	$1 \times 1 = 1$
둘째	$11 \times 11 = 121$
셋째	$111 \times 111 = 12321$
넷째	$1111 \times 1111 = 1234321$

어떻게 풀었니?

곱셈식에서 규칙을 찾아보자!

첫째: 1이 1개인 수를 두 번 곱한 결과는 1

둘째: 1이 2개인 수를 두 번 곱한 결과는 121

셋째: 1이 3개인 수를 두 번 곱한 결과는 12321

넷째: 1이 4 개인 수를 두 번 곱한 결과는 123 4 321

1이 1개씩 늘어나는 수를 두 번 곱한 결과는 가운데를 중심으로 접으면 같은 수가 만나.

계산 결과가 1234567654321이 나오는 식은 일곱 째 곱셈식이니까

1이 7 개인 수를 두 번 곱한 식이 돼.

아~ 계산 결과가 1234567654321이 되는 곱셈식은

| 1111111 | × | 1111111 | = | 1234567654321 | (이)구나!

6 $999999 \times 888889 = 888888111111$

7 옳은 식을 모두 찾고 함께 쓰인 글자로 단어를 만들어 보세요.

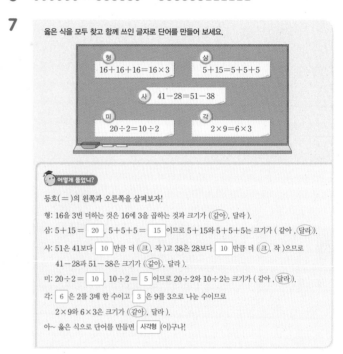

형
$16+16+16=16 \times 3$

삼
$5+15=5+5+5$

사
$41-28=51-38$

미
$20 \div 2 = 10 \div 2$

각
$2 \times 9 = 6 \times 3$

어떻게 풀었니?

등호(=)의 왼쪽과 오른쪽을 살펴보자!

형: 16을 3번 더하는 것은 16에 3을 곱하는 것과 크기가 (같아), 달라).

삼: 5+15= 20 , 5+5+5= 15 이므로 5+15와 5+5+5는 크기가 (같아, (달라)).

사: 51은 41보다 10 만큼 더 ((크), 작)고 38은 28보다 10 만큼 더 ((크), 작)으므로 41-28과 51-38은 크기가 (같아), 달라).

미: 20÷2= 10 , 10÷2= 5 이므로 20÷2와 10÷2는 크기가 (같아, (달라)).

각: 6 은 2를 3배 한 수이고 3 은 9를 3으로 나눈 수이므로 2×9와 6×3은 크기가 ((같아), 달라).

아~ 옳은 식으로 단어를 만들면 사각형 (이)구나!

8 진노랑

---

2 20236부터 시작하여 ↘ 방향으로 1010씩 커지는 규칙입니다.
따라서 ■에 알맞은 수는 23266보다 1010만큼 더 큰 수인 24276입니다.

4
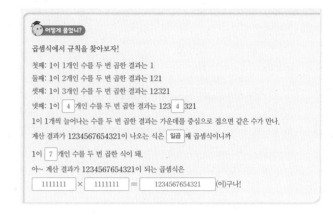

다섯째　　　　여섯째

(흰색 바둑돌의 수) = 1 + 5 + 9 = 15(개),
(검은색 바둑돌의 수) = 3 + 7 + 11 = 21(개)
➡ 21 - 15 = 6(개)

6 9가 1개씩 늘어나는 수에 9 앞에 8이 1개씩 늘어나는 수를 곱하면 계산 결과는 8과 1이 1개씩 늘어납니다.
계산 결과가 888888111111이 나오는 곱셈식은 계산 결과의 8이 6개이므로 여섯째 계산식입니다.

다섯째: $99999 \times 88889 = 8888811111$
여섯째: $999999 \times 888889 = 888888111111$

8 진: 어떤 수에 0을 더해도 그 크기는 변하지 않으므로 25와 $25 + 0$은 크기가 같습니다. (○)

랑: 8은 4를 2배 한 수이고 3은 6을 2로 나눈 수이므로 4×6과 3×8은 크기가 같습니다. (○)

분: $60 \div 4 = 15$, $30 \div 3 = 10$이므로 $60 \div 4$와 $30 \div 3$은 등호(=)가 있는 식으로 나타낼 수 없습니다.

노: 34는 38보다, 10은 14보다 각각 4만큼 더 작은 수이므로 $38 - 14$와 $34 - 10$은 크기가 같습니다. (○)

주: $7 + 7 + 7 = 21$, $7 \times 7 = 49$이므로 $7 + 7 + 7$과 7×7은 등호(=)가 있는 식으로 나타낼 수 없습니다.

● 쓰기 쉬운 서술형

66쪽

1 10, 10, 3045 / 3045
1-1 7203
1-2 17054
1-3 3
2 2, 7, 7, 2, 9 / 9개
2-1 13개
2-2 28개
2-3 여덟째
3 7, 2, 0, 여섯, 10000001 / 10000001
3-1 7777777707
4 3, 커에 ○표, 15, 3, 작아에 ○표, 15 / 15
4-1 9

1-1 예 7603부터 시작하여 오른쪽으로 100씩 작아집니다. ···· ❶

따라서 ◆ $= 7303 - 100 = 7203$입니다. ···· ❷

단계	문제 해결 과정
①	수의 배열에서 규칙을 찾았나요?
②	◆에 알맞은 수를 구했나요?

1-2 예 13054부터 시작하여 오른쪽으로 1000씩 커집니다. ···· ❶

따라서 $15054 + 1000 = 16054$, $16054 + 1000 = 17054$이므로 ♥ $= 17054$입니다. ···· ❷

단계	문제 해결 과정
①	수의 배열에서 규칙을 찾았나요?
②	♥에 알맞은 수를 구했나요?

1-3 예 729부터 시작하여 3으로 나눈 몫이 오른쪽에 있습니다. ···· ❶

따라서 $27 \div 3 = 9$, $9 \div 3 = 3$이므로 ★ $= 3$입니다. ···· ❷

단계	문제 해결 과정
①	수의 배열에서 규칙을 찾았나요?
②	★에 알맞은 수를 구했나요?

2-1 예 사각형의 수가 1개부터 시작하여 3개씩 늘어납니다. ···· ❶

따라서 넷째 모양에서 사각형의 수는 10개이므로 다섯째에 알맞은 모양에서 사각형의 수는 $10 + 3 = 13$(개)입니다. ···· ❷

단계	문제 해결 과정
①	모양의 배열에서 규칙을 찾았나요?
②	다섯째에 알맞은 모양에서 사각형은 몇 개인지 구했나요?

2-2 예 사각형의 수가 1개부터 시작하여 2개, 3개, 4개, ...씩 늘어납니다. ···· ❶

식으로 나타내면 첫째는 1, 둘째는 $1 + 2$, 셋째는 $1 + 2 + 3$, 넷째는 $1 + 2 + 3 + 4$입니다. 따라서 일곱째에 올 모양에서 사각형의 수는 $1 + 2 + 3 + 4 + 5 + 6 + 7 = 28$(개)입니다. ···· ❷

단계	문제 해결 과정
①	모양의 배열에서 규칙을 찾았나요?
②	일곱째에 알맞은 모양에서 사각형은 몇 개인지 구했나요?

2-3 예 사각형의 수가 1×1, 2×2, 3×3, 4×4, ...로 늘어납니다. ···· ❶

따라서 64개의 사각형을 배열한 모양은 $8 \times 8 = 64$이므로 여덟째 모양입니다. ···· ❷

단계	문제 해결 과정
①	모양의 배열에서 규칙을 찾았나요?
②	64개의 사각형을 배열한 모양은 몇째 모양인지 구했나요?

3-1 예 123456789에 9를 1배, 2배, 3배, 4배, ...한 수를 곱하면 계산 결과는 1111111101의 1배, 2배, 3배, 4배, ...가 됩니다. ···· ❶

따라서 123456789×63에서 63은 9의 7배이므로 일곱째 곱셈식이고 계산 결과는 7777777707입니다. ···· ❷

단계	문제 해결 과정
①	곱셈식에서 규칙을 찾았나요?
②	123456789 × 63의 값을 구했나요?

4-1 ⓐ 빼지는 수가 58에서 53으로 5만큼 작아졌으므로 빼는 수가 14에서 9로 5만큼 작아져야 합니다. ···· ❶
따라서 ▨ 안의 수를 바르게 고치면 9입니다. ···· ❷

단계	문제 해결 과정
①	등호(=) 양쪽의 수가 얼마만큼 커지고 작아졌는지 비교했나요?
②	▨ 안의 수를 바르게 고쳤나요?

6단원 　**수행 평가**　72~73쪽

1 542　　　　　　　**2** 400, 600, 300

3 4　　　　　　　　**4**

5 11개, 10개

6 1111112 × 9 = 10000008

7 ▢ ○ / ⓐ 11 + 47 = 60 − 2

8 ⓐ 4 × 6, 6 × 4

9 23 + 31 = 24 + 30　　**10** 6666667

---

1 색칠된 칸은 212부터 시작하여 ↘ 방향으로 110씩 커집니다.
따라서 빈칸에 알맞은 수는 432보다 110만큼 더 큰 수인 542입니다.

2 100씩 작아지는 수에서 100씩 작아지는 수를 빼면 계산 결과는 같습니다.

3 32부터 시작하여 2로 나눈 몫이 오른쪽에 있습니다.
➡ 8 ÷ 2 = 4

4 모형의 수가 1개부터 시작하여 위, 아래, 왼쪽으로 각각 1개씩 모두 3개씩 늘어납니다.

5 빨간색 사각형: 사각형이 3개부터 시작하여 2개씩 늘어납니다.
초록색 사각형: 사각형이 0개부터 시작하여 1개, 2개, 3개, ...씩 늘어납니다.

다섯째

따라서 다섯째에 알맞은 모양에서 빨간색 사각형은 11개, 초록색 사각형은 10개입니다.

6 곱해지는 수의 1이 1개씩 늘어나면 계산 결과의 1과 8 사이에 0이 1개씩 늘어납니다.
다섯째: 111112 × 9 = 1000008
여섯째: 1111112 × 9 = 10000008

7 56 − 5 = 51, 19 + 33 = 52이므로 등호(=)를 사용하여 나타낼 수 없습니다.
11 + 47 = 58, 60 − 2 = 58이므로 등호(=)를 사용하여 나타내면 11 + 47 = 60 − 2입니다.

8 등호(=) 양쪽에 같은 양을 만들어 놓아 식을 완성하면 정답입니다.

서술형
10 ⓐ 나누어지는 수의 4와 2가 1개씩 늘어나고 나누는 수의 6이 1개씩 늘어나면 계산 결과의 6도 1개씩 늘어납니다.
따라서 44444442222222 ÷ 6666666은 여섯째 계산식이므로 6666667입니다.

평가 기준	배점
나눗셈식에서 규칙을 찾았나요?	5점
44444442222222 ÷ 6666666의 값을 구했나요?	5점

1 나, 다, 가

2 135︱0426︱2897︱0000 (또는 135조 426억 2897만)

3 ㉢ 　　　　　**4** 4명

5 주스, 탄산음료, 우유, 두유　　**6** ③

7 1개 　　　　**8** ⑴ < 　⑵ >

9 1 　　　　　**10** N

11 , 13 　　**12** 20명

13 ⑴ 60　⑵ 135 　　**14** 777777

15 6개 　　　　**16** ㉢

17 1억 8400만 　　**18** 455

19 10︱2345︱6789 　　**20** 10200권

---

1 각의 두 변이 벌어진 정도가 클수록 큰 각입니다.

2 조가 135개, 억이 426개, 만이 2897개인 수
➡ 135조 426억 2897만
➡ 135︱0426︱2897︱0000
　　조　 억　 만

3 ㉢은 모양으로 만든 무늬입니다.

4 세로 눈금 한 칸은 2명을 나타내므로 탄산음료를 좋아하는 학생은 16명, 두유를 좋아하는 학생은 12명입니다.
➡ 16 － 12 ＝ 4(명)

5 막대의 길이가 긴 것부터 차례로 쓰면 주스, 탄산음료, 우유, 두유입니다.

6 십억의 자리 숫자를 알아봅니다.
① 3758︱6124︱0000 ➡ 5
② 42︱9357︱0830 ➡ 4
③ 684︱1574︱5301 ➡ 8
④ 174︱3058︱2640 ➡ 7
⑤ 59︱3407︱9625 ➡ 5
따라서 십억의 자리 숫자가 가장 큰 수는 ③입니다.

7 예각: 71°, 16°, 89° ➡ 3개
둔각: 124°, 175°, 153°, 92° ➡ 4개
따라서 둔각은 예각보다 4 － 3 ＝ 1(개) 더 많습니다.

8 ⑴ 615 × 50 ＝ 30750, 515 × 60 ＝ 30900
➡ 30750 < 30900
⑵ 345 × 21 ＝ 7245, 543 × 12 ＝ 6516
➡ 7245 > 6516

9 두 수의 곱셈 결과에서 일의 자리 숫자를 쓰는 규칙입니다.
따라서 ●은 307 × 23 ＝ 7061에서 1입니다.

10 시계 방향으로 180°만큼 돌리면 위쪽이 아래쪽으로, 오른쪽이 왼쪽으로 이동합니다.

11 사각형이 ＼, ↗, ↙, ＼ 방향으로 각각 1개씩, 모두 4개씩 늘어납니다.
넷째 모양은 셋째 모양에서 사각형이 4개 더 늘어난 모양입니다.
➡ 9 ＋ 4 ＝ 13

12 가로 눈금 한 칸은 2명을 나타내므로 제기차기는 18명, 연날리기는 14명, 윷놀이는 12명입니다.
따라서 팽이치기는 64 － 18 － 14 － 12 ＝ 20(명)이 하고 있습니다.

13 ⑴ 삼각형의 세 각의 크기의 합은 180°이므로
□° ＋ 70° ＋ 50° ＝ 180°
➡ □° ＝ 180° － 70° － 50° ＝ 60°입니다.
⑵ 사각형의 네 각의 크기의 합은 360°이므로
□° ＋ 85° ＋ 75° ＋ 65° ＝ 360°
➡ □° ＝ 360° － 85° － 75° － 65° ＝ 135°입니다.

14 37037에 3을 1배, 2배, 3배, 4배, …한 수를 곱하면 계산 결과는 111111의 1배, 2배, 3배, 4배, …가 됩니다.
따라서 37037 × 21에서 21은 3의 7배이므로 일곱째 곱셈식이고 계산 결과는 777777입니다.

15 168 ÷ 30 ＝ 5…18이므로 사과를 30개씩 상자 5개에 담으면 18개가 남습니다.
남은 사과 18개를 담으려면 상자 1개가 더 필요하므로 상자는 적어도 5 ＋ 1 ＝ 6(개)가 필요합니다.

16 도형의 위쪽이 왼쪽으로 이동했으므로 시계 방향으로 270°만큼 또는 시계 반대 방향으로 90°만큼 돌린 도형입니다.

17 1억 9600만에서 300만씩 거꾸로 4번 뛰어 세면
1억 9600만 － 1억 9300만 － 1억 9000만 －
　　　　　 (1번)　　　 (2번)
1억 8700만 － 1억 8400만입니다.
　 (3번)　　　 (4번)
따라서 어떤 수는 1억 8400만입니다.

18 나누어지는 수가 가장 큰 수가 되려면 나머지가 가장 큰 수여야 합니다. 나누는 수가 19이므로 나머지 ★이 될 수 있는 가장 큰 수는 18입니다.

$\square \div 19 = 23 \cdots 18$

➡ $19 \times 23 = 437, \ 437 + 18 = 455$이므로

$\qquad \square = 455$입니다.

서술형
19 ⓐ 가장 작은 수를 만들려면 높은 자리부터 작은 수를 차례로 써야 합니다.

이때 0은 가장 높은 자리에 쓸 수 없으므로 1023456789입니다.

평가 기준	배점
가장 작은 수를 구하는 과정을 썼나요?	2점
가장 작은 수를 구했나요?	3점

서술형
20 ⓐ (공책 수)

$\quad$ = (한 상자에 들어 있는 공책 수) × (상자 수)

$\quad$ = $425 \times 24 = 10200$(권)

평가 기준	배점
공책의 수를 구하는 과정을 썼나요?	2점
공책은 모두 몇 권인지 구했나요?	3점

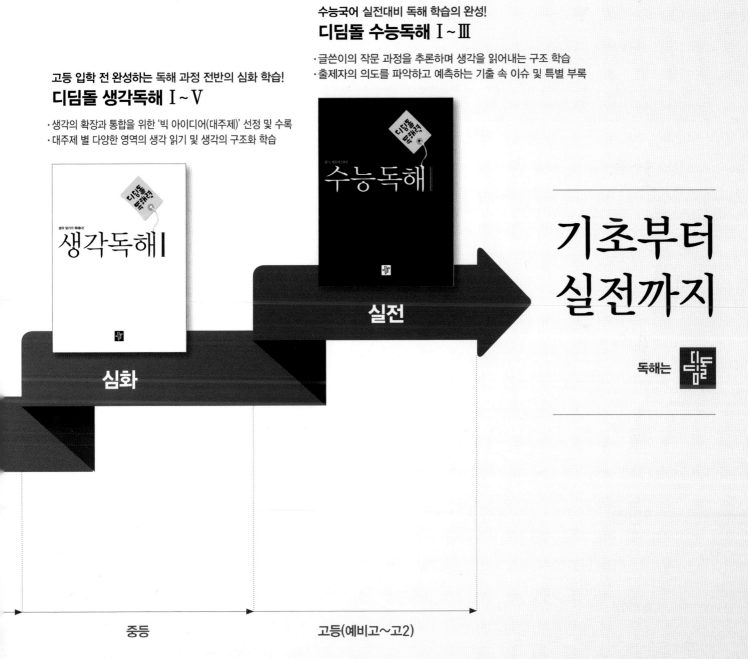

수능국어 실전대비 독해 학습의 완성!
디딤돌 수능독해 Ⅰ~Ⅲ
·글쓴이의 작문 과정을 추론하며 생각을 읽어내는 구조 학습
·출제자의 의도를 파악하고 예측하는 기출 속 이슈 및 특별 부록

고등 입학 전 완성하는 독해 과정 전반의 심화 학습!
디딤돌 생각독해 Ⅰ~Ⅴ
·생각의 확장과 통합을 위한 '빅 아이디어(대주제)' 선정 및 수록
·대주제 별 다양한 영역의 생각 읽기 및 생각의 구조화 학습

기초부터
실전까지

독해는 디딤돌

심화

실전

중등

고등(예비고~고2)

다음에는 뭐 풀지?

STEP
4
Book
최상위로 가는
'맞춤 학습 플랜'

다음에 공부할 책을 고르기 어려우시다면, 현재 성취도를 먼저 체크해 보세요.
최상위로 가는 맞춤 학습 플랜만 있다면 내 실력에 꼭 맞는 교재를 선택할 수 있어요!
단계에 따라 내 실력을 진단해 보고, 다음 학습도 야무지게 준비해 봐요!

첫 번째, 단원평가의 맞힌 문제 수 또는 점수를 모두 더해 보세요.

단원	맞힌 문제 수	OR	점수 (문항당 5점)
1단원			
2단원			
3단원			
4단원			
5단원			
6단원			
합계			

※ 단원평가는 각 단원의 마지막 코너에 있는 20문항 문제지입니다.